“十二五”职业教育国家规划教材
经全国职业教育教材审定委员会审定

高等职业教育
宠物类专业教材

中国轻工业“十四五”规划立项教材

宠物内科疾病

（第二版）

CHONGWU
NEIKE JIBING

王　强◎主编

中国轻工业出版社

图书在版编目（CIP）数据

宠物内科疾病 / 王强主编. -- 2 版. -- 北京 : 中国轻工业出版社, 2025. 5. -- ISBN 978-7-5184-5249-1

Ⅰ. S856

中国国家版本馆 CIP 数据核字第 2025UK7098 号

责任编辑：田超男　　责任终审：腾炎福　　整体设计：锋尚设计

策划编辑：贾　磊　　责任校对：朱燕春　　责任监印：张　可

出版发行：中国轻工业出版社（北京鲁谷东街 5 号，邮编：100040）

印　　刷：北京君升印刷有限公司

经　　销：各地新华书店

版　　次：2025 年 5 月第 2 版第 1 次印刷

开　　本：720×1000　1/16　印张：24

字　　数：430 千字

书　　号：ISBN 978-7-5184-5249-1　定价：55.00 元

邮购电话：010-85119873

发行电话：010-85119832　010-85119912

网　　址：http://www.chlip.com.cn

Email：club@chlip.com.cn

240011J2X201ZBW

本书编委会

主　编

王　强（黑龙江农业工程职业学院）

副主编

张久丽（黑龙江职业学院）

参　编

李树东（黑龙江农业经济职业学院）
张立春（吉林省农业科学院）

主　审

李玉平（黑龙江农业工程职业学院）

第二版前言

《宠物内科疾病》第一版自2012年由中国轻工业出版社出版以后，入选“十二五”职业教育国家规划教材，为顺应《教育部关于深化职业教育教学改革 全面提高人才培养质量的若干意见》《教育部关于职业院校专业人才培养方案制订与实施工作的指导意见》《高等学校课程思政建设指导纲要》《职业院校教材管理办法》等文件精神的指引，由中国轻工业出版社组织本教材编委对该教材进行修订。

本教材第二版对第一版的内容进行了大幅的增删等优化，其中对教学目标、临床病例、宠物诊治方法、药品及处方使用指导、技能训练及测试题均进行了改进和删补，以使本教材更符合现代高职教育教学规律；在教材与教学实践紧密结合方面和结合宠物临床内科疾病的诊治特点方面及其编写思路上也有所改进和创新；在编写内容上，为了适应学生对专业知识和技能的理解，将测试题以数字资源形式加以呈现，以便进行适时更新，方便学生更好地考取执业兽医师资格证。

本书在修订过程中，得到了有关院校领导、老师的大力支持，承蒙黑龙江农业工程职业学院李玉平副教授的指导和帮助，并审阅了全书。编写分工：王强编写情境一和情境三，张久丽编写情境二和情境四，李树东编写情境五、情境六和情境七，张立春编写情境八和情境九。该书编写还参阅国内兽医同仁的最新研究进展和图片资料，在此一并致以衷心的感谢。

本书编写中对诊疗方法和技术进行了广泛的调查了解，同时也参考了大量国内外文献，但疾病的发生有着明显的时间和空间上的差异，而且新的诊疗技术不断更新，新的治疗药物不断面世，读者在使用本教材时应注意选择使用相关内容并参考药品生产厂家提供的使用说明。

本教材建设了在线共享课和虚拟仿真实验，学生可通过扫描下页二维码进行学习。

《宠物内科疾病》全体编者虽竭尽努力，但因时间和水平有限，书中不足之处在所难免，敬请广大读者批评指正，以便今后改正。

在线共享课　　虚拟仿真实验

编　者

2025 年 1 月

第一版前言

《宠物内科疾病》是在《教育部关于加强高职高专教育人才培养工作的意见》《关于全面提高高等职业教育教学质量的若干意见》《关于加强高职高专教育教材建设的若干意见》等文件精神的指引下，由中国轻工业出版社组织国内有关高职院校一线教师及从业人员共同编写完成的教材。

本教材在编写过程中，力求突破传统模式，以符合现代高职高专教学规律和教学目标为重点，充分考虑教材与教学实践紧密结合，针对高职高专宠物养护与疫病防治专业的教学特点及宠物内科疾病的治疗特点，在编写思路上有所创新，在编写内容上以内科疾病各系统功能紊乱情境及临床主症的任务为主线，突出诊断与治疗的实用性、技术性、可操作性，在编写结构上条理清晰，并确保教材的前瞻性、创新性、实用性，增加了观赏鱼、龟、鸟内科疾病，在技能训练上有所突破，以适应实践教学的需要，可操作性强，能够满足高职高专宠物养护与疫病防治专业学生及畜牧兽医类临床工作人员的学习及参考需要。

《宠物内科疾病》主要以犬、猫的内科疾病诊疗为主，同时兼顾了观赏鱼、龟、鸟等其他宠物内科疾病的相关内容；在疾病诊疗中，特别注重诊断和治疗技能的阐述，结合宠物临床诊疗一线的实际需要进行，通俗易懂，便于学生理解和掌握。本教材共分为九个情境，按照消化障碍，呼吸障碍，循环障碍，泌尿障碍，运动障碍，神经障碍，生长、发育、代谢障碍、皮肤、黏膜障碍及其他宠物疾病的顺序，各情境下按照临床主症设立若干任务，各疾病均按照特征、诊断和治疗等临床步骤进行阐述，便于学生按照宠物疾病主症鉴别诊断及治疗，符合宠物疾病临床诊治规律。每个情境后附有技能训练，包括技能目标、教学资源准备、原理与知识、操作与考核标准、复习思考题几个方面，并在每个情景后设情境小结和测试题，测试题均为历届全国执业兽医师考试真题，以使知识与执业考试紧密联系。教材结合宠物临床实际，客观、全面、翔实地反映了目前国内外宠物临床内科疾病的新进展。简明扼要、科学性强、结构严谨、言之有据是本书编著的指导方针，本书的编写内容实用、可操作性强。

本教材内容全面，取材新颖，理论知识简明易理解，新技术符合宠物内科临床诊疗习惯，是一本理论和实践并重的教材，对于从事与宠物疾病相关的教学、诊疗人员具有一定的参考价值。

本教材在编写过程中，得到了有关院校领导、老师的大力支持，承蒙黑龙江生物科技职业学院杜护华教授和黑龙江民族职业学院丁岚峰教授的指导和帮助，并审阅了全书。其中，王强编写前言、情境一，张久丽编写情境二和情境四，赵洪海编写情境三，李树东编写情境五、情境六和情境七，于枫编写情境八和情境九。张立春协助主编对该书的统稿做了大量工作。该书还参阅了国内兽医同仁的最新研究进展和图片资料，在此一并致以衷心的感谢。

本教材在诊疗方法和技术上进行了广泛的调查了解，同时也参考了大量国内外文献资料，但疾病的发生有着明显的时间和空间上的差异，而且新的诊疗技术不断更新、新的治疗药物不断面世，读者在使用本教材时应注意选择参照相关内容和参考药品生产厂家提供的使用说明。

《宠物内科疾病》全体编者虽竭尽努力，但因时间和水平有限，书中缺点及错误在所难免，敬请广大读者不吝赐教，以便今后改正。

编　者

2012 年 3 月

目　录

情境一　消化障碍性疾病

情境一　消化障碍性疾病

◆ **学习目标**

1. 思政目标

通过本情境的学习，学生能够适应宠物疾病临床诊疗的工作环境，接受与宠物粪尿、血液、分泌物打交道工作性质的职业态度；培养学生消化障碍性疾病诊疗操作过程中，对诊疗设备、兽药、医疗耗材等成本核算的管理态度；通过学生分小组合作完成宠物消化障碍性疾病诊治的接诊、诊断、治疗、预防，培养学生诊治的职业责任心；培养遇到诊疗问题，积极查找资料，有效进行团队沟通、讨论、研究，解决问题和承担责任的职业素养；在接诊工作中，具有兽医情怀、回馈社会、感恩宠主，换位思考、尊重生命、呵护宠物健康的职业操守。

2. 知识及能力目标

知道消化障碍性疾病涵盖的主要症状，了解各主要症状涵盖的疾病，理解消化障碍性疾病的鉴别诊断，掌握诊断步骤、治疗原则及处方和合理用药；本情境诊疗用到的相关技术操作有拔牙技术、经口投药技术、食道及胃内窥镜技术、鼻饲管放置技术、食道饲管放置技术、洗胃技术、灌肠技术、直肠探查技术、直肠给药技术、肛门腺挤压技术、B超引导下肝脏穿刺活检技术、腹腔穿刺技术、开腹术、胃切开技术、肠套叠整复技术、直肠脱整复技术、胃肠肝胆胰超声技术。

◆ **必备知识**

流涎、呕吐、腹痛、腹泻、便秘。

◆ **选修知识**

犬、猫的消化系统解剖位置及生理特点；流涎、呕吐、腹痛、腹泻、便秘的病理特点；消化系统疾病常用药物。

◆ **课前思考题**

1. 以流涎、呕吐、腹痛、腹泻、便秘为主症的内科疾病各包括哪些？

2. 制止流涎、止呕、止泻、通便常用哪些药物？

3. 治疗消化障碍性疾病常用到哪些技能操作？

任务一　以流涎为主症的疾病

任务描述

学习以流涎为主症疾病的相关知识，参加相关临床病例的诊疗，分析临床案例。

案例分析

案例 1

边境牧羊犬，雄性，4 月龄，10kg。主诉：近 2 日流涎，咳嗽，食块食入后又吐出。近日病情加重。T（体温）：39.5℃，P（脉搏）：82 次/min，R（呼吸频率）：28 次/min。视诊患犬头颈伸展，不愿活动，触压咽部，患犬躲避，表现伸颈摇头，并发咳嗽，吞咽食物甚感困难，口腔内积聚多量黏稠的唾液，呈丝状流出。检查喉部，两侧水肿严重，触诊下颌淋巴结轻度肿胀。请诊断该犬得了什么病。

诊治方案：触诊咽喉部敏感加临床症状即可初步确诊为咽炎，可结合血细胞分析白细胞数及咽喉镜确诊。可通过局部治疗加全身消炎解决。

案例 2

萨摩耶犬，雌性，6 月龄，体重 13kg。该犬捡食一块鸡蛋大小的筒子骨并一口吞咽下去。之后即表现不安，频繁吞咽，不食，次日到医院就诊。患犬精神一般，流涎，喜坐。T：39.2℃，P：27 次/min，R：116 次/min。口腔检查，未发现口腔、咽喉异物阻塞。给予饮水和犬粮，患犬可以少量喝水，犬粮采食后随即全部呕吐出来。X 射线检查，在胸腔第 4~6 肋骨之间食管内有一高密度阻塞物（图 1-1）。请诊断该犬得了什么病。

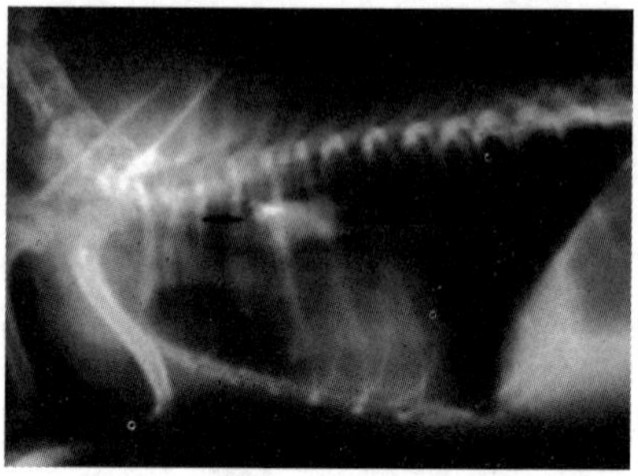

图 1-1　案例 2 X 射线检查图

诊治方案：根据临床表现及 X 射线片影像确诊为胸部食道阻塞，可通过胃管疏导法加投入润滑剂解决。

案例 3

拉布拉多犬，雄性，5 月龄，14kg。主诉：近几日流涎较多，采食时咀嚼障碍。T：39.5℃，P：82 次/min，R：28 次/min。视诊患犬颌右后方明显肿胀，头偏向左侧，触诊该处疼痛明显，有热感，头颈伸直。请诊断该犬得了什么病。

诊治方案：根据临床表现及触诊部位敏感，可配合口腔检查及血细胞检查白细胞数确诊，治疗方案为局部外敷消肿散剂加全身消炎治疗。

相关知识

以流涎为主症的常见内科疾病主要有口炎、齿病、唾液腺炎、口腔异物、咽炎、咽神经麻痹、食管痉挛、食管梗塞。此外，中毒病、脑炎（参见情境六）等也可出现流涎症状。

一、口炎

（一）特征

口炎又称口膜炎，是口腔黏膜表层和深层组织的炎症。在临床上以食欲减退、咀嚼困难、流涎和口腔黏膜潮红肿胀为特征。

（二）诊断

1. 问诊及主诉

（1）询问或了解是否发生过机械性的损伤、烫伤。如食物中混有尖锐的异物或骨片的直接损伤，食物过热、灌服药物过热或食入霉变的食物等。

（2）询问或了解是否发生过化学性的刺激。如服入有刺激性的药物或误食腐蚀性的药（强酸和强碱、吐酒石、石炭酸铵盐等）；或误食生石灰、氨水等；或有毒植物的刺激，如毛茛、附子、毒芹、芥子等。

（3）询问或了解感染病史。如奋森螺旋体（奋森口炎）、白色念珠菌（霉菌性口炎）、猫鼻气管炎病毒、猫杯状病毒、疱疹病毒、白血病病毒、猫艾滋病病毒、口腔乳头状瘤病毒等感染。

（4）询问或了解有无自体免疫性疾病病史，如天疱疮。

2. 视诊

（1）视诊可见口腔大量的流涎（图 1-2），采食时更明显。

（2）患宠食欲不振或废绝，观察口腔黏膜出现红、肿、热、痛和感觉过敏，咀嚼障碍，硬腭出现肿胀，上皮脱落，同时在舌面上有灰白色或黄白色的舌苔；

口渴喜饮。

（3）视诊可见口腔黏膜、颊黏膜充血潮红（图 1-3），唇的内面、硬腭、口角、舌缘和舌尖及齿龈上有散在米粒大水泡，几天后水泡破溃形成鲜红色的溃疡面则为水泡性口炎（图 1-4）。

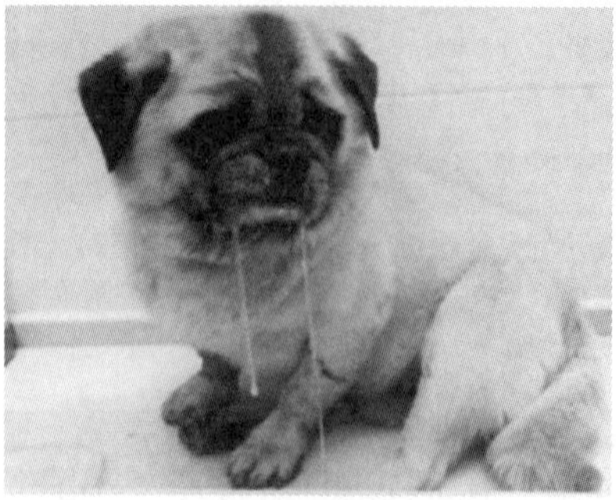

图 1-2 口腔大量流涎

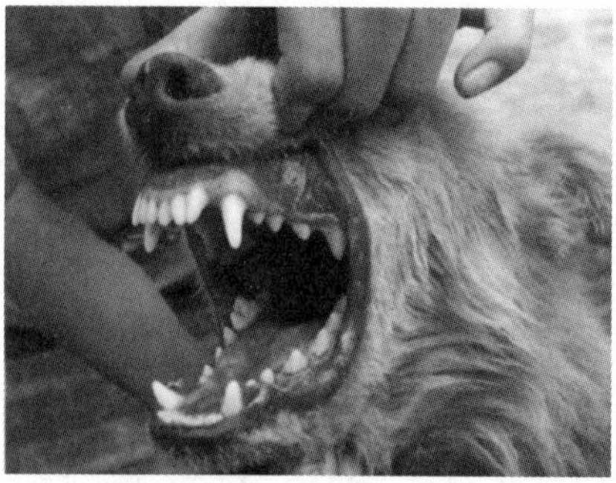

图 1-3 口腔黏膜、颊黏膜充血潮红

（4）在门齿和犬齿的齿龈部分发生肿胀，呈暗红色或紫红色，容易出血（图 1-5），经 1~2d 形成柔软、灰白色、稍隆起的斑点，病变部变为苍黄色或黄绿色糊状脂样的坏死、糜烂，逐渐与邻近的唇黏膜和颊黏膜形成污秽不洁的溃疡提示为溃疡性口炎。口角流出浓稠的唾液，口腔散发腐败的腥臭味，提示为坏疽性口炎。该类病例往往伴发败血症，食欲废绝、下痢、消瘦、体质衰竭，造成不良的后果。

（5）视诊可有舌、牙及牙周的疾病。

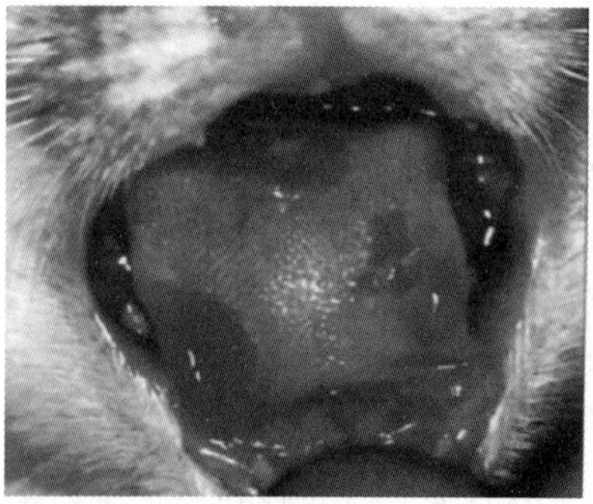

图 1-4 猫的口腔和舌溃疡

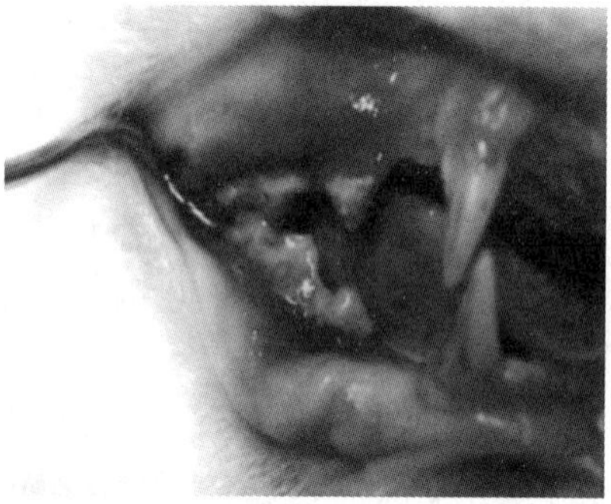

图 1-5 齿龈黏膜发生肿胀，呈暗红色

3. 触诊

患宠拒绝检查口腔，口腔内黏液增多，触摸局部淋巴结肿大。

4. 嗅诊

口腔恶臭难闻。

5. 化验

血常规，犬 C 反应蛋白、猫淀粉样蛋白变性。

6. 影像学

B 超检查唾液腺。

7. 其他诊断

（1）鉴别诊断　与咽炎、狂犬病、中毒等病相鉴别。

（2）同时诊断可能的原发病，如尿毒症、犬肝炎、犬瘟热、钩端螺旋体病和烟酸缺乏症；维生素 A、维生素 B 缺乏症；舌伤、咽炎和消化不良等疾病。

（三）治疗

1. 治疗原则

消除病因，抗菌消炎，清凉止痛，消毒收敛和对症治疗。

2. 治疗方法

【治疗 1】 冲洗口腔、黏膜消毒

（1）1%食盐水，或 3%硼酸溶液，或 0.1%高锰酸钾溶液适量。

用法：冲洗口腔，3~4 次/d。

说明：口腔有恶臭味者，用 0.1%高锰酸钾溶液冲洗；不断流涎者，可用 1%鞣酸溶液或明矾溶液冲洗。

（2）2%甲紫溶液，或碘甘油（5%碘酊 1 份、甘油 9 份），或 5%磺胺甘油乳剂适量，2 次/d，连用 3d。

【治疗 2】 抗菌、消炎

头孢氨苄，15mg/kg。

用法：内服，3 次/d。

说明：可用氨苄西林、头孢噻肟钠、阿莫西林克拉维酸钾静脉或肌内注射。

【治疗 3】 青黛黄连散

青黛 5g，黄连 5g，黄柏 8g，薄荷 10g，桔梗 7g，冰片 3g。

用法：共为末，1%食盐水冲洗口腔后，喷洒口内并纱布卷药噙于口内，3 次/d，连用 1 周。

说明：清热消肿，敛创生肌。

（四）预防

注意食物的来源、温度。及时清除食物内的异物。做好宠物的自身卫生和其他疾病的预防工作。同时也应注意，在捕抓时严禁使用粗硬的器材。在食物调制过程中，力争将骨骼粉碎。

二、多涎症

（一）特征

多涎症为因唾液腺分泌亢进而表现的流涎。因吞咽困难引起的流涎称为假性流涎症。

（二）诊断

1. 问诊及主诉

（1）询问或了解患宠是否应用过或接触过刺激唾液腺分泌的药物，如止泻剂次硝酸铋、含汞防腐消毒剂及涂料、催吐剂吗啡及麻醉剂氯胺酮等（真性流涎）。

（2）询问或了解是否应用了作用于副交感神经的药物，如毛果芸香碱；健胃药如龙胆、大黄等（真性流涎）。

（3）了解是否有过恐惧心理或应激（真性流涎）。

2. 视诊

（1）视诊可见口唇周围有很多泡沫样唾液。

（2）分泌亢进而吞咽无异常时，唾液全部咽下，胃呈膨隆状态，甚至可有反射性呕吐。

（3）视诊发现口炎、唾液腺感染或痉挛时可诱发真性流涎（图 1-6）。

（4）视诊患犬颅骨骨折、下颌骨骨折、换牙、下颌关节炎症、扁桃体炎及食道炎所致均为假性流涎，此时可见唇下垂或舌脱出。

3. 其他诊断

（1）鉴别诊断　与传染病、中毒、过敏引起的流涎相鉴别（图 1-7）。

（2）实验室诊断原发病。

（3）影像学　X 射线（DR）检查颌骨有无异常。

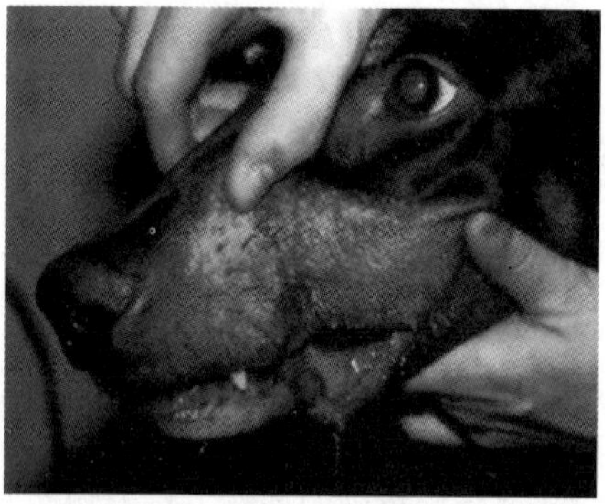

图 1-6　一只杜宾犬的多涎症

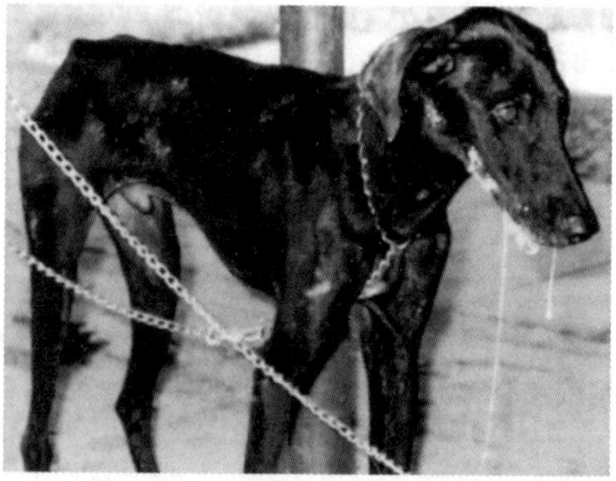

图 1-7　大丹犬中毒引起的大量流涎

（三）治疗

1. 治疗原则

在积极查清病因的基础上，采取治疗原发病和对症疗法相结合的原则。

2. 治疗方法

【治疗 1】 制止流涎

阿托品，0.03mg/kg。

用法：皮下注射，3~4 次/d。

说明：未确定病因前应用，防止唾液丢失，根据电解质分析补充电解质。

【治疗 2】 理中汤

人参 9g，白术 11g，炙甘草 8g，干姜 8g。

用法：水煎 2 次兑匀口服，2 次/d。

说明：理中汤可温中健脾、振脾阳、助运化，对吐泻胀痛、流涎有效。

三、口腔异物

（一）特征

口腔异物是指口腔内留有或刺入异物，如骨片、鱼刺、鱼钩、木片、针、竹签、花草刺入齿缝及口腔黏膜。

（二）诊断

1. 问诊及主诉

（1）询问或了解患宠是否处于乳齿更换期（换牙期）。

（2）询问或了解患宠是否有异嗜而啃咬异物的情况。

（3）询问或了解患宠是否曾食入大块骨片、带尖刺的食物或异物及带硬刺的鱼肉。

（4）询问或了解有无拔牙的情况。

2. 视诊

（1）视诊可见患宠大量流涎。

（2）患宠用前肢搔抓颜面部则提示异物夹在齿间（图 1-8）。

（3）患宠有食欲，但因疼痛而采食困难，有时口角有血液流出。

（4）打开口腔，口腔黏膜局限性充血、肿胀，有时单侧面部肿胀（图 1-9）。

（5）先天性硬腭裂口、外伤性上腭破裂也常导致口腔异物存留。

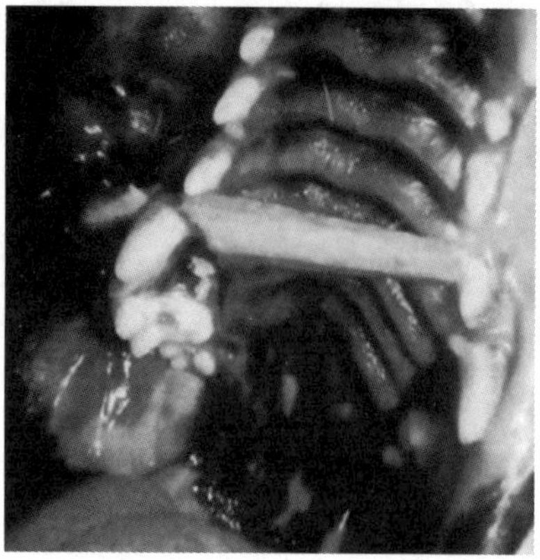

图 1-8 小棍戳入齿缝，引起犬不停搔抓

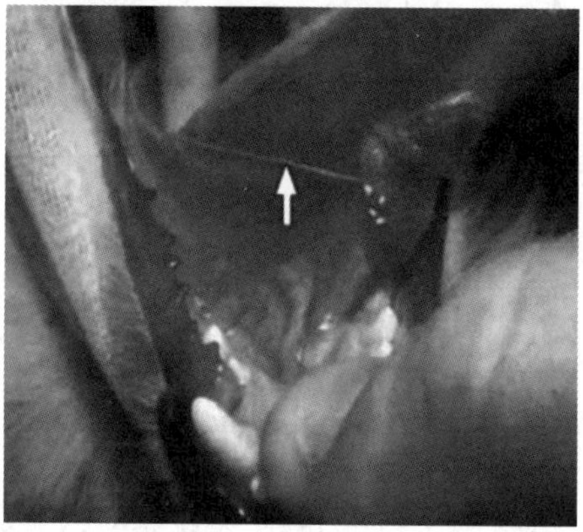

图 1-9 缠在猫舌根部的细线，引起舌黏膜充血

3. 其他诊断

X 射线检查可诊断针或鱼钩刺入引起的口腔异物。

（三）治疗

1. 治疗原则

除去口腔异物。

2. 治疗方法

【治疗】 冲洗口腔、黏膜消毒

（1）1%食盐水，或 3%硼酸溶液，或 0.1%高锰酸钾溶液适量。

用法：冲洗口腔，3~4 次/d。

说明：口腔有恶臭者，用 0.1%高锰酸钾溶液冲洗；不断流涎者，可用 1%鞣酸溶液或明矾溶液冲洗口腔。

（2）2%甲紫溶液，或碘甘油（5%碘酊 1 份、甘油 9 份），或 5%磺胺甘油乳剂适量，2 次/d，连用 3d。

【手术】 上腭裂手术治疗

手术过程：舒泰 50（40mg/kg）全身麻醉，先在腭两侧距齿龈缘 1~2cm 处作与腭裂等长黏膜到骨膜（松弛性）切口，直达骨面。再切开腭裂两侧黏膜到骨膜，抵至骨面。将两侧腭裂与齿龈间的黏膜到骨膜从骨面分离，形成双蒂黏膜到骨膜瓣［图 1-10（1）、（2）］。继续将鼻侧黏膜（腭裂缺损部）自骨面分离、切除。然后分层结节缝合腭裂侧的骨膜和黏膜［图 1-10（3）］。两齿龈侧切口部缝合，其显露的骨骼 3~5d 后被肉芽组织所遮盖，10~14d 上皮再生。

术后处理及 X 射线检查：术后常规肌内注射阿莫西林 80 万 IU，2 次/d，鼻或颈饲管流质饮食 5~6d。

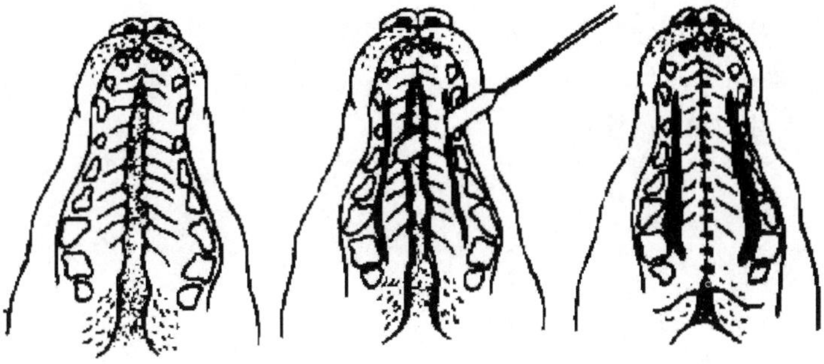

（1）　（2）　（3）

图 1-10　上腭裂修补术（宋大鲁，2009）

说明：3 月龄施行该手术效果最佳，术后可有效预防口腔异物的发生。

四、咽炎

（一）特征

咽炎是咽黏膜及其深层组织的炎症。在临床上以流涎、吞咽障碍、咽部肿胀、咽部触压敏感为特征。

（二）诊断

1. 问诊及主诉

（1）询问或了解患宠有无吞食冰雪或温度过高的食物。

（2）询问或了解患宠有无采食鱼导致的鱼刺损伤咽部。

（3）询问、了解或诊断患宠是否发生过口炎、扁桃体炎、鼻腔感染、流感、犬瘟热或传染性肝炎、猫瘟或猫疱疹病毒。

2. 视诊

（1）可见患宠采食缓慢、谨慎，采食困难或无食欲。

（2）可见患宠空口吞咽、流涎、呕吐等表现。

（3）打开患宠口腔，通过手电筒照射咽部可见咽部黏膜充血肿胀。

（4）患病较重的患宠会表现为拒绝饮水甚至全身症状如乏力、拒食或咳嗽。

3. 触诊

咽部触诊，敏感性增加，有热感，表现躲闪、摇头、抗拒检查甚至恐惧感。患病严重的患宠体温升高。

4. 听诊

伴发喉炎时会表现为咳嗽。

5. 化验

血常规，犬C反应蛋白、猫淀粉样蛋白变性。

6. 影像学

患部X射线（DR）检查。

（三）治疗

1. 治疗原则

加强护理，消除炎症和对症治疗。

2. 治疗方法

【治疗1】 局部处理

（1）0.1%高锰酸钾溶液，或2%硼酸溶液，或3%明矾溶液适量；碘甘油或鞣酸甘油适量。

用法：溶液冲洗咽腔，甘油制剂局部涂抹，3~4次/d。

说明：可用温水或白酒温敷局部，或外敷复方醋酸铅散。

（2）重症者5%葡萄糖10mL/kg，ATP 10mg/次，辅酶A 30IU/次，复合氨基酸1g/kg。

用法：前三者静脉注射，1次/d；复合氨基酸灌服。

【治疗2】 抗菌、消炎

阿莫西林克拉维酸钾，15mg/kg。

用法：皮下注射，1次/d。

说明：可用头孢氨苄或复方新诺明内服。

【治疗3】 中药疗法

金银花5g，蒲公英4g，当归5g，元参4g。

用法：煎汤去渣，1次内服，2次/d，连用3d。

说明：给予抗生素和能量合剂，配合全身对症治疗。

（四）预防

患有该病的犬、猫切忌用胃管投药及吸入麻醉插管。

五、唾液腺炎

（一）特征

唾液腺炎包括腮腺、颌下腺和舌下腺的炎症，以腺体肿胀、流涎及采食障碍为特征。

（二）诊断

1. 问诊及主诉

（1）询问或了解患宠是否发生过机械性的损伤，如食物中混有尖锐的异物或骨片的直接损伤继发感染。

（2）询问、了解或进一步诊断是否有口炎、咽炎及腮腺管结石。

（3）询问一同饲养或临近的犬、猫是否有相似症状（有时呈地方性流行）。

2. 视诊

（1）单侧性腺体周围红、肿、热、痛，头颈偏向一侧。

（2）采食及咀嚼障碍，吞咽困难，流涎明显。

（3）腮部疼痛明显，面积增大甚至破溃流脓则为化脓性腮腺炎。

3. 触诊

患宠拒绝检查口腔，患病初期体温升高，患病局部肿大坚硬，热、痛明显。

4. 化验

血常规，犬 C 反应蛋白、猫淀粉样蛋白变性。

5. X 射线检查

肿胀明显处进行 X 射线检查。

6. 其他诊断

（1）鉴别诊断　与咽炎、腮腺下淋巴结炎、皮下蜂窝织炎等病相鉴别。

（2）慢性经过时，由于腺体增生，局部肿大坚硬明显，容易确诊。

（三）治疗

1. 治疗原则

消除病因，抗菌消炎。

2. 治疗方法

【治疗 1】温热、涂布疗法

50%酒精，磺胺碘化钾凡士林软膏。

用法：前者温敷，后者涂布，2 次/d。

说明：配合抗生素药物治疗效果更佳。

【治疗 2】排脓疗法

化脓时，局部处理后迅速切开排脓，并用 2%过氧化氢溶液冲洗，同时局部并全身应用抗生素。

说明：冲洗也可用 0. 1%高锰酸钾溶液。

【手术】唾液腺摘除术

患犬手术台横卧保定，全身麻醉，下颌间隙及颈前部做无菌准备。

在下颌支后缘、颌外静脉前方的颌静脉与舌后面静脉间的三角区内，对准颌下腺切开皮肤。钝性分离皮下组织和颈阔肌，再向深层分离，显露颌下腺纤维囊。切开纤维囊，暴露腺体。用组织钳夹持腺体向外牵引，分离，使腺体与囊壁分离，直至整个腺体和腺管进入二腹肌下方。切断二腹肌，用止血钳夹住游离舌下腺的最前部向后拉，再用另一把止血钳钳住刚露出的舌下腺，两把止血钳交替前夹后拉，直至拉断舌下腺及腺管。在纤维囊内安置一引流管，引出体外。连续缝合腺体囊壁和皮下组织。最后结节闭合皮肤和固定引流管（图 1-11）。

术后根据需要放置引流管，排出渗出液体，应用抗生素，防止术后感染。

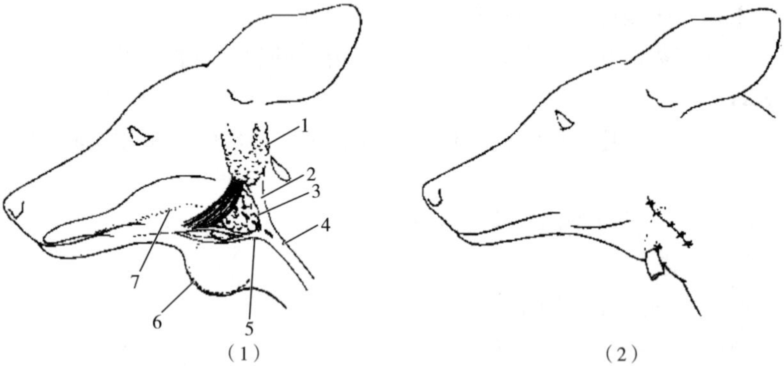

1—腮腺；2—颌外静脉；3—颌下腺；4—颈静脉；5—舌面静脉；6—唾液腺囊肿；7—颌下腺导管。

图 1-11 犬唾液腺摘除术

（引流管从皮肤切口下方引出）

六、食管梗塞

（一）特征

食管梗塞是食管被食物团块或异物所阻塞，临床上以突然发病和咽下障碍为特征。异物阻塞分为完全阻塞和不完全阻塞，最容易发病的部位是食管的胸腔入口处、心底部和进入食管裂孔处。犬的食管阻塞约比猫多 6 倍。

（二）诊断

1. 问诊及主诉

（1）询问或了解是否饲喂或偷食了饲料块片，如骨块、软骨块、肉块、鱼刺等。

（2）询问或了解是否有异物混在饲料中的可能，是否有在嬉戏玩耍时误咽手套、橡胶球等物品的可能。

（3）询问或了解是否有饥饿过甚，采食过急或采食中受到惊扰，导致突然仰头吞咽的情况。

2. 视诊

（1）患病宠物有躁动不安、呕吐和哽噎动作，吞咽小心，摄食缓慢，疼痛明显，能饮水但吐出摄入的固体食物为不完全梗塞。

（2）完全拒食，高度不安，头颈伸直，大量流涎，出现哽噎和呕吐动作，吐出带泡沫的黏液或血液，用四肢搔抓颈部，头部水肿则为完全梗塞及尖锐穿孔性异物阻塞。

（3）出现咳嗽时表示呕吐物吸入气管；吐血表示锐利异物造成食管壁裂伤，此时，患宠呈急性症状，高热，伴发局限性纵隔窦炎、胸膜炎、脓胸、脓气胸等，多取死亡转归。

3. 触诊

（1）镇静后触诊患宠颈部，有时可摸到坚硬的阻塞物或尖锐异物穿刺。

（2）投插胃管插到梗阻部不能前进或有阻碍感，可初步确诊。

4. X 射线检查

通过投入硫酸钡摄影，可确定阻塞物的性质、形状和位置（图 1-12、图 1-13）。

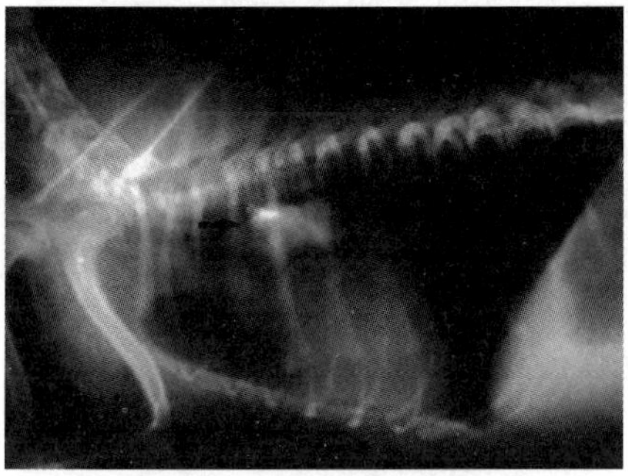

图 1-12　X 射线摄片显示心基部有不规则骨的高密度阴影

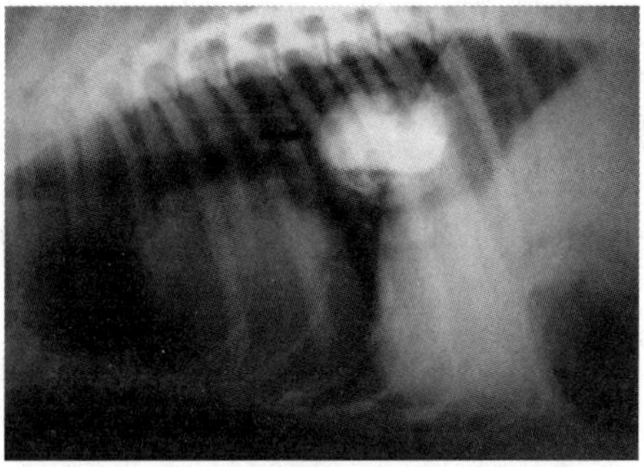

图 1-13　X 射线摄片显示心基部与横膈食管裂孔之间有骨的高密度阴影

5. 食管镜检查

应用食管镜可查明阻塞物的形状、位置，并可取出刺在食管壁上的尖锐异物（图 1-14、图 1-15）。

6. 鉴别诊断

注意与食管憩室及胃食管套叠症鉴别诊断。食管憩室是食管壁的一部分呈囊状扩张，多发于胸腔入口处的食管。根据临床症状及 X 射线摄影可确诊憩室。食管镜检查，可确定憩室部有无食管炎、食管下部狭窄以及憩室程度等。胃食管套叠症是胃的一部分套入食管内，并表现巨大食管症，主要见于幼犬。

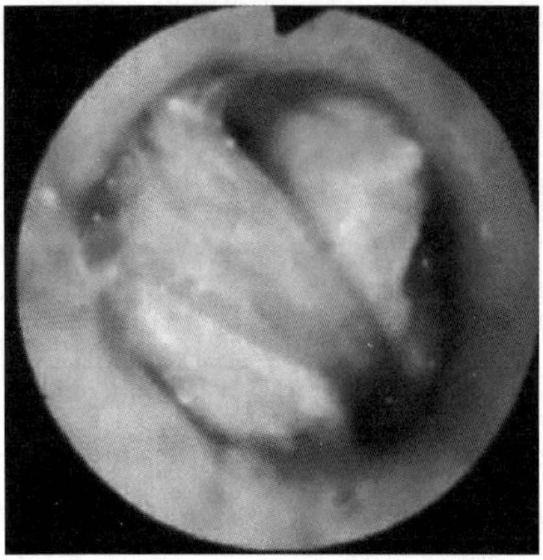

图 1-14　内窥镜图像显示有一块骨头卡在犬的食管中段

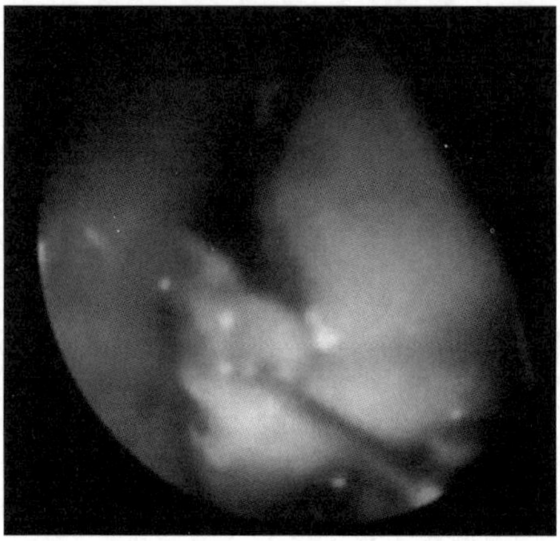

图 1-15　用一个小夹子夹住骨头并将其从该犬食管内取出

（三）治疗

1. 治疗原则

以排除阻塞物为原则，常采取润滑、解除食管痉挛、取出异物、疏导、手术等措施。

2. 治疗方法

【治疗 1】 催吐

2%硫酸铜溶液或 10%过氧化氢溶液，50mL/kg。

用法：一次灌服。

说明：催吐，较小的不完全阻塞的光滑异物可吐出。

【治疗 2】 食管镜取出

速眠新，0.04mL/kg。

用法：肌内注射。

说明：全身麻醉后，在食管镜观察下，取出异物。

【治疗 3】 疏导法

液体石蜡 1.0mL/kg，毛果芸香碱 2.0mg/kg。

用法：前者灌服，后者皮下注射。

说明：石蜡润滑，毛果芸香碱促进平滑肌蠕动，较小的光滑异物可自行进入胃内；如不能自行进入胃内，可用胃管将异物推入胃内。

【手术】 食管切开术治疗

适应证：骨头阻塞颈部食管或胸部食管，不能通过口腔和胃取出的异物。

保定和麻醉：手术台横卧保定，全身麻醉。

术式：术部尽可能接近阻塞部位（图 1-16）。切开左侧颈静脉沟，术部剪毛、消毒，皮肤切开接近胸骨下颌肌（图 1-17），提起皮肤皱襞切开，防止损伤皮下静脉。钝性分离颈静脉和胸骨下颌肌。钝性分离到达气管的侧表面，刺破颈部深筋膜，钝性剥离食管，若创口较小，取出异物较难，必须根据食管内异物的大小扩创。有梗塞的食管呈淡红色，容易辨认，用手检查缺少异物梗塞的食管时，有柔软、空虚、扁平、表面光滑、管中央有索状等感觉。

食管暴露后，将食管小心拉出，注意不得破坏周围结缔组织，并用灭菌纱布使食管与其他部分隔开，切开食管的全层，擦去唾液，谨慎地取出异物。

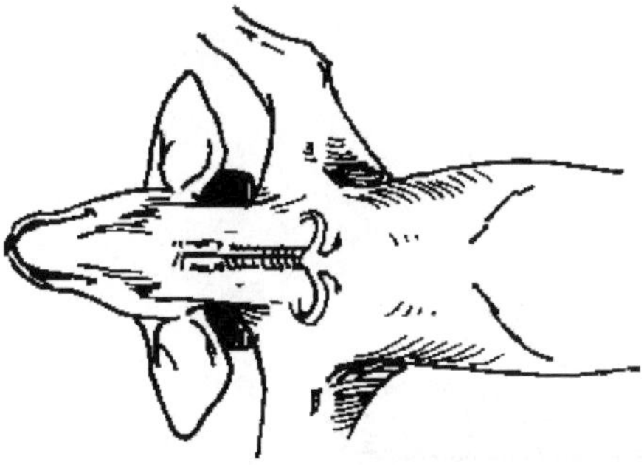

图 1-16　颈部预切开线

图 1-17　沿食管纵轴切开食管阻塞部位

食管闭合必须确认在局部无严重血液循环障碍的情况下方可进行。第一层用铬制肠线连续缝合黏膜，第二层肌肉等结节缝合（图 1-18），若食管壁比较完整，只用 1 次缝合即可。可在创口下面留下小创口，放置引流纱布，有利于排液。

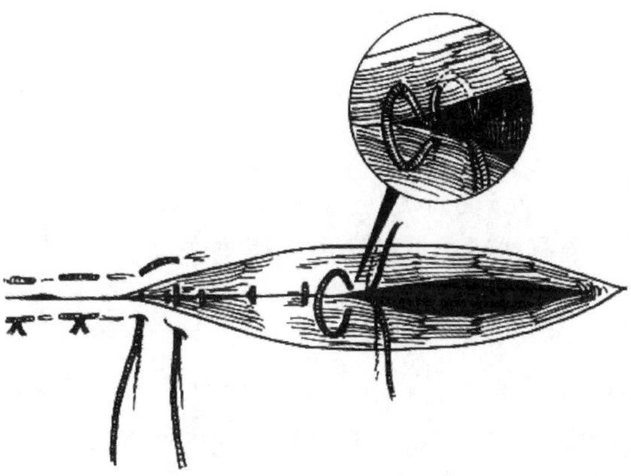

图 1-18　食管采取双层缝合，先连续缝合，后结节缝合

术后护理：术后 1~2d 禁水禁食，给患宠戴上口套，防止随意采食食物。静脉注射葡萄糖或生理盐水，全身给予抗生素治疗 1 周，2d 后给予稀粥。术后 15d 内不可使用食管插管，皮肤于术后 15d 后拆线。

七、食管扩张

（一）特征

食管扩张是指食管管腔的直径增加，其可发生于食管的全部管段，也可发生于局部（图 1-19），严重的食管扩张称为食管憩室。其有先天性和后天性之分，犬、猫均可发生。

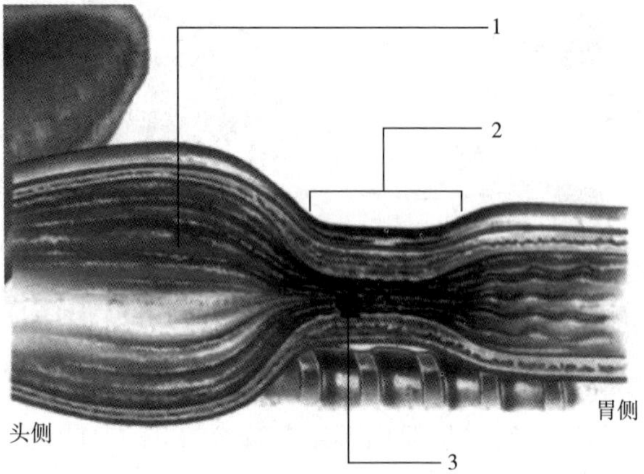

1—扩张处；2—狭窄处；3—瘢痕。

图 1-19 食管扩张模式图

（二）诊断

1. 问诊及主诉

（1）了解患宠的品种，大丹犬发病率最高，德国牧羊犬和爱尔兰赛特犬其次；暹罗猫和与暹罗猫有血缘关系的猫发病率也较高。

（2）询问或了解患病宠物是否已断乳，断乳后容易发生吞咽障碍和食物反流而引起食管扩张。

（3）询问、了解或进一步诊疗是否有重症肌无力、甲状腺功能低下、肾上腺皮质功能低下及肿瘤、外伤等可引起食管运动性减弱的疾病。

（4）反复胃酸反流也会引起该病。

2. 视诊

（1）患宠消瘦明显，并呈现进行性消瘦。

(2) 患宠采食时吞咽困难，并立即发生食物反流。

(3) 有的在从哺乳期过渡到采食固体食物时发生频繁呕吐或反流。

3. 嗅诊

患病宠物口臭明显，因为食物滞留在扩张的食管内发酵。

4. X 射线检查

胸部 X 射线检查，可发现食管扩张。如用钡剂造影，可显示食管扩张的程度和病变范围，并有助于排除气管环异常，或可发现导致异常的原因。

5. 食管内镜检查

内镜通过咽部食管后可见高度扩张的食管，内壁光滑，下壁散在黏膜充血、水肿。继续下行可见食管下壁有一憩室开口，内镜不易进入，继续下行抵达扩张食管的末端，内镜无法再向前至胃内，此处食管黏膜也有斑片状充血和糜烂。

(三) 治疗

1. 治疗原则

以消炎、饲喂流质食物、加强营养和护理为主。

2. 治疗方法

【治疗 1】 先天性食管扩张

将食物置于高处，使宠物直立进行特殊喂食，或将前肢提起来喂食。

说明：直到功能正常，发育完善为止。

【治疗 2】 后天性食管扩张

给予半流质饮食，施行少量多餐。或将食物放至高于动物的头部，使其站立进食，借助重力作用使食物进入胃内。

说明：直到功能正常，发育完善为止。

【治疗 3】

复合维生素 B，1 片/次。

用法：内服，1 次/d。

说明：也可用注射剂肌内注射。

【手术】 食管部分切除术

麻醉及保定：0.5%硫酸阿托品 0.1mL/kg 皮下注射，7min 后予以丙泊酚 0.5mL/kg 诱导麻醉，右侧卧保定。行气管插管，接麻醉机，给予异氟烷维持全身麻醉。氧流量 2L/min，呼吸比 2∶1，呼吸频率 16 次/min，潮气量 650mL/次，氧药比 1%~1.5%，开胸期间行正压间歇通气辅助呼吸。

手术过程：术部常规剃毛消毒，于第 5 肋间切口行开胸术。打开胸腔后见主动脉弓下有高度膨大的食管，直径为 10cm，长度为胸前口至食管裂。在心脏前方有一膨大的食管憩室，大小约为 3cm×3cm（图 1-20），其内存留食物（图 1-21）。术中将胃管经食管插入胃中，行食管部分切除术。因术野限制，切除范围为胸前口至第7肋间，先用连续扣状纵行食管缝合，然后沿缝线外将多余食管及憩室切除，切口处进行连续包埋缝合。缝合纵隔浆膜，闭合胸腔（图1-22、图1-23）。术后患宠常规禁食，予以静脉输液和高营养抗感染治疗。

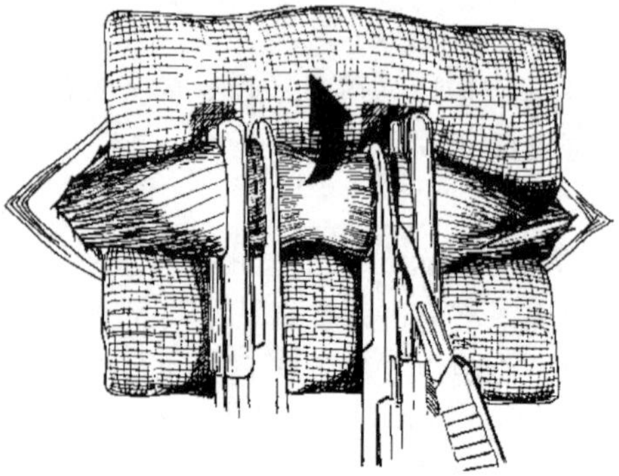

图1-20 沿肠钳将食管切断

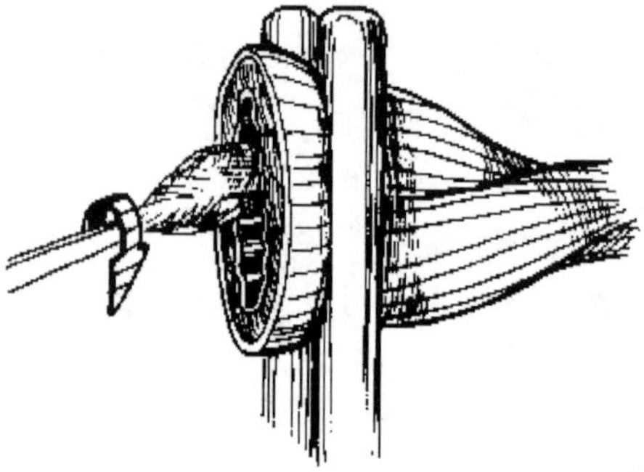

图1-21 食管内腔用灭菌棉棒蘸消毒液进行消毒

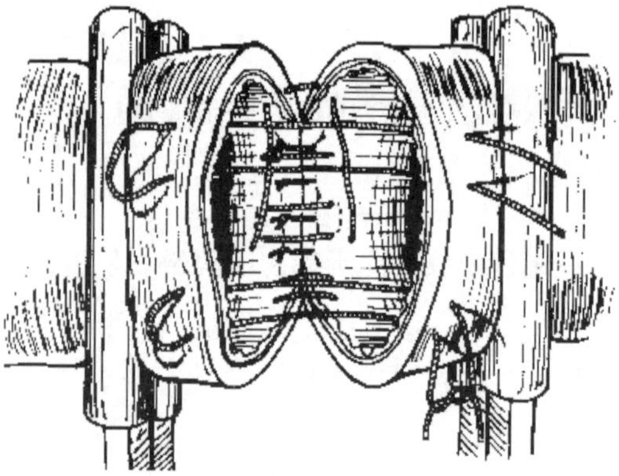

图1-22 用水平褥式缝合法全层定位缝合

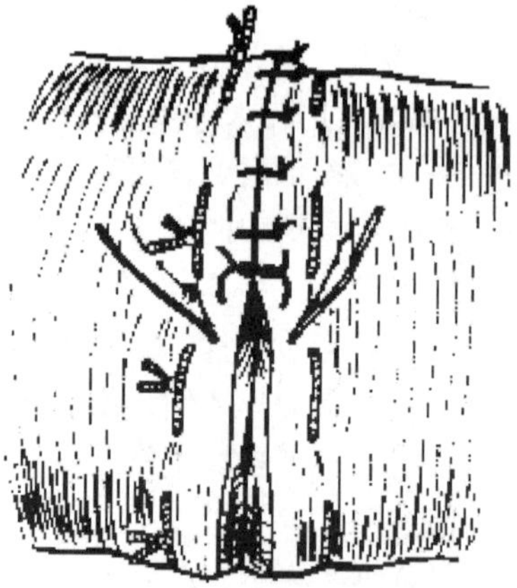

图1-23 水平褥式缝合法缝合浆膜

八、食管炎

（一）特征

食管炎是食管黏膜表层和深层的炎症。临床主要表现为食欲不振、吞咽困难、大量流涎和呕吐。

（二）诊断

1. 问诊及主诉

（1）询问是否发生过机械性、化学性和温热刺激及损伤食管黏膜。

（2）了解是否有咽炎、胃黏膜炎症病史，进一步诊断是否有食管阻塞、食管痉挛、食管狭窄等情况。

（3）询问、了解是否使用过肌肉松弛类药物如琥珀胆碱，食管周围肿瘤和淤血及感染食管线虫等情况。

2. 视诊

（1）食欲不振，吞咽困难并有大量流涎和呕吐。

（2）严重的有剧烈干呕或呕吐，拒食或吞咽后不久发生食物反流。

（3）严重吞咽困难的，有食管梗阻样反应。

3. 听诊

急性食管炎的患宠由于胃液逆流发出异常的呼噜音。

4. X 射线检查

X 射线检查不易发现，仅见胸部食管末端的阴影增粗和部分食管内有气体滞留。食管造影可发现急性食管黏膜面不规则，有带状阴影和一过性痉挛。

5. 食管内镜检查

食管内镜可以直接观察到食管壁炎症，并可正确判断病变类型及程度。

（三）治疗

1. 治疗原则

祛除病因、消炎、加强营养。

2. 治疗方法

【治疗 1】保护黏膜，对症治疗

硫糖铝 20mg/kg，硫酸阿托品 0. 02mg/kg。

用法：前者内服，后者肌内注射。

说明：保护食管黏膜，抑制唾液分泌，硫糖铝可用甲氧氯普胺或西沙必利替代。

【治疗 2】抗菌

阿莫西林，10mg/kg。

用法：肌内注射，2~3 次/d，连用 5d。

说明：也可用头孢噻肟钠肌内注射。

任务二　以呕吐为主症的疾病

任务描述

学习以呕吐为主症疾病的相关知识，参加相关临床病例的诊疗，分析临床案例。

案例分析

案例1

一只北京犬，在玩耍中不慎将一枚带线的缝衣针吞进胃里。患犬表现为剧烈呕吐、呻吟、烦躁不安，不久精神迅速沉郁。对人的触摸非常敏感，当有人靠近或搂抱时，患犬会尖叫，拱腰。患犬食欲废绝，饮水后呕吐，有时呕吐物内有血样物。犬吞针已3d，其间曾用花生油等经口灌服，无效，反而精神越来越差，不吃东西。只饮水少许，但每次饮水后，均发生剧烈的呕吐。请诊断该犬得了什么病。

诊治方案：根据主诉该犬有吞针史及敏感躁动不安、饮水呕吐等临床表现，结合X射线检查胃内高亮针状物可确诊为胃内异物，治疗为胃切开术取出胃内异物。

案例2

一只杂交母狼犬用于看守鱼塘。该母犬产仔6只，现体重6kg左右。由于该专业户干塘捕鱼，为防被盗将母犬拴于塘边捕鱼处，幼犬也跟在母犬身边。次日早晨发现许多吃剩的生鱼骨，上午发现幼犬不见，寻找时发现全部卧于圈内，精神沉郁，腹部胀满，恶心呕吐而求诊。6只幼犬伏卧于圈内阴暗处，两前肢向前伸展，头伏于两腿之前，并不时改变伏卧姿势。表情呆滞，吐黄白色水样物并带少量血液。轻轻触摸腹部即尖叫逃避。鼻镜干燥，两眼流泪，眼有少量分泌物。从口内呼出异臭气味，不时寻找饮水，但饮后不久即吐。体温39.5℃左右。因呕吐激烈，6只患犬均有不同程度的脱水症状。请诊断这些幼犬得了什么病。

诊治方案：根据主诉6只幼犬有吃生鱼、腹部胀满、姿势异常、呕吐及呕吐物异常，触诊腹部异常、嗅诊口臭等临床表现，结合血常规、C反应蛋白、血生化、电解质分析及X射线检查胃内高密度内容物等确诊为急性胃炎，治疗原则为抗菌消炎、止吐、保护胃黏膜、修复胃黏膜、纠正电解质紊乱。

案例3

1岁黄色北京犬，体重5kg，患犬表现为呕吐不止，腹壁紧张，拱腰，躲避触诊检查。临床检查，T：39.8℃，P：150次/min；呼吸急促，口有白沫，发呆；结膜潮红；呕吐物发黏，为浅咖啡色；贫血、黄疸，有脱水症状。就诊时用细小病毒检测试剂盒对患犬呕吐物或腹泻物进行检测，结果阴性。B超或X射线检查未发现肠道异常，触诊未见肠道套叠或肠道阻塞等迹象。呕吐、拒食，排便带血丝；可视黏膜发绀，体瘦，精神沉郁。化验室检查，尿淀粉酶14000IU（正常值为≤5000IU）。请诊断该犬得了什么病。

诊治方案：根据患犬临床症状及体征、化验及影像学检测，尤其是淀粉酶明显升高的情况，可判定该犬患有胰腺炎，治疗需控制腺酶分泌、抗菌消炎和对症治疗。

相关知识

以呕吐为主症的常见内科疾病主要有咽炎、食管异物、食管炎、食管憩室、胃食管套叠症、胃内异物、胃炎、小肠内异物、肠套叠、肠梗阻、胃肠溃疡、肝炎、胰腺炎及大多数中毒等。

一、食管憩室

（一）特征

食管憩室是指食管壁的一部分呈囊状扩张，临床上以吞咽困难为特征。多发于胸腔入口处的食管，分为鼓出性憩室和牵拉性憩室两种，以幼犬居多。

（二）诊断

1. 问诊及主诉

（1）询问或了解幼犬在采食时食管（多于咽和食管交界处发生）逐渐增大，呈囊状的状态。因犬的先天性食管基层收缩无力或先天性食管环异常造成。

（2）询问或了解是否有食管周围淋巴结炎、脊髓炎及肺炎等病史，在这些疾病的愈合期由于吞咽动作，导致食管内压升高，从而引起牵拉性憩室，这种憩室主要发生于气管分支部。

2. 视诊

（1）食欲减退，逐渐消瘦。

（2）吞咽困难，严重者出现流涎，采食后食物反流。

（3）有些病例出现间歇性呕吐，呕吐物中常有黏液及未消化的食物。

3. 触诊

触摸采食后的颈部有肿瘤样感。

4. X 射线诊断

X 射线造影可以确定憩室的形状、大小和位置（图 1-24、图 1-25）。

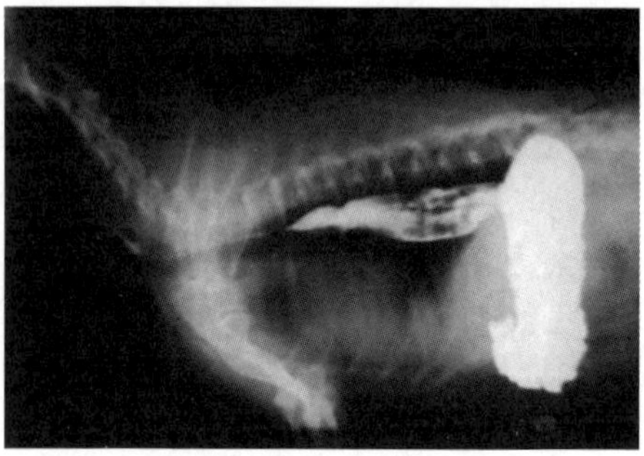

图 1-24　胸部食管显著增大，有多量钡剂顺利进入胃内

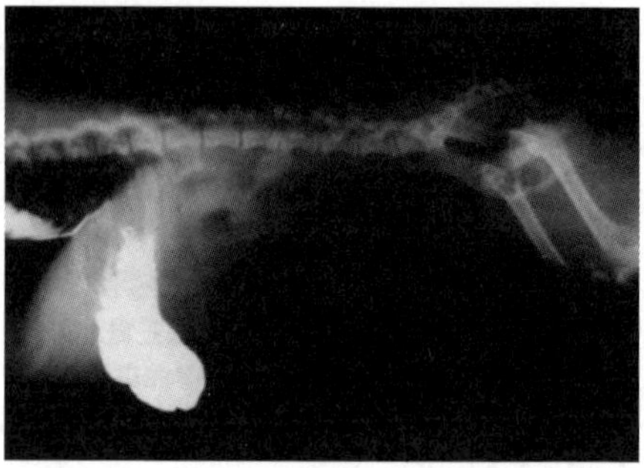

图 1-25　钡餐后 60min 摄片，硫酸钡在胃内停留，但食管内仍有存留

5. 食管内镜检查

食管内镜检查可确定憩室部有无食管炎、食管后部狭窄及憩室程度等。

（三）治疗

1. 治疗原则

根据病情分别处理。

2. 治疗方法

【治疗 1】

对于血管环等所致的狭窄性憩室，可通过手术方法分离以松解。

吸入麻醉和正压通气。左侧开胸术。用湿纱布向后隔离肺的前、中叶，纵向切开纵隔胸膜，用线将迷走神经向背侧牵引，显露动脉韧带及持久性右主动脉弓。其韧带一般比正常长，位于纤维环内，须仔细辨认，多数位于喉返神经前方。用直角止血钳由后向前钝性分离动脉韧带，使其与食管分离，防止损伤肺动脉，并用两根缝线尽量靠近主动脉和肺动脉打结（线暂不剪断），然后向两侧牵引两个结上的缝线。在主动脉和肺动脉间分离食管上的任何残留组织。此处食管壁变薄，分离时避免损伤食管。最后从口腔插入弗利氏导尿管至食管狭窄部，并向导尿管内注入空气，使其球部膨胀，便于观察残留的组织、有无破损裂口，也可扩张狭窄的食管。拔出导尿管，去除胸内纱布，常规闭合胸腔（图1-26）。

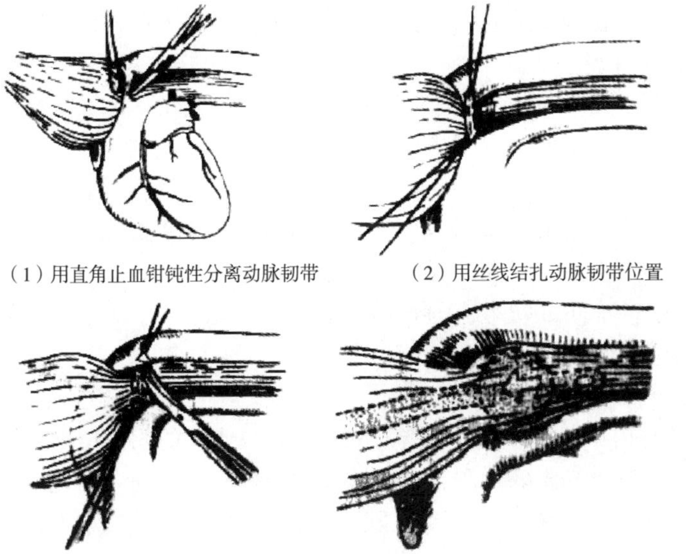

（1）用直角止血钳钝性分离动脉韧带　（2）用丝线结扎动脉韧带位置

（3）切除动脉韧带后，钝性分离深的纤维带　（4）用弗利氏导管扩张狭窄的食管

图1-26 持久性右主动脉弓手术矫正

【治疗2】

症状明显且憩室较大者，宜进行食管囊状部切除术（食管部分切除术见食管扩张）。

（四）护理

本病经手术治疗后，可致食管狭窄。因此，术后需经常检查，以确认食管的形态和功能。对未经手术治疗的宠物，应养成前肢搭于高位饮喂的习惯，必要时给予半流质食物。

二、胃食管套叠症

（一）特征

胃食管套叠症是指胃的一部分套入食管内而引起的急性症状，常并发巨大食管症。临床上以突然出现呼吸困难、食后不安和呕吐为特征。主要见于幼犬。

（二）诊断

1. 问诊及主诉

（1）询问患宠是否有长期反复呕吐，因其控制贲门部的食管神经兴奋性下降导致食管肌肉松弛，进而引起食管扩张，胃的一部分在胃内反转，使黏膜面扩张而套入食管内。

（2）询问饲喂是否过多，体位是否突然变化，因为此时胃的位置不动，突然套入食管内，严重的情况下难以恢复正常。

2. 视诊

（1）突然呼吸急促，间或呼吸困难，进食或饮水后吐出。

（2）随病情发展，食欲废绝，精神极度沉郁，脱水，很快衰竭。

（3）患病时间长的宠物，逐渐陷入恶病质状态。

（4）消化道内储留气体而腹部胀满。

3. X 射线检查

在扩张的胸部食管部，可见与周围组织界限明显的阴影增加。消化道钡餐造影可见胸部食管末端阻塞性阴影中有皱襞样结构。造影剂向消化道运动时，食管内有狭窄样变化。胃在排空的情况下，部分套入食管内时较难确诊。

（三）治疗

1. 治疗原则

根据病情分别处理。

2. 治疗方法

【治疗 1】

尽早手术整复，将套入的胃还纳腹腔。为防止复发，可将扩大的贲门部修复变窄，并将胃固定在腹壁上。术后加强护理，1 周内禁止经口饲喂。可静脉滴注葡萄糖生理盐水，补液同时注意补钾，适当补充维生素 C。肌内注射阿莫西林克拉维酸钾，0.1mL/kg，2 次/d，连用 5~7d，以防继发食管炎。

【治疗 2】 中西医结合治疗

手术后将阿莫西林克拉维酸钾各 0.1mL/kg 注入大椎、身柱、天突等穴，以控制继发感染；口服仙方活命饮合生脉饮调养。

三、胃内异物

（一）特征

胃内异物是犬、猫误食难以消化的异物并滞留于胃内的一种疾病。临床上以腹痛和消化紊乱为特征。多见于小型品种的犬及幼犬和幼猫。

（二）诊断

1. 问诊及主诉

（1）询问患宠是否误食了或有可能误食了异物，如针线、木勺、煤块、石头、骨头、橡皮球、破布、塑料袋、鱼钩、珠宝等。

（2）询问患宠是否有在训练时以及嬉戏玩耍时误咽训练物、果核、小的球类、小的玩具等的可能。

（3）询问或了解患宠是否患有营养不良、维生素或矿物质缺乏、消化道寄生虫病、胰腺疾病及有异食癖等情况。

2. 视诊

（1）患宠食欲减退，有时可见呕吐。

（2）病程长者，精神不振，营养不良，逐渐消瘦，体重减轻。

（3）严重的患宠，异物损伤胃黏膜，引起胃出血、炎症，甚至胃穿孔，表现为呻吟，起卧时弓腰，肌肉震颤，有时呕吐物中可见血丝甚至会出现血便。

3. 触诊

触诊胃区敏感。

4. X 射线检查

胃内有透光性差或不透光的阴影，以此可予以确诊（图 1-27、图 1-28）。胃内灌入造影剂更易确诊。

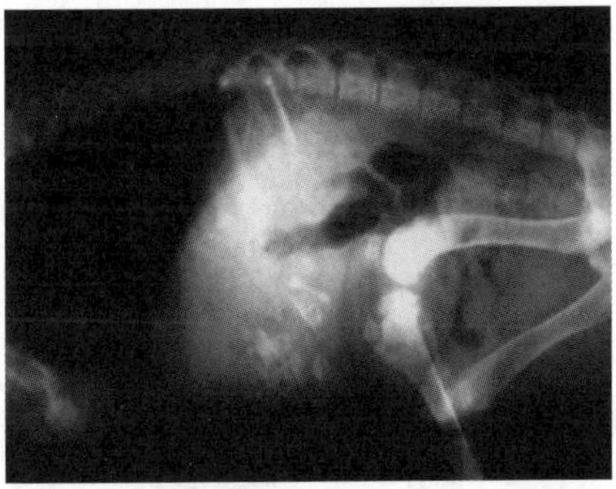

图 1-27　胃内有不同大小的碎骨高密度阴影

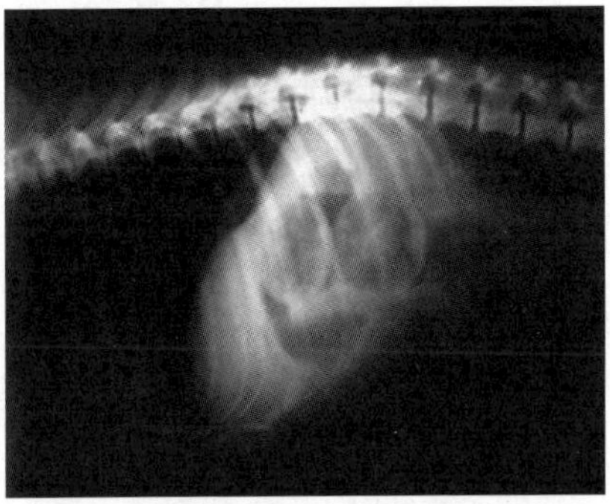

图 1-28　胃内有 3 个清晰的球形物体

5. 内镜检查

胃内镜检查可查知胃内异物的形态及胃黏膜损伤的情况，并可予以确诊（图 1-29、图 1-30）。

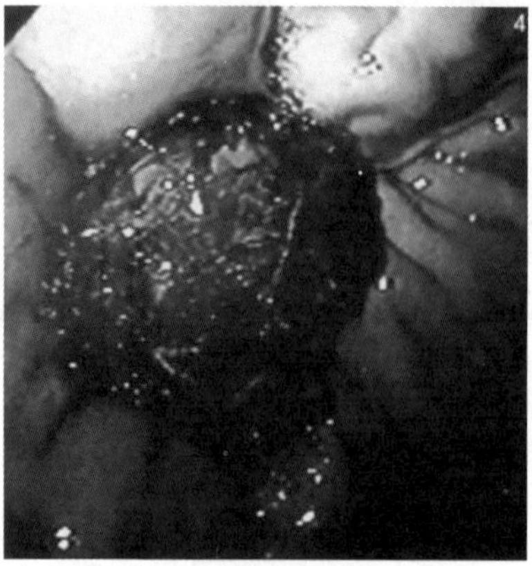

图 1-29　3 岁杜宾犬胃内的一个包裹草叶的散热器管

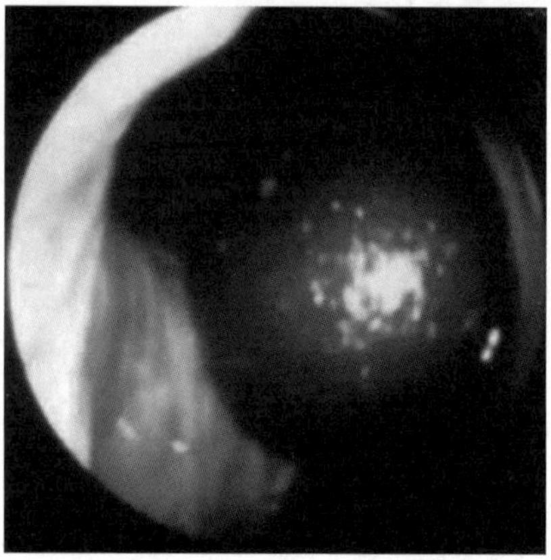

图 1-30　8 岁杂种犬胃内的黑色橡胶球

（三）治疗

1. 治疗原则

祛除病因、消炎、加强营养和护理。

2. 治疗方法

【治疗 1】

异物不大，可采取催吐或泻下。

10%过氧化氢 5mL/kg，石蜡油 50mL。

用法：分别灌服。

说明：10%过氧化氢可用 1%硫酸锌（40mL）代替，催吐也可用盐酸阿扑吗啡注射液 0.04mg/kg 肌内注射；泻下可用等量植物油灌服。

【治疗 2】

异物过大时，需施行胃切开术。

麻醉与保定：患宠全身麻醉，仰卧保定。腹底壁剑状软骨前方至脐后作大范围的剃毛和消毒准备。

手术器械：一般手术器械、胃钳子、缝胃用的细小弯针。

术式：在剑状软骨后与脐部之间腹中线切口，常规打开腹腔（图 1-31）。术者手伸入腹腔作一般检查，将胃引出创口外，并在其周围

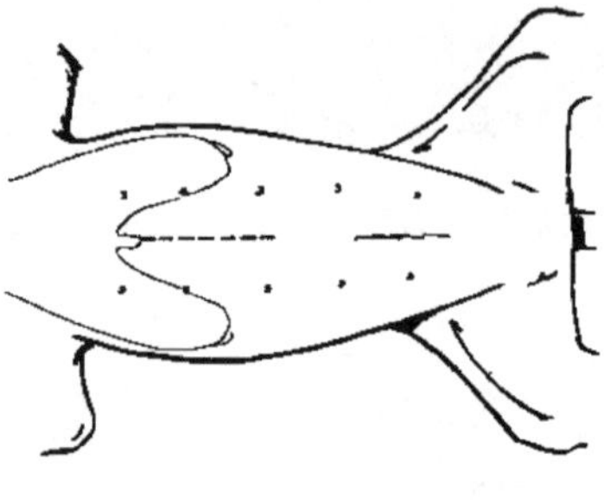

图 1-31　犬胃切开术部

垫上湿的纱布块，在大弯与小弯之间切开胃壁（图 1-32、图 1-33）。在欲切开线两侧缝上预置牵引线或用组织钳提起胃壁，防止胃切开时胃内容物流入腹腔。切开胃壁，切开长度视手术需要而定。吸出胃液，取出异物。

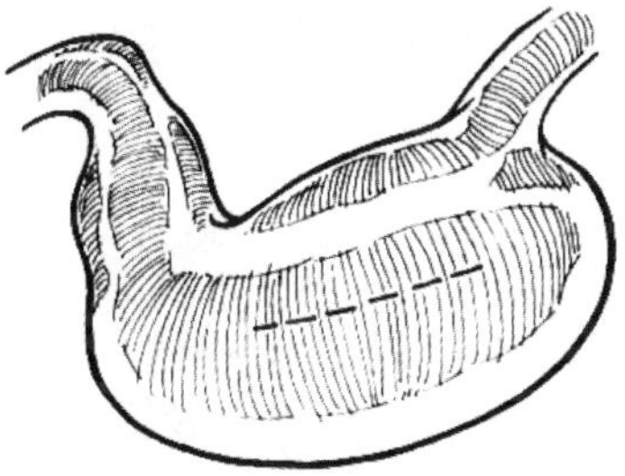

图 1-32　在胃大弯和胃小弯之间全层切开胃壁

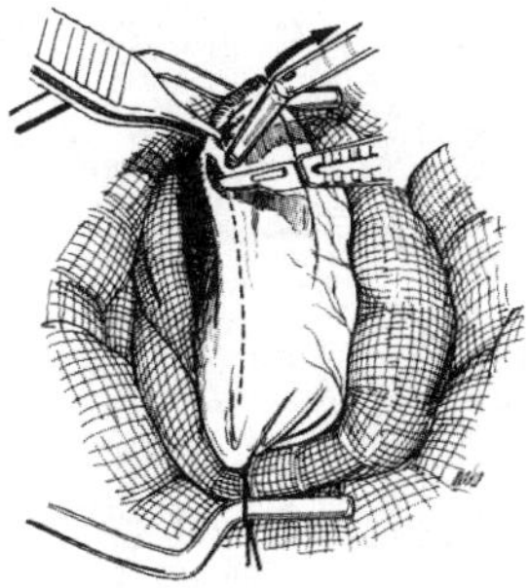

图 1-33　在胃底部垫敷生理盐水纱布

胃壁两层缝合，第一层全层连续缝合（或水平内翻缝合），第二层浆膜肌层水平内翻缝合（图 1-34）。冲洗胃壁，常规关闭腹腔。

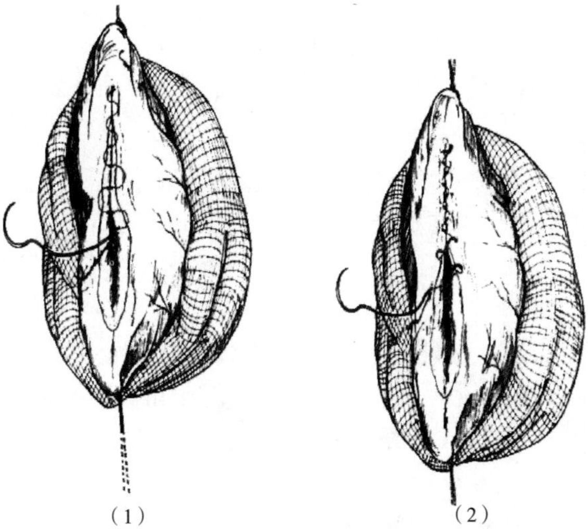

（1）　　（2）

图 1-34　胃壁的缝合采取连续垂直褥式内翻缝合

术后护理：术后静脉补充营养物质。48h 后给予流质食物，以后改为半流质食物，逐渐进行正常给饲。术后给予 5~7d 的抗生素抗感染。局部按一般创伤处置。术后防止宠物啃咬创伤部。

【治疗 3】消炎

适用于异物刺激发生的胃炎。

阿莫西林 20mg/kg，头孢哌酮 20mg/kg。

用法：前者内服，2 次/d，连续 5d；后者静脉注射，2 次/d。

【治疗 4】中西医结合治疗

将韭菜揉成团，填裹在小肉块中饲喂，可促进排出胃内铁钉、针、鱼钩等小而尖锐的异物；投服石蜡油或植物油，可以促进排出毛球等异物。手术后，抗生素可注入脾俞和胃俞穴；口服生脉饮进行调养。

四、急性胃炎

（一）特征

急性胃炎是由各种原因所致的急性胃黏膜炎症变化。临床特征以呕吐、腹痛为主。本病是犬、猫常见病。

（二）诊断

1. 问诊及主诉

（1）询问患宠是否饲喂过饱及过冷、过热、污秽不洁或腐败变质的食物和饮水。

（2）询问患宠是否在治疗时内服刺激性药物浓度过大。

（3）询问患宠是否采食牛乳、鸡蛋、鱼肉等，有的犬可对这些食物产生变态反应而导致胃炎。

（4）询问或进一步检查宠物是否有犬瘟热、细小病毒感染、传染性肝炎及肾炎、慢性肾衰及胃肠道寄生虫病等可引起急性胃炎的情况。

（5）询问猫主人是否常用化毛营养膏，排查猫舔食毛发情况。

2. 视诊

（1）患宠呕吐明显，初期呕吐物为未充分消化的食糜，以后则为泡沫状黏液和胃液，呕吐物中有时混有血液、黄绿色的胆汁和胃黏膜脱落物。

（2）表现为精神沉郁，疲倦，食欲减退或废绝，患宠烦渴，常在饮水后呕吐。

（3）检查口腔，可见黄白色舌苔。

（4）患病犬、猫腹痛明显，前肢向前伸展，喜坐，呈弓腰蜷腹姿势。

（5）患宠病程较长的可引起脱水，表现为皮肤起皱、干燥，眼球下陷、无光，重则虚脱死亡。

3. 触诊

触诊时拒绝按压腹壁，触诊腹壁紧张，胃部敏感，躲避甚至嚎叫。

4. 听诊

胃肠蠕动音减弱或消失。

5. 嗅诊

检查口腔，可闻到患宠有明显的口臭味。

6. 内镜检查

胃内镜可查知胃黏膜损伤的情况，并可予以确诊。

7. X射线检查

排查胃内异物，检查是否有胀满。

8. 化验

（1）血常规检查白细胞、中性粒细胞变化，贫血程度。

（2）犬C反应蛋白、猫淀粉样蛋白变性，以确定炎症程度。

（3）电解质分析检查患宠钠、钾、氯变化及pH变化。

（4）血液生化检查观察总蛋白、球蛋白变化。

9. 鉴别诊断

与胃内异物、胃溃疡及胰腺炎鉴别诊断。

（三）治疗

1. 治疗原则

祛除病因、消炎止痛、保护胃黏膜、抑制呕吐、纠正电解质紊乱。

2. 治疗方法

【治疗1】

甲氧氯普胺0.2mg/kg，5%葡萄糖生理盐水200mL，维生素C 1mL，10%氯化钾5mL，维生素B_1 1mL，维生素B_6 1mL，诺氟沙星5mg/kg，硫糖铝0.5g。

用法：硫酸铜、硫糖铝分别内服；糖盐水、维生素C、氯化钾、甲氧氯普胺混合静脉注射；维生素B_1、维生素B_6、诺氟沙星分别肌内注射。

说明：甲氧氯普胺可用3%柠檬酸马罗匹坦代替，诺氟沙星可用头孢哌酮或阿莫西林克拉维酸钾代替，硫糖铝可用稀盐酸和乳酶生代替。

【治疗2】中药疗法（葛根黄连汤）

葛根6g，黄连3g，黄芩3g，甘草3g。

用法：每剂水煎后取汁分2次灌服，1剂/d，连用2~3d即可治愈。对患急性胃炎的病宠需禁食24h以上，其间备以补液盐任其自饮。

【治疗3】中药疗法（半夏红枣汤）

半夏3g，茯苓3g，干姜2g，肉桂4g，黄连3g，沉香4g，人参4g，瓜蒌壳2g，大红枣4枚。

用法：水煎服，1剂/d。

【治疗4】中药疗法（石膏汤）

生石膏10g，西洋参3g，半夏3g，竹叶3g，麦门冬3g，甘草2g。

用法：水煎服，1剂/d。

【治疗 5】中西医结合治疗

呕吐时，用甲氧氯普胺注入胃俞穴，庆大小诺霉素注入脾俞穴和后海穴，直肠滴注吐泻灵，呕吐停止后，用平胃散调理。

（四）护理

停止一切对胃有刺激的食物和药物，给予富有营养的流质食物或短时禁食。如不呕吐可以给予商品营养膏，胃肠处方罐头，糖水，米饭或高糖、低脂、低蛋白、易消化的流质食物，数日后给予半流质食物，数天后恢复正常饮食。

五、慢性胃炎

（一）特征

慢性胃炎是指胃黏膜浅层发生的慢性炎症，由于胃功能长期紊乱，胃黏膜血液循环及营养发生障碍，最后导致胃黏膜发生萎缩。该病以胃动力障碍为主要特征。老龄犬、猫多发。

（二）诊断

1. 问诊及主诉

（1）询问患宠是否有急性胃炎的病史，是否治疗不及时彻底。

（2）询问或进一步检查患宠胃黏膜是否长期受到不同因素的刺激，如饥饱无常导致的胃酸缺乏、营养不良、内分泌功能障碍等情况。

2. 视诊

（1）患病犬、猫长期食欲不振、消化不良，逐渐消瘦，有的出现异食癖。

（2）经常出现间歇性呕吐，呕吐物以黄白色胃液为主，有时混有少量血液，常有嗳气。

（3）被毛粗乱、无光泽，轻度贫血，精神委顿，易疲劳、出汗、喜卧（图 1-35）、不活泼、目光呆滞。

（4）口腔干燥，舌苔增厚。

（5）有时因继发肠炎而出现腹泻。

3. 触诊

触诊时患宠胃内空虚。

4. 嗅诊

检查口腔，可闻到口腔有明显的酸臭味。

5. 听诊

听诊胃蠕动音明显减弱。

图 1-35　4 岁意大利灵猩慢性胃炎表现的特殊姿势

6. 内镜检查

浅表性胃炎可见黏膜水肿，红白相间，有斑点状出血、糜烂、黏稠黏液附着。萎缩性胃炎黏膜呈灰白色或苍白色，也呈红白相间。黏膜变薄，皱襞变细或平坦，黏膜下血管显露呈网状。肥厚性胃炎可见黏膜皱襞隆起粗大，呈铺路石状、脑回或结节状，伴有糜烂、出血（图 1-36）。

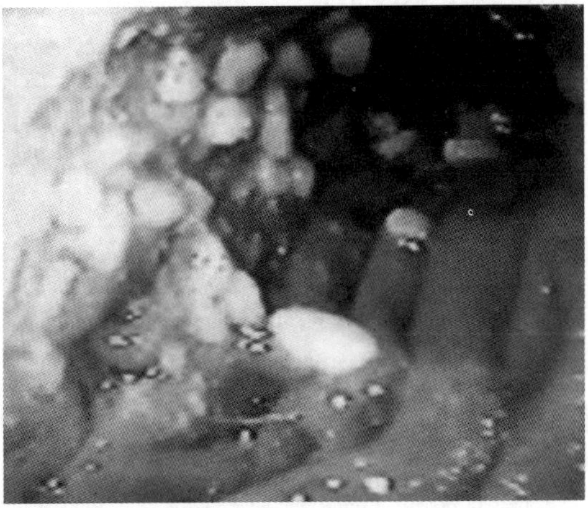

图 1-36　胃炎的胃黏膜皱褶呈暗褐色

7. X 射线和 B 超检查

胃的 X 射线和 B 超可诊断出黏膜肥大、结节性病变、肿瘤等。

8. 实验室检查

化验胃液进行分析，胃酸减少或缺乏，胃液中含有上皮细胞、白细胞、黏液及细菌。血常规白细胞、中性粒细胞增加。犬 C 反应蛋白升高，猫淀粉样蛋白变性升高。

（三）治疗

1. 治疗原则

消除病因、消炎、加强营养和护理。

2. 治疗方法

【治疗 1】

硫糖铝 1g，胃蛋白酶合剂 10mL，头孢噻肟钠 30mg/kg。

用法：硫糖铝与胃蛋白酶分别内服，2 次/d；头孢噻肟钠肌内注射，3 次/d。

说明：硫糖铝可用氧化镁代替，胃蛋白酶可用西沙必利、乳酶生、稀盐酸代替，头孢噻肟钠可用氨苄西林代替，胆汁反流时可用考来烯胺（消胆胺）0.2g/次内服，腹胀时可用多潘立酮（吗丁啉）10mg，疼痛发作时可用阿托品 0.02mg/kg 内服。

【治疗 2】中药疗法（黄芪健中汤）

桂枝（去皮）3g，甘草（炙）2g，大枣（去核）4 枚，芍药 6g，黄芪 3g，生姜（切）3g，饴糖 15g。

用法：水煎去渣候温分 3 次灌服，连服 7d。

说明：该方可温补气血，缓急止痛。

【治疗 3】中药疗法（胃炎汤）

丹参 5g，莪术 5g，百合 10g，芍药 5g，乌药 4g，薏苡仁 5g，甘草 6g。

用法：水煎去渣候温分 2 次灌服，每日 1 剂，连用 7d。

说明：该方可运脾健胃，调畅气机，活血通络。

六、胃肠溃疡

（一）特征

胃肠溃疡是指胃和十二指肠等处发生的慢性溃疡。溃疡多因胃酸和胃蛋白酶对自身黏膜的消化而形成，因此称胃肠溃疡或消化性溃疡，即胃十二指肠溃疡。临床上以慢性呕吐、腹部有压痛、吐血、血便以及贫血为主要特征。2.5~12 岁的犬多发，母犬发病率较高，猫偶发。

（二）诊断

1. 问诊及主诉

（1）询问患宠是否有急、慢性胃肠炎的病史，是否治疗不及时、不彻底。

（2）询问是否经口投予过阿司匹林及保泰松等非甾体类消炎药。

（3）询问或进一步检查该患宠是否患有或曾患胃肿瘤、肥大细胞瘤、慢性尿毒症和肝脏疾病等。

2. 视诊

（1）患宠表现为食欲不振，呕吐，尤其是采食后呕吐明显加剧，呕吐物带血甚至吐血。

（2）渴欲增强，脱水并频频饮水，有时嗳气。

（3）排黑褐色血便。

（4）可视黏膜苍白，有明显的贫血。

（5）病程较长的患宠消瘦，体重降低。

3. 触诊

触诊腹壁有压痛，进食后 1h 左右压痛明显。

4. 内镜检查

镜下可见胃肠有溃疡性病灶即可确诊。

5. X 射线检查

X 射线钡餐检查，直接征象为龛影，慢性者十二指肠球部变形。

6. 实验室检查

粪便潜血试验阳性可作为初步诊断依据，也可采取胃肠黏膜病理或组织检查。血常规白细胞、中性粒细胞变化，犬 C 反应蛋白及猫淀粉样蛋白有异常。

（三）治疗

1. 治疗原则

中和胃酸，抑制胃酸分泌，抗菌和对症治疗。

2. 治疗方法

【治疗 1】

氨苄西林 30mg/kg，丁胺卡那霉素 15mg/kg，盐酸山莨菪碱（俗称 654-2）10mg，维生素 C 1g，维生素 B_6 0.1mg，西咪替丁 20mg/kg，酚磺乙胺 10mg/kg，复合维生素 B_2 片，生理盐水 100mL，5%葡萄糖 200mL。

用法：氨苄西林与山莨菪碱用生理盐水稀释后静脉注射；丁胺卡那霉素、维生素 C 与维生素 B_6 混合后加入 5%葡萄糖静脉注射；西咪替丁单独加入 5%葡萄糖注射液中静脉注射；酚磺乙胺肌内注射；复合维生素 B 内服，以上均 1 次/d，直到痊愈。

说明：症状好转后可用庆大霉素或羟苄西林胶囊内服；酚磺乙胺可用维生素 K_3 或云南白药替代；复合维生素 B 可用多酶片替代。

【治疗 2】

复方氢氧化铝片 2 片，硫糖铝 1g，卡巴克络 3mg。

用法：喂食后 2~3h 内口服，3 次/d，连服 7d。

说明：卡巴克络在严重出血病例应用。

【治疗 3】 中药疗法

元胡 3g，木香 3g，香附 4g，佛手 4g，乌药 3g，乳香 4g，没药 4g，海螵蛸 5g，贝母 2g，吴茱萸 3g，砂仁 3g，甘草 2g。

用法：水煎取汁，加入 2mg 阿托品，分上下午 2 次服完，连用 5d。

说明：该方可运脾健胃，恢复胃肠功能。

七、肝炎

（一）特征

急性肝炎是肝脏实质细胞的急性炎症，临床上以黄疸、急性消化不良、呕吐和出现神经症状为特征，肝脏出现不同程度的肝脏实质细胞急性弥漫性变性、坏死和炎性细胞浸润等病理过程；慢性肝炎是慢性炎症性疾病，分为慢性持续性肝炎和慢性活动性肝炎。

（二）诊断

1. 问诊及主诉

（1）询问或进一步检查患宠是否发生过病毒、细菌及寄生虫感染，如犬 I 型腺病毒、疱疹病毒、细小病毒、结核杆菌、化脓杆菌、梭菌、真菌、钩端螺旋体感染以及巴贝斯虫感染而造成的肝脏损伤。

（2）询问是否有可能误食砷、汞、鞣酸、四氯化碳、黄曲霉等或经口投予对乙酰氨基酚类及布洛芬等退热药、氯丙嗪、睾酮、氟烷、氯噻嗪等，以及是否有采食腐败变质食物的情况。

（3）询问或进一步检查该患宠的饲料营养物质是否缺乏甲硫氨酸或胆碱。

（4）询问患宠是否曾有急性肝炎未治愈或延误治疗，可继发慢性肝炎。

2. 视诊

（1）患病宠物消瘦明显，精神沉郁，全身无力，被毛枯焦。

（2）食欲不振乃至废绝，粪便呈灰白绿色、恶臭、不成形，腹泻或便秘，或二者交替出现，呕吐，尿液发暗或变黄。

（3）眼结膜黄染，其他黏膜也有黄疸症状（图 1-37）。

（4）患病严重者表现为肌肉震颤、痉挛、肌肉无力、感觉迟钝、昏迷或昏睡，俗称“肝昏迷”。

（5）有的有出血倾向，血液凝固时间和出血时间延长。

3. 触诊

触诊肝区有疼痛反应，腹壁紧张，于肋骨后缘可感知肝大；慢性肝炎肝脏和

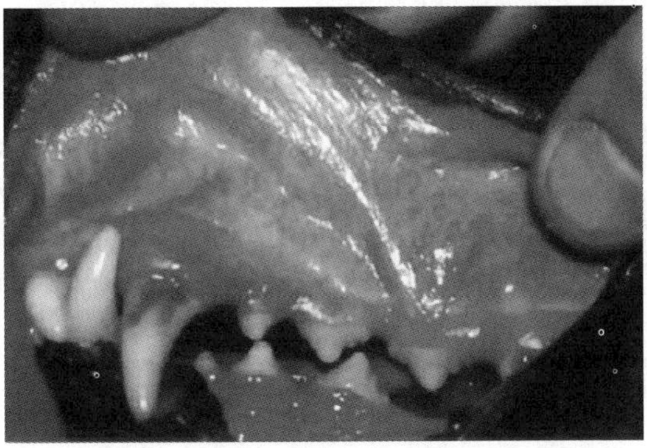

图 1-37　患有慢性活动性肝炎的杜宾犬的口腔黏膜黄染

脾脏中度肿大，并有压痛。

4. 叩诊

叩诊肝浊音区扩大。

5. 实验室检查

血液生化检查谷丙转氨酶、谷草转氨酶及碱性磷酸酶等的酶活力升高，尤其是乳酸脱氢酶活力明显升高。并发弥散性血管内凝血时，血液中血小板及纤维蛋白明显减少，血清胆红素升高，血清总蛋白和 γ-球蛋白增加，血清尿素氮和血清胆固醇降低。慢性肝炎溴酚酞磺酸钠试验滞留率阳性，凝血酶原时间延长。化验尿液可检出胆红素及蛋白质。

（三）治疗

1. 治疗原则

除去病因，积极治疗原发病，消炎，保肝利胆，增强肝脏解毒功能等。

2. 治疗方法

【治疗 1】

葡醛内酯（肝泰乐）100mg/次，肌酐 25mg/次，甲硫氨酸 4mL/次，辅酶 A 50IU/次，三磷酸腺苷 20mg/次，头孢噻肟钠 20mg/kg，复合维生素 B 1mL/次，维生素 C 200mg/次。

用法：以上均分别肌内注射，其中头孢噻肟钠和复合维生素 B 3 次/d，其余均 1 次/d。

说明：葡醛内酯（肝泰乐）可用奥普乐注射液、肝细胞生长素、强力宁代替；头孢噻肟钠可用氨苄西林、阿米卡星代替。

【治疗 2】

（1）25%葡萄糖注射液 100mL，复合维生素 B 注射液 2mL，1%维生素 K_1 注射液 1mL，1%硫酸锌注射液 2mL。静脉注射，2 次/d，连用 3d。

（2）复合氨基酸注射液 50mL。静脉注射，2 次/d，连用 3d。

（3）注射用氨苄西林 1g，注射用水 5mL，0.2%地塞米松注射液 1mL。肌内注射，1 次/d，连用 3d。

【治疗 3】 中药疗法

茵陈 15g，山栀子 15g，车前草 12g，生地 10g，茅根 15g，木通 10g，败酱草 12g，大青叶 15g。

用法：水煎取汁，分上下午 2 次服完，连用 6d。

说明：该方可清湿热，利黄疸。

八、胰腺炎

（一）特征

急性胰腺炎是因胰腺酶消化胰腺自身所引起的以胰腺水肿、出血、坏死为主要病理过程的一种急性炎症，临床上以突发性前腹部剧痛、呕吐、休克和腹膜炎为特征；慢性胰腺炎是胰腺反复或持续性发作的炎症变化，临床上以腹痛反复发作、脂肪便及糖尿病为主要特征。该病发生母犬多于公犬，老龄犬多于幼犬和中年犬，不爱活动的观赏犬发病率最高。猫发病呈消化紊乱，特征不典型。该病复发率较高。

（二）诊断

1. 问诊及主诉

（1）询问或进一步检查患宠是否发生病毒、细菌及寄生虫感染，传染性肝炎、钩端螺旋体病以及胆道蛔虫感染等。

（2）询问或进一步检查是否有胆结石嵌顿、肿瘤压迫及局部水肿导致的胆总管阻塞。

（3）询问或进一步检查该患宠是否有胰管痉挛和十二指肠炎导致的胰管阻塞。

（4）询问是否长期饲喂高脂肪食物，调查患宠以前是否患过高脂血症、甲状腺功能减退、糖尿病、中毒病等损害胰腺的疾病。

（5）询问是否患有过急性胰腺炎未来得及救治而转为慢性。

2. 视诊

（1）患病宠物精神沉郁，食欲不振或废绝，进食后腹部疼痛。

（2）剧烈频繁呕吐和腹泻，有时粪便中带血。

（3）如表现为精神高度沉郁，昏睡，体温降低并有呕吐乃至剧烈性腹泻则为出血性坏死性胰腺炎。

（4）有的患宠呈现“祈祷姿势”（肘部和胸骨支地而后躯抬高），或者专门寻找阴凉的地方，呈现用腹部紧贴凉地面俯卧的特殊姿势。

（5）严重的意识丧失，全身痉挛乃至休克。

（6）食欲异常亢进，但生长发育停滞，消瘦，消化不良，粪便多，粪便内有多量的脂肪和蛋白，有灰白色或黄色脂肪便，则为慢性胰腺炎。

3. 触诊

触诊腹壁紧张，腹部压痛剧烈，弓背收腹。

4. 实验室检查

血常规检查，白细胞数明显升高达到（3.0～5.0）$\times 10^{10}$/L，中性粒细胞明显升高，核左移。犬C反应蛋白、猫淀粉样蛋白明显升高。慢性胰腺炎粪便检查可发现脂肪球和未消化的肌纤维，血生化检验发现血糖含量明显升高，血清淀粉酶和脂肪酶明显升高，腹水中含有淀粉酶。尿常规检验发现尿糖含量明显升高。应用胰腺炎快速诊断试纸可快速诊断该病。

5. X射线检查

X射线检查右上腹部密度明显增加，如见胰腺钙化或胆管内阴影结石，多提示慢性胰腺炎（图1-38）。

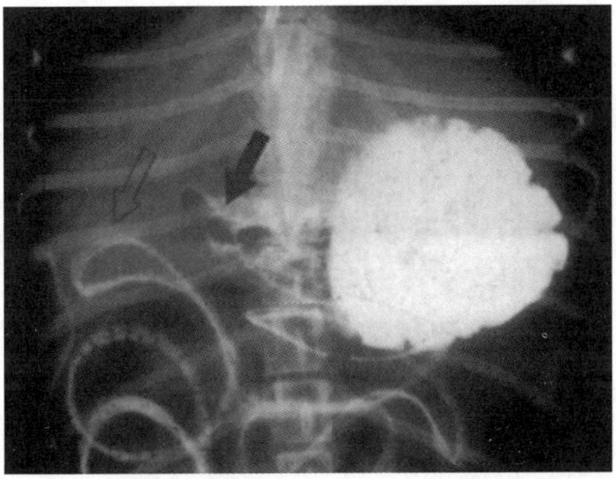

图1-38　急性胰腺炎可见十二指肠区域及幽门处气体

6. B超检查

B超检查显示胰腺肿大，增厚或显示假性囊肿。如显示胰腺内有结石或囊肿，多提示慢性胰腺炎。

（三）治疗

1. 治疗原则

抑制胰腺分泌，消炎止痛，纠正水盐电解质紊乱，加强护理。

2. 治疗方法

【处方 1】

5%葡萄糖注射液 100mL，复方氯化钠注射液 100mL，25%维生素 C 2mL，5%维生素 B_6 2mL，盐酸山莨菪碱注射剂 2mL，硫酸阿托品注射液 0.2mg，丁胺卡那霉素 10 万 IU。乌司他丁 1 万 IU/kg 或奥曲肽 1 万 IU/kg。

用法：硫酸阿托品肌内注射，丁胺卡那霉素脾俞穴注射，其余混合 1 次静脉注射，各 1 次/d，连用 3d。乌司他丁加 20mL/kg 生理盐水缓慢滴注。

说明：硫酸阿托品可用抑肽酶代替腹腔注射，丁胺卡那霉素可用氨苄西林、头孢西丁钠、阿米卡星代替肌内注射。腹部剧痛用布托菲诺 0.04mL/kg 皮下注射，剧烈呕吐用柠檬酸马罗匹坦 0.1mL/kg 皮下注射。

【处方 2】 清胰汤合剂

柴胡 5g，黄连 4g，黄芩 4g，广木香 4g，白芍 5g，大黄 5g，芒硝 4g。

用法：捻粉混合（大黄粉后下），用开水冲，温凉分 2 次上下午灌服。

说明：该方疏肝健脾，清利湿热。

任务三　以腹痛为主症的疾病

任务描述

学习以腹痛为主症疾病的相关知识，参加相关临床病例的诊疗，分析临床案例。

案例分析

案例 1

一德国牧羊犬，雌性，1.4 岁，30kg。主诉：饱食后剧烈运动 2h，即出现呕吐，喘息，流涎，站立不稳、倒地不起。临床检查：患犬表现为腹痛，表情淡漠，流涎，干呕，呼吸急促，呈典型胸式呼吸。T：39.8℃，R：65 次/min，P：102 次/min。视诊黏膜发绀，黏膜再充血时间约 2s。腹前部扩张，腹部触诊敏感，左肋部至脐后腹中线可触及一扁条形肿块，至膀胱前方，疑脾大。左侧腹前部叩诊呈鼓音。腹部进行腹背位 X 射线，可见胃部扩大偏于左侧，胃内蓄积大量气体和液体，横膈膜上凸，肝脏受挤压且密度增高（图 1-39、图 1-40）。B 超检查见图 1-41。请诊断该犬得了什么病。

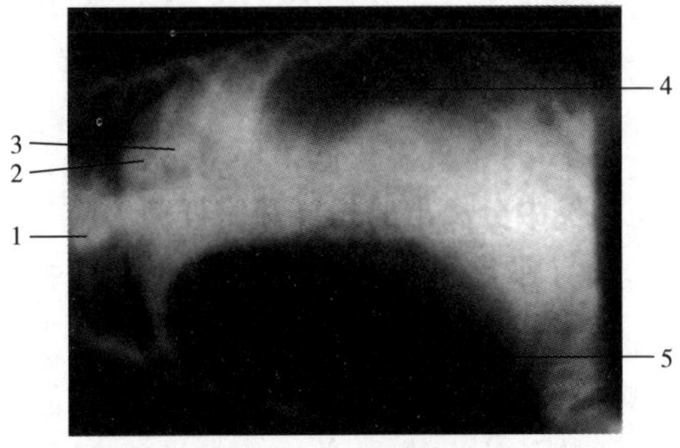

1—心脏；2—膈肌；3—肝脏；4、5—胃扩张发生折转将胃分成两个室。

图 1-39　腹背位 X 射线摄片

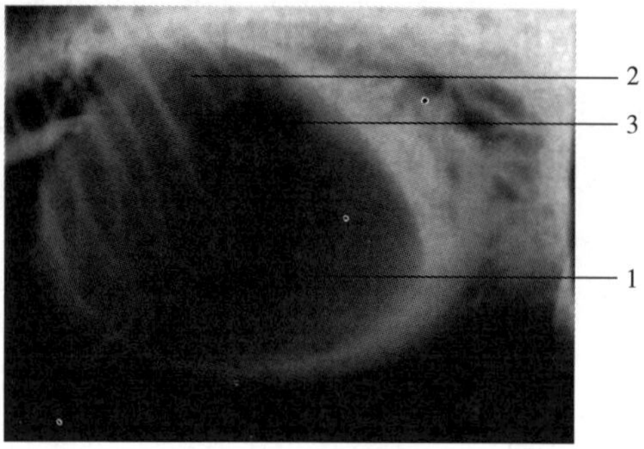

1—胃底部；2—贲门部；
3—扭转的幽门部。

图 1-40　左侧位 X 射线摄片

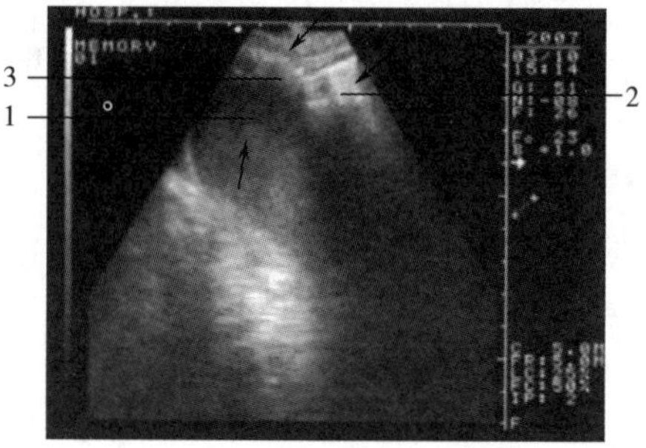

1—胃内液体；2—胃内气体；
3—腹壁+胃壁。

图 1-41　左侧壁中部横切面 B 超

诊治方案：根据该犬腹部膨隆、腹前部扩张明显，腹痛明显结合呼吸脉搏加快等临床症状，以及明显的影像学特征，判定为胃扩张，治疗原则为减压放气、制止发酵，必要时采取胃切开术等急救。

案例 2

患犬 3 月龄，雄性，体重 4.0kg。主诉：该犬 7d 前饲喂火腿肠后突然出现呕吐、腹泻症状，去当地宠物医院诊疗，诊断为病毒性胃肠炎（细小病毒病）。治疗 7d 后，未见明显好转。患犬现在精神极差，呕吐频繁，不排便，弯腰弓背，喜欢蜷缩一团。临床检查：患犬厌食、腹痛、便血，呼吸困难，呻吟，弓背，T 为 39.5℃，软弱无力，蹲伏，心跳快而弱，背毛粗乱无光，肋部与髋关节处骨骼表露明显，脱水，鼻镜干裂，眼球凹陷，眼结膜潮红，肛门周围有污物，呈胸式呼吸。患犬腹壁紧张，并可摸到坚实有弹性、肉质样且可移动的圆柱形肠段，类似香肠状。请诊断该犬得了什么病。

诊治方案：根据患犬腹泻严重、多次呕吐以及有肠炎的病史，结合严重腹痛及脱水等临床症状，触诊腹部香肠状硬物的特征，影像学如 X 射线、B 超有马眼状影征等进行影像学诊断，可判定为肠套叠。治疗方案为采取灌肠及进行手术开腹术整复套叠及肠切除术等措施。

案例 3

某居民饲养的 2 岁狼犬，妊娠 2 个月，出现流产征兆，某宠物医生注射过量催产素（5mL，一次肌内注射）。产后，精神不振，食欲减少，腹围逐渐增大。10d 后前来诊治，症见患犬行动迟缓。肚腹胀满呈圆桶形，似孕腹。触诊腹壁稍敏感，并感波动。肝脾不大，T：39.0℃，心音亢进，P：120 次/min，有间歇。外阴部正常，未见分泌物流出。腹腔穿刺，流出淡黄色、稍混浊的腹水约 4000mL，有腥味，涂片镜检有大量红、白细胞。请诊断该犬得了什么病。

诊治方案：根据宠物有流产病史，结合腹部呈圆桶形，心率快，有明显腹痛的表现，尤其是穿刺有淡黄色液体流出，穿刺液的炎性感染，诊断为腹膜炎。治疗方案为采取抗菌消炎、清理及冲洗腹腔、腹腔引流等措施。

相关知识

以腹痛为主症的常见内科疾病主要有腹膜炎、胰腺炎、犬急性胃扩张、肠套叠、肠梗阻、胃肠炎、肝炎、胃内异物、肾小球肾炎、肾盂肾炎和肝脓肿等。

一、胃扩张

（一）特征

胃扩张是采食过量和后送功能障碍所致胃剧烈膨胀的一种急性腹痛性疾病。发病急，以腹部膨胀和腹痛为主要特征。本病大型犬多发。

（二）诊断

1. 问诊及主诉

（1）询问或了解患宠是否采食过量、干燥、难以消化且容易发酵的食物之后进行长距离运动或饮用大量冷水。

（2）询问或进一步检查患宠是否发生了胃扭转、小肠积食、肠便秘、肠梗阻、胰腺炎、幽门痉挛等。

（3）询问或进一步检查患宠是否采食大量不易消化的食物导致胃负荷过重，从而引起消化功能障碍。

2. 视诊

（1）采食后数小时发病，患宠腹部膨大，间歇性腹痛或持续性剧烈腹痛（图 1-42）。

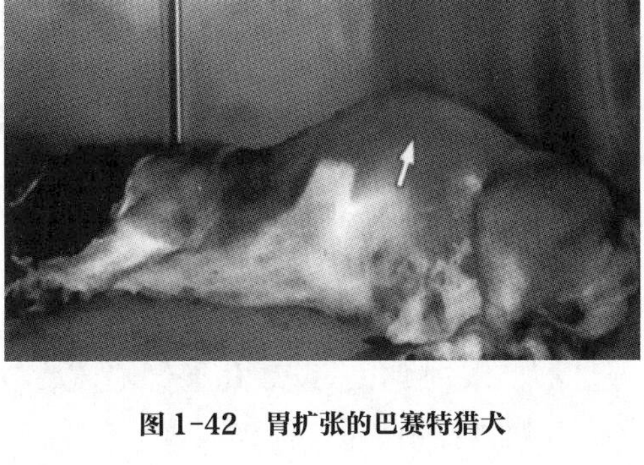

图 1-42　胃扩张的巴赛特猎犬

（2）患宠不安、鸣叫、嗳气、流涎。
（3）患宠精神沉郁，有时弓腰呕吐。
（4）眼结膜潮红或发绀，呼吸浅而快，心跳增速。

3. 触诊

触诊腹壁紧张，有弹性，躲避触摸。插入胃管容易，能排出大量气体。

4. 叩诊

腹部叩诊呈鼓音。

5. 听诊

听诊胃区有金属性胃音。

6. 嗅诊

呼出气体酸臭味明显。

7. X 射线检查

X 射线见胃的轮廓变大，内有透光的阴影（可判定为气性胃扩张）或发白不透光的膨胀食物（可判定为食滞性胃扩张）（图 1-43、图 1-44）。

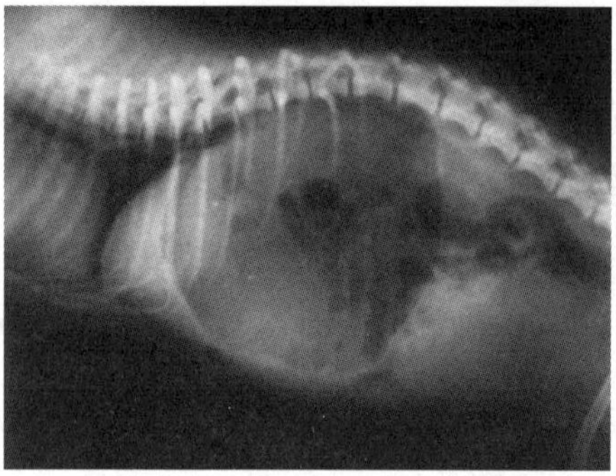

图 1-43 胃体积增大，内有低密度阴影为气性胃扩张

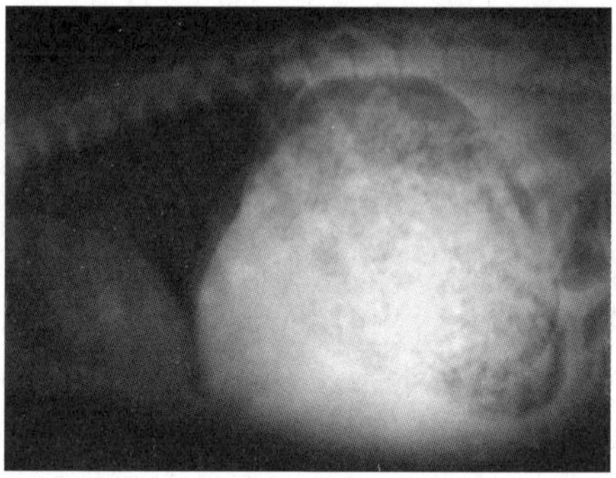

图 1-44 X 射线显示胃扩张犬胃体积增大的高密度食物阴影

（三）治疗

1. 治疗原则

减压、止酵、镇静和解痉。

2. 治疗方法

【治疗 1】

将胃管插入胃内，排出胃内的气体，灌入适量的温水洗胃，洗胃后，通过胃管灌入 20mL 松节油或乳酸，限饲 24h，以后几天饲喂流食。如发病时胃部疼痛明显，可用 1mg/kg 氯丙嗪肌内注射。

【治疗 2】

症状严重者，应及时进行剖腹术和胃切开术，排出胃内气体和胃内容物。胃切开术见“胃内异物”治疗。

【治疗 3】针灸治疗

白针或电针疗法以后三里、后海为主穴，百会、大肠俞、外关、内关等为配穴；艾灸中脘、天枢、后海、后三里等穴位。

【治疗 4】

乌药 15g，木香 20g，醋香附 15g，青皮 10g，枳实 10g，山楂 20g。

用法：加水 500mL，水煎至 100mL，加醋 20mL，分 3 次灌服。

说明：排气或洗胃后用该方。

【治疗 5】

莱菔子 10g，鸡内金 10g，陈皮 10g，木香 6g。

用法：加水 200mL，煎至 30mL，加醋 20mL，分 3 次灌服。

说明：用于继发性胃扩张，清除原发病后用此方。

二、胃扭转

（一）特征

胃扭转是由于剧烈跳跃或滚转导致胃发生扭转而使胃内容物不能后送的疾病。胃扭转是指胃沿着长轴扭转，通常以顺时针方向扭转（由腹背部，即仰卧看）（图 1-45）。本病多发于大型犬，雄犬比雌犬多发。

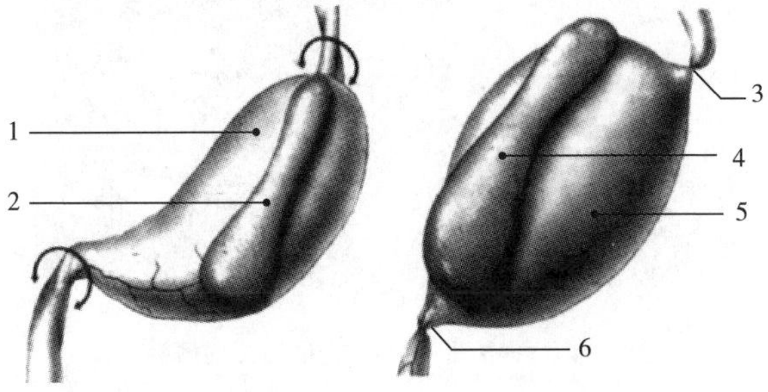

1—胃；2—脾；3—血管封闭；4—肿大的脾；5—充满气体或胃液而膨胀的胃；6—血管封闭。

图 1-45 胃扭转模式图

（二）诊断

1. 问诊及主诉

（1）询问或了解患宠是否有采食后剧烈训练、打滚、跑、跳跃以及旋转等使胃脾韧带伸长、扭转的运动。

（2）询问或进一步检查患宠是否发生了不明原因的胃扩张。

2. 视诊

（1）突然发病，神态淡漠、呆立，或躺卧于地，行动谨慎。

（2）继而腹部迅速膨胀，患宠呼吸困难，呼吸频数甚至高度困难，可达200次/min以上。

（3）患宠食欲废绝，烦渴贪饮，作呕。

（4）如不及时抢救，会在48h内死亡。

3. 触诊

腹部触诊敏感，可摸到球状囊袋，急剧冲击下部，可听到拍水音。

4. 叩诊

腹部叩诊呈鼓音或金属音。胃管插入后，只停留于贲门附近，或者用力轻推可推入胃内，且有酸臭气体和血样液体溢出。

5. X射线诊断

X射线见胃的轮廓明显变大，内有透光的阴影或发白不透光的膨胀食物（图1-46）。

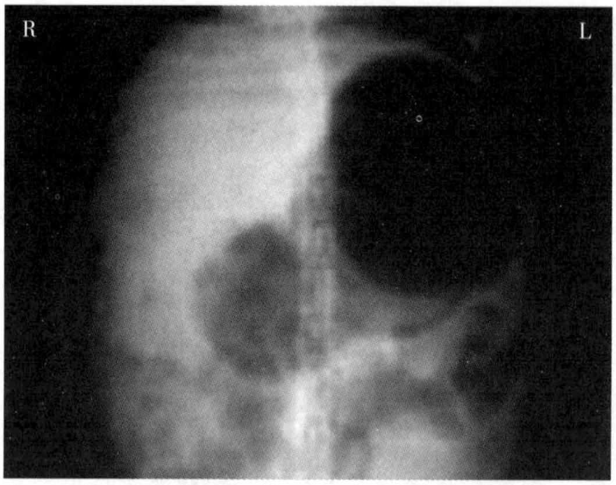

图1-46 胃扩张-扭转综合征的X射线检查

（三）治疗

1. 治疗原则

剖腹探查术及整复。

2. 治疗方法

【治疗】

首先将胃内气体排出，用注射针头或连接吸引装置的穿刺针穿刺，排出胃内气体后进行整复。如果内容物多且洗不出来，或胃内有肿块存在时，可施行胃切开术，除去全部内容物，切除肿块。

整复后给予胃蛋白酶 0.2mg、乳酶生 1g 内服，2~3 次/d。

【手术】

按胃切开术常规切开腹腔，将扭转部位整复到正常位置，口腔插入粗的胃管，术者用手伸入腹腔挤压胃，可通过胃管排出大量酸臭味的内容物。用温生理盐水经胃管冲洗胃，直至胃内排出的液体变清为止。将胃大弯固定在腹壁上（用丝线穿透浆膜层和肌层），按常规闭合腹腔。如果伴有脾扭转，且脾已经肿大，应施行脾脏摘除术；如果胃内容物冲洗不出来或胃内有大的肿块，应进行胃切开术；如果胃壁有坏死，应施行胃部分切除术。术后 3~5d 应输液，补给糖盐水、碳酸氢钠、地塞米松及抗生素。3~5d 后可饲喂少量羊奶、肉汁、稀食等易消化食物，饲喂量逐渐增加，以达到正常饲喂。

三、肠套叠

（一）特征

肠套叠是指一段肠管及其附着的肠系膜套入临近一段肠腔内的肠变位（图 1-47）。犬的肠套叠较多见，尤其幼犬发病率较高。多见于小肠下部套入结肠，因盲肠和结肠的肠系膜短，有时也可发生盲肠套入结肠、十二指肠套入胃内。

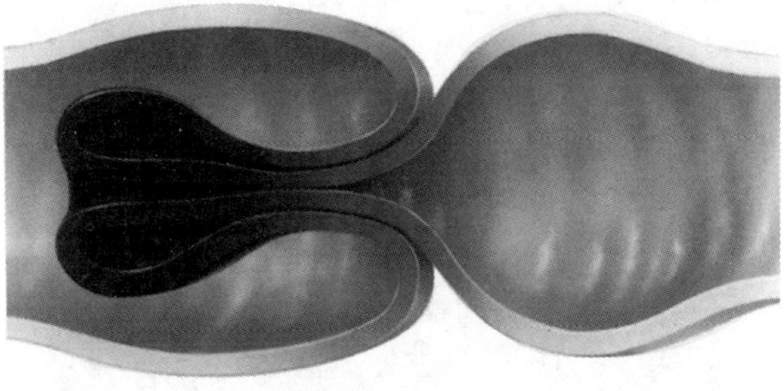

图 1-47 犬肠套叠模式图

（二）诊断

1. 问诊及主诉

（1）询问或了解患宠是否有冬季暴饮冷水，或饱食后剧烈运动或跌倒，从而因惯性作用使充盈肠段突入邻近空虚的肠管。

（2）询问或了解是否幼宠断乳后采食新的食物引起消化不良继而导致反复

剧烈呕吐。

（3）询问或进一步诊断患宠是否患有肠道寄生虫、病毒和细菌感染，如蛔虫病、细小病毒病、犬瘟热、大肠杆菌感染等导致肠管炎症刺激引起肠管痉挛性收缩的情况。

（4）询问或进一步检查是否有肠肿瘤和肠道局部增厚变形等有机会引起肠套叠的情况。

2. 视诊

（1）急性病例表现为高位性肠变位性阻塞症状，腹痛剧烈，几天内死亡。

（2）慢性病例腹痛不剧烈，可持续 1 周以上，表现为食欲减少或废绝，精神不安，反复呕吐，里急后重，努责次数增多，粪量较少，有时排少量的黏液，可因带血而呈暗红色或黑色。

（3）慢性病例后期逐渐出现腹痛，初为阵发性，发作时起卧不安，呻吟，有的在地上滚转，间歇期则安静，整个腹痛持续时间在半天左右。

（4）患病末期脱水，衰竭，或继发肠出血、肠坏死，甚至腹膜炎而死亡。

3. 触诊

腹部触诊敏感，有紧张感，可摸到坚实、香肠样可以波动的肠段，直径为普通肠管的 2 倍左右，套入长度不等。

4. 叩诊

局部肠管有时发生鼓气，叩诊呈鼓音。

5. 听诊

肠蠕动音减弱或消失。

6. X 射线检查

X 射线造影检查，可见 2 倍肠管粗细的圆筒状组织阴影，肠阻塞严重时，套叠部的肠壁间有气体阴影或出现双层结构（图 1–48）。

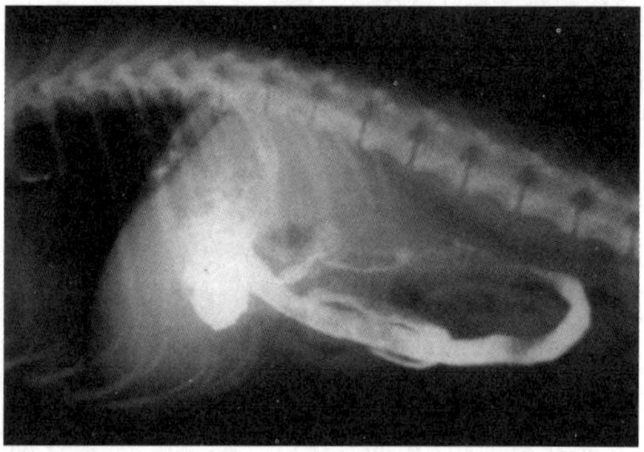

图 1–48　X 射线造影显示硫酸钡在套叠处受阻

7. B 超检查

横切面扫查肠管有典型的同心圆状或马眼状影征。

8. 腹腔探查

手术过程中发现肠管套入长度不等，按套入层次分为 3 级：一级套叠，如空肠套入空肠或回肠，回肠套入盲肠；二级套叠，为空肠套入空肠再套入回肠；三级套叠，空肠套入空肠，又套入回肠，再套入盲肠。

（三）治疗

1. 治疗原则

手术整复、补充体液、加强护理。

2. 治疗方法

【治疗 1】

肠套叠初期，试用温肥皂水灌肠整复或腹壁触诊整复。有时用抗痉挛药物或镇痛药，也可使初期肠套叠自然复位。

【治疗 2】中西医结合治疗

术后抗生素可注入大椎、三焦俞、大肠俞和小肠俞穴；口服康复新液和生脉饮调养。

【手术 1】肠套叠整复术

患宠施行全身麻醉，仰卧保定，在腹底部脐前方至耻骨前大范围剃毛和消毒。在脐部与耻骨前腹中线切口（图 1-49），常规打开腹腔，仔细寻找套叠的肠管，并将其拉出创外。用浸有温生理盐水的大块纱布隔离腹壁切口和保护肠管。整复时，一只手握住套叠部肠管的最外层，另一只手靠近肠管嵌入端轻轻拉出（图 1-50），当套入过紧难以拉出时，可在套叠部最外层肠管浆膜的近端沿着纵轴划 2~3 个裂缝，便于复位。整复后，检查嵌入的肠段，对拉出 5min 后仍呈暗色或没有动脉脉搏的肠段应切除，实施断端吻合术。

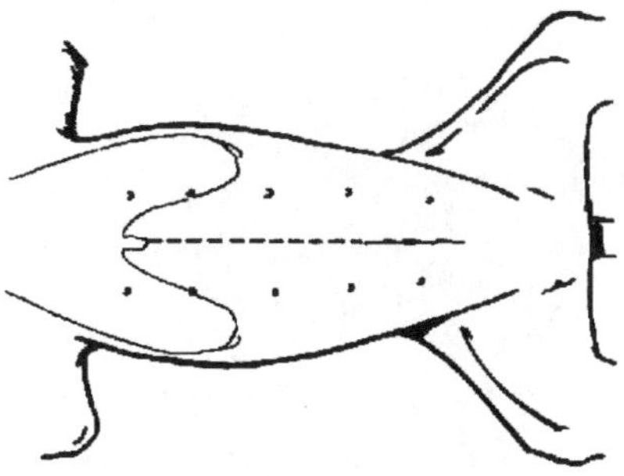

图 1-49　肠套叠术部

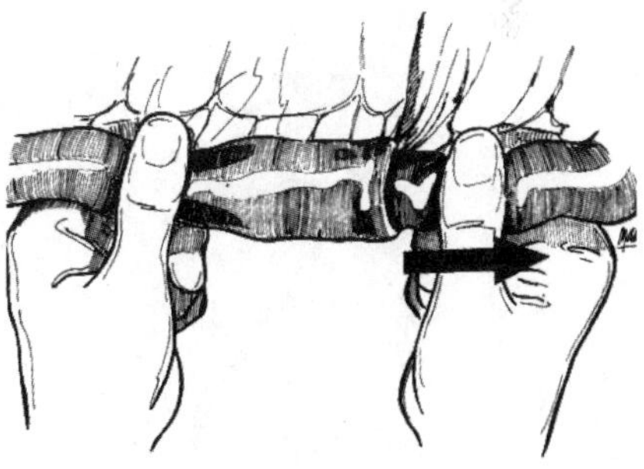

图 1-50　用手指剥离套叠的肠管

【手术 2】肠管切除和断端吻合术

常规打开腹腔，仔细寻找病变肠管，并将其拉出创外。用浸有温生理盐水的大块纱布隔离腹壁切口和保护肠管。距离病变肠管两侧 1～2cm 处作为肠管切除线。将预切除健康肠管段内容物挤向两侧。分别距预切除线两侧 4～5cm 处，由助手的两食指或两把肠钳夹持，再用两把肠钳分别与肠管呈 45°～60°角夹住两侧预切开线的肠管。根据病变肠管段确定肠系膜预切除线，并在其线两侧双重结扎肠系膜血管。切除肠系膜和坏死肠管。

肠管切除后，用浸有消毒液的纱块布擦洗切口缘并用剪刀修剪外翻的黏膜。助手将两断端肠管对立靠拢，进行断端吻合。先在肠系膜侧缝 1 针，对肠系膜侧缝 1 针，再在肠管两侧中间各缝 1 针，之后分别在两缝线间缝 2～3 针，均为全层结节缝合，线间距 3～4mm，针距创缘 2～3mm。肠管缝合完毕，向肠腔内注入生理盐水。助手从肠管两侧轻轻向缝合处挤压，如有液体漏出，应追加缝合。冲洗肠管，连续或结节缝合肠系膜。为促进肠管愈合，防止肠液漏出，可将一部分大网膜覆盖在肠管吻合处，并将其固定在肠壁上。将肠管还纳腹腔，关闭腹腔。（图 1-51～图 1-56）

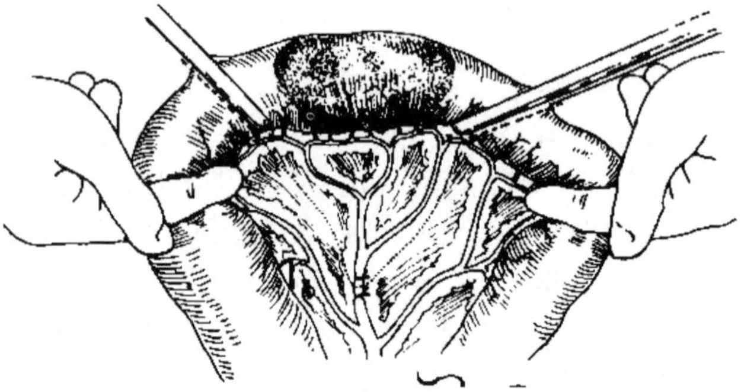

图 1-51　助手夹持健康肠管，两把肠钳夹持预切除的肠管，虚线表示肠管及肠系膜切除线

图 1-52　修剪外翻的肠系膜

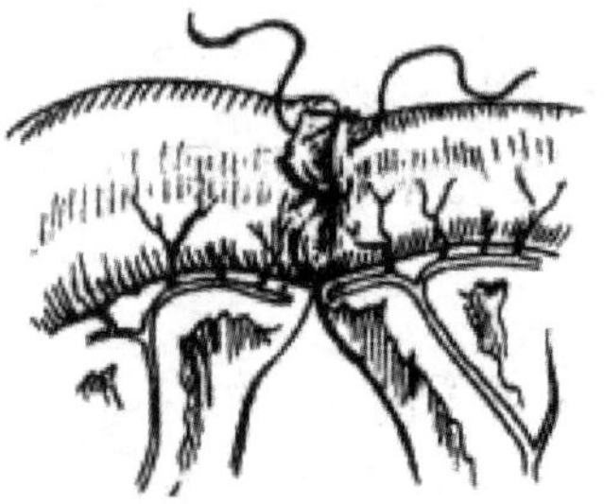

图 1-53　先在肠系膜侧、对肠系膜侧及肠管两侧各缝 1 针

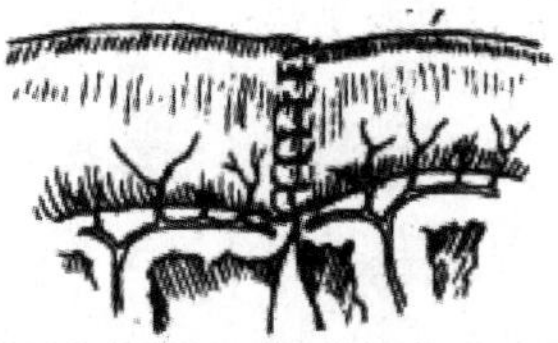

图 1-54　再在 2 针间结节缝合

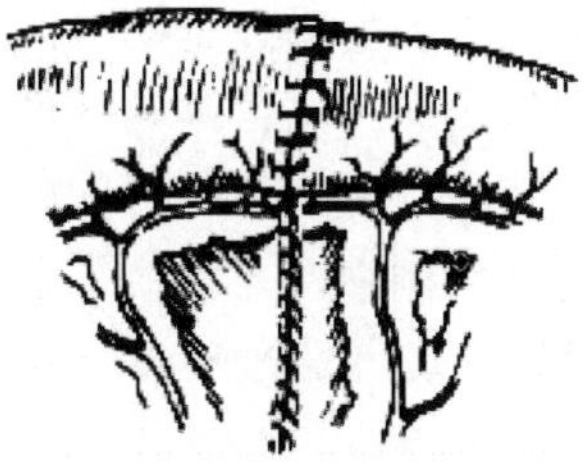

图 1-55　连续缝合肠系膜

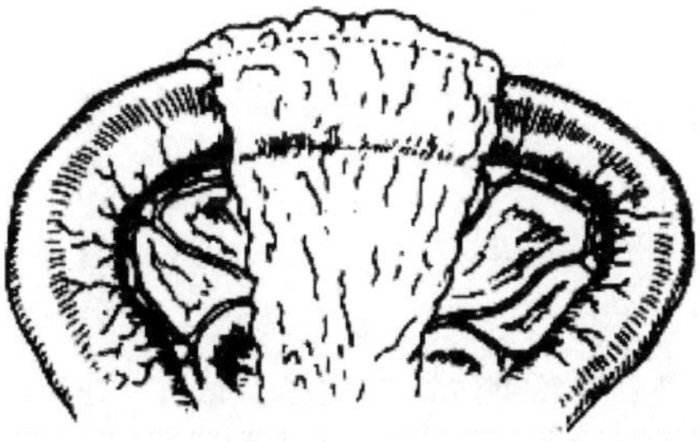

图 1-56　大网膜覆盖在吻合处，并作适当固定

四、腹膜炎

（一）特征

腹膜炎是腹膜壁层和脏层各种炎症的统称，临床上以腹壁疼痛和腹腔有炎性渗出液为特征。

（二）诊断

1. 问诊及主诉

（1）询问或了解患宠近期是否进行了腹腔手术、腹腔穿刺及去势等可引起腹膜损伤、内脏穿孔或破裂的手术或消毒不严而可能引起的细菌感染。

（2）询问或进一步检查患宠是否可能有脏器穿孔的情况，如消化道穿孔、膀胱穿孔、子宫穿孔以及肝、脾、胆囊及胆管破裂的情况。

（3）询问或进一步检查患宠是否患有某些传染病和寄生虫病，因为这些病可继发腹膜炎。

（4）询问是否在以前治疗中给宠物在腹腔中注射了某些刺激性的药物，如钙制剂、各种消毒剂，以及磺胺类药物等。

2. 视诊

（1）急性病例，患犬、猫表现为高度沉郁，不愿走动，食欲废绝。

（2）患宠呼吸急促，呈明显的胸式呼吸。

（3）剧烈腹痛，痛苦呻吟，低头收腹，弓背蜷缩，反射性呕吐，排粪迟缓。

（4）腹腔积液时，下腹部向两侧对称性膨大。

（5）慢性病例腹痛不明显，常表现为慢性肠功能紊乱如消化不良、腹泻或便秘等，时间延长可导致消瘦、发育不良、脏器粘连甚至腹水。

3. 触诊

患宠体温升高，脉搏急速而微弱。触诊患宠躲避或抵抗，腹壁紧张，压痛明显，轻轻冲击触诊，有波动感，有时可听到拍水音。

4. 叩诊

腹部叩诊呈水平浊音，浊音区上方呈鼓音。

5. 听诊

初期肠蠕动音增强，后期减弱。

6. 实验室检查

腹腔穿刺液浑浊、黏稠，有时带有血液或脓汁（图 1-57、图 1-58）。显微镜下可见中性粒细胞和巨噬细胞。血生化检查白蛋白、球蛋白、球白比会有明显变化，肝、肾功能指标可能有异常。犬 C 反应蛋白、猫淀粉样蛋白升高。

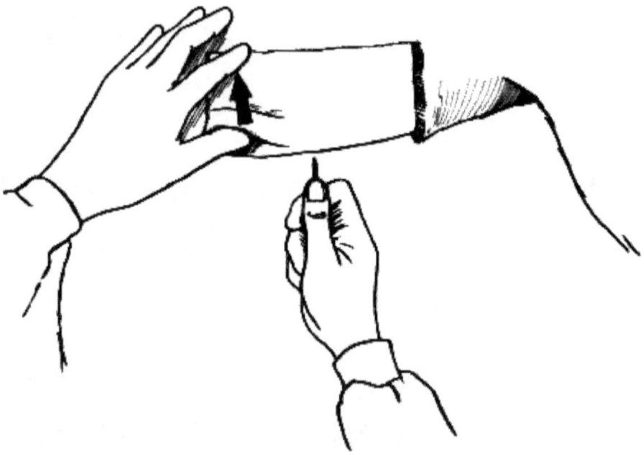

图 1-57　腹腔穿刺术，穿刺前将皮肤向前提拉，距脐部 1~3cm 正中线用套管针穿刺

7. X 射线检查

X 射线腹部检查，呈玻璃样，腹腔内阴影消失。

8. B 超检查

腹后部平扫可见腹腔内大面积暗性液区、低回声声影，脏器声影间隙充满低回声液相声影。

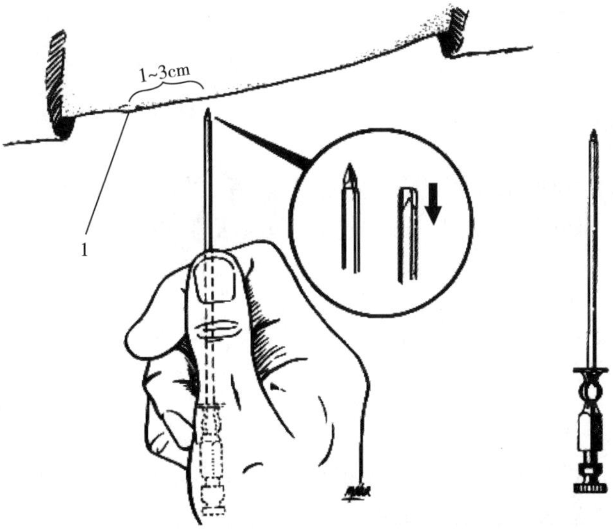

1—脐。

图 1-58　穿刺的深度与腹壁厚度相当，取出内针，小心将导管插入腹腔

（三）治疗

1. 治疗原则

除去病因，抗菌消炎，制止渗出。

2. 治疗方法

【治疗 1】

（1）林格液 20mL/kg，0.2%地塞米松注射液 0.2mL/kg，25%维生素 C 0.2mL/kg，头孢噻呋 15mg/kg，混合静注。一次静脉注射。

（2）0.2%普鲁卡因注射液 1.0mL/kg，注射用青霉素钠 10 万 IU/kg。腹腔穿刺放液后，两药混合一次注入腹腔。

（3）10%葡萄糖酸钙 1.0mL/kg，10%葡萄糖 10mL/kg。缓慢静脉注射，连用 2~3d。

【治疗 2】

大腹皮 10g，桑白皮 10g，陈皮 5g，茯苓 15g，白术 5g，二丑 8g。

用法：水煎至 50mL，按 5mL/kg 深部灌肠，1 次/d。

【治疗 3】

桑白皮 10g，陈皮 10g，槟榔皮 15g，茯苓 10g，白术 10g，葶苈子 15g。

用法：水煎至 100mL，按 5mL/kg 直肠深部灌入，1 次/d；抗生素各 10 万 IU

分别注入大椎、三焦俞、胃俞、大肠俞、小肠俞和后海等穴位。

五、急腹症

（一）特征

急腹症是指各种原因所致腹腔脏器的急性疾病和以急性腹部症状为特征的一组疾病的总称，临床上也称为急性腹痛。包括很多疾病，往往因为发病急、变化快、病情复杂，给临床诊断带来一定的困难。若不及时治疗，患犬就会疼痛难忍，病情恶化、休克，甚至会有生命危险。

（二）诊断

1. 问诊及主诉

（1）询问或进一步检查患犬是否患有急性胆囊炎、胰腺炎、膈下脓肿、子宫及输卵管炎症等腹腔脏器的感染。

（2）询问或进一步检查患犬是否发生了胆囊穿孔、胃穿孔、肠穿孔及膀胱破裂等囊状器官穿孔。

（3）询问或进一步检查患犬是否发生了胃扩张-扭转综合征、脾脏扭转、肠梗阻、肠套叠、肠扭转、腹外疝嵌顿、胆囊或胆管结石、肾脏结石、输尿管结石、膀胱结石及子宫扭转等梗阻性疾病。

（4）询问或进一步检查患犬是否发生了创伤引起的腹壁损伤和脏器损伤等腹腔损伤性疾病。

（5）询问或进一步检查患犬是否发生了胃肠大出血、腹腔血管破裂、肝脏和脾脏破裂引起的大出血疾病。

（6）询问或进一步检查患犬是否发生了肺炎、心绞痛、心肌梗死、糖尿病、酮症酸中毒和铅中毒等疾病。

2. 视诊

（1）发生急性腹痛，表现为腹部紧张或弓背、剧痛不安、呕吐等症状。

（2）餐后短时间呕吐，表明是胃受刺激或急性胃炎。

（3）喷射状呕吐常见于幽门阻塞。

（4）餐后 4~6h 出现呕吐，呕出大量未消化食物，是胃存贮性疾病，如运动障碍或排空障碍。

（5）呕吐物中带血，是食道、胃或十二指肠出血。

（6）呕吐物呈黄色或绿色，说明是胆汁回流。

（7）呕吐物呈绿色或棕色液体，有恶臭，一般来源于十二指肠。

（8）有时腹泻，泻如水样，并无恶臭，多为食后受凉引起的肠痉挛。

（9）腹泻稀糊状并伴有腐臭，多为伤食引起的胃肠炎。

（10）腹泻伴有黏液状血便，多为肠套叠。

（11）持续血便可能是肠绞窄、出血性坏死性肠炎所致。

（12）发热严重，多为内脏严重感染所致。

（13）休克，多与内脏出血和急性胰腺炎有关。

（14）有血尿，提示泌尿系统可能有阻塞。

3. 触诊

患犬触诊腹壁紧张，压痛明显，躲避甚至嚎叫。触摸腹腔有无香肠样结构可判定肠套叠、肠梗阻及肠便秘等。

4. 叩诊

叩诊胃区呈鼓音，说明是胃扩张。

5. 实验室检查

腹腔穿刺液理化性质可判定病变部位。血常规、血生化及尿常规可检查胰腺炎、胆囊胆管炎、膈下脓肿、胃肠穿孔等。

6. X 射线检查

X 射线检查有利于排除肺炎引起的腹痛症状，并能确诊胃肠穿孔、结石性疾病。

7. 内镜检查

借助内镜检查，对胃肠穿孔的诊断有确诊意义。

8. B 超检查

B 超检查主要用于胆囊胆管疾病、肾脏和膀胱结石、胰腺炎等疾病的检查。

9. 手术探查

对疑似腹腔大出血或内脏破裂，胃肠穿孔引起的严重腹膜炎、肠梗阻等发生血液循环障碍、有明显腹痛而治疗未见好转的病例，有必要进行手术探查。

（三）治疗

1. 治疗原则

以急救输氧、补液和止痛，尽快采用腹部减压或手术治疗为原则。

2. 治疗方法

【治疗 1】急救输氧、补液和止痛

（1）疏通呼吸道　呕吐物阻塞气管，呼吸窘迫时，可直接吸出阻塞物；也可插管通风、充氧，去除大支气管的阻塞物；迅速输氧，可用面罩、气管导管和鼻导管头罩输氧；如持久缺氧，可通过气管导管通气，输 100%的氧。

（2）输血和补液　根据血液和体征检查的结果，决定是补液还是输血，如见黑粪、便血、吐血或腹腔穿刺液带血，血红蛋白、红细胞和血容量均明显降低，则应缓缓输全血；如仅是血容量下降，则应输血浆、10%葡萄糖溶液或右旋糖酐；如血检显示离子和酸碱平衡失调，则应迅速静脉注射晶体溶液，其速度要

比输血快 2 倍。

（3）止血及镇静　酚磺乙胺（止血敏）0.25mg，地西泮（安定）5mg。

用法：一次静脉注射。

【治疗 2】手术疗法

当机体血液检查和 pH 尚未达到临界线以下时，急需对下列病例施行外科手术：肠梗阻、肠穿孔、脓毒性腹膜炎、肠套叠、脾肿瘤、脾破裂、肾脓肿、子宫蓄脓和子宫扭转、前列腺脓肿以及脾、胃、肠扭转等。

【治疗 3】维持和对症疗法

（1）给予电解质平衡液，根据患犬年龄大小和脱水程度按 50~100mL/kg 缓缓输入。

（2）当出现低血糖，其浓度低于 600mg/L 时，按照 0.1~0.5g/kg 静脉注射葡萄糖。

（3）电解质及酸碱平衡状态　低钾血症（小于 3.8mmol/L）需静脉注射 10%氯化钾 20mL；高钠血症（大于 160mmol/L），在 24h 内静脉注射 5%葡萄糖 100~200mL；代谢性酸中毒用生理盐水 100~200mL 即可；败血症时用 40mg/kg 头孢唑啉或 10mg/kg 甲硝唑静脉注射，3 次/d；呕吐严重可用 0.2~0.4mg/kg 甲氧氯普胺皮下注射，3~4 次/d；胃肠道溃疡和出血可用 4mg/kg 西咪替丁静脉注射及 10mg/kg 硫糖铝内服，3 次/d；如有弥散性血管内凝血，可用肝素 50IU/kg，皮下注射，3 次/d；按需要静脉滴注全营养液（脂肪乳 12.5mL，5%葡萄糖生理盐水 50mL，50%葡萄糖 9.5mL，10%葡萄糖 15.5mL，复方氨基酸 25mL），加 20%维生素 C 5mL，辅酶 A 30IU，三磷酸腺苷 20mg，静脉注射。

【治疗 4】中西医结合疗法

治疗本病的原则为疏通气血。可用木槟硝黄散与仙方活命饮合剂：槟榔 3g，大黄 9g，玄明粉 11g，木香 3g，龙胆草 5g，京元参 3g，马兜铃 3g（蜜炙），板蓝根 4g，生石膏 5g，炒白芍 3g，川黄柏 2g，生甘草 2g，大生地 8g（当用鲜者），全瓜蒌 3g，生栀子 3g，水煎候温一次灌服。

任务四　以腹泻为主症的疾病

任务描述

学习以腹泻为主症疾病的相关知识，参加相关临床病例的诊疗，分析临床案例。

案例分析

案例 1

一只体重 10.3kg、2 岁的黑色杂交犬来院就诊，该犬发病 4～5d，T：38.5℃，病情严重，精神较差，消瘦，喜卧地，鼻镜偏干，呕吐频繁（5~7 次/d），呕吐物呈黄白色黏性水样，排水样带血粪便，5~6 次/d。犬细小病毒病检测为阴性。请诊断该犬得了什么病。

诊治方案：根据患犬多次呕吐、腹泻，并有严重的脱水、粪便带血等情况，可判断该犬患有胃肠炎。治疗方案为采取抗菌消炎、止吐、修复肠黏膜、补充体液、电解质、补充能量等措施。

案例 2

一只 5 月龄土种犬患病。由于饲养条件不佳，该犬生长缓慢。十几日前发现其腹泻，食欲几乎废绝，呕吐，肌内注射硫酸小诺霉素后起初有效。吃过驱虫药，曾接种疫苗。临床检查，患犬精神沉郁，消瘦，站立不稳，喜卧，肛门附近毛被粪便污染。T：38.5℃，P：140 次/min，R：25 次/min。请诊断该犬得了什么病。

诊治方案：根据该犬长时间腹泻、消瘦、肛门口粪便污染的情况，以及食欲废绝等临床症状，可判定该犬患有慢性肠炎，治疗方案是抗菌消炎、清理肠道、修复肠黏膜，调整胃肠道菌群。

案例 3

王某带 4 只警犬前来就诊。患犬全身剧烈抽搐，P：180 次/min，体温正常，四肢瘫软，趴地不能行动，下痢，排绿色粪便，2 只血便，肛门、尾、后肢内侧污秽不洁，尿少色浓。经询问，这 4 只犬食物改换，冷热不均，过食变质碎肉引起发病。请诊断该犬得了什么病。

诊治方案：根据患犬发病突然，突然改变食物，剧烈腹泻，甚至出现血便，可判断该犬患有食物中毒性肠炎，治疗方案是抗菌消炎、清理肠道、修复肠黏膜、调整肠道菌群。

相关知识

以腹泻为主症的常见内科疾病主要有胃肠炎、急慢性肠炎、各种中毒、尿毒症、乳糖不耐受症、急性胰腺炎、慢性胰腺炎、吸收不良综合征、淋巴肉瘤等。

一、胃肠炎

（一）特征

胃肠炎是胃肠表层组织及其深层组织的炎症。在临床上以消化功能紊乱、腹痛、腹泻、呕吐、脱水为特征。本病见于各种年龄的犬、猫，无明显的性别差异，但以 2~4 岁的小型纯种犬多发。

（二）诊断

1. 问诊及主诉

（1）询问或了解是否饲喂了品质不良的食物，如腐败变质或可能受到污染的食物。

（2）询问或了解是否灌服或偷食了化学药品、灭鼠药等有刺激性的物品。

（3）询问或了解是否过劳、感冒等，使胃肠的屏障功能减弱。

（4）询问或了解是否曾经在治疗过程中滥用抗生素进而扰乱胃肠道正常菌群。

（5）询问或了解是否暴饮暴食，或突然更换食物。

（6）询问或进一步检查是否患有如犬瘟热、细小病毒病、犬冠状病毒病、猫泛白细胞减少症、钩端螺旋体病等传染病及钩虫病、蛔虫病、球虫病等消化道寄生虫病。

2. 视诊

（1）急性病例，发病后频频呕吐，呕吐物中常混有血液或含有胆汁样物质，患犬饮水较多，但饮水后又发生呕吐。

(2) 严重腹泻，呈现里急后重症状，频频排水样或粥样稀粪，排粪次数虽多，但每次排粪量很少。

(3) 当排出粪便是墨绿或黑色时，为小肠前段的炎性出血。

(4) 当排出的粪便仅表面附有血丝，并有难闻的臭味，为小肠后段炎症性出血（图 1-59）。

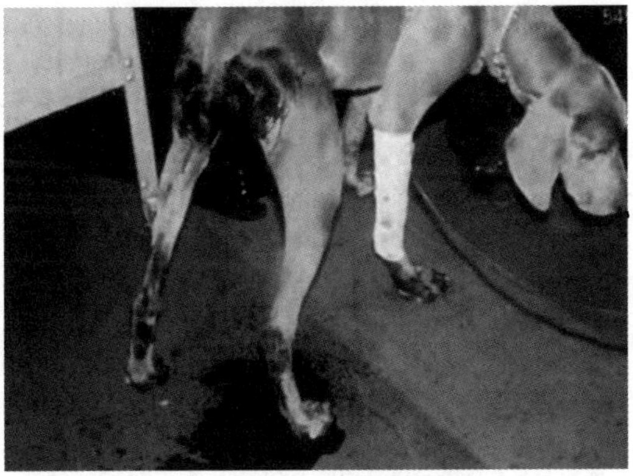

图 1-59 患有胃肠炎的犬的血便

(5) 当有胶冻样粪便，则表示大肠段有炎症。

(6) 患犬表现为精神沉郁，食欲减退或废绝，有明显的脱水症状。

(7) 后期肛门松弛，排粪失禁。因脱水严重，患犬极度衰弱、无力，此时眼结膜有黄疸，最后陷入昏睡状态，抽搐死亡。

(8) 慢性病例表现为持续性腹泻，并有消瘦和脱水症状。

(9) 中毒和传染性病例，除有急性胃肠炎症状外，还伴发肾衰和神经症状。

3. 触诊

急性病例体温升高，可达 40~41℃。患病末期四肢厥冷，皮肤弹性减退。

4. 听诊

患病初期，可听到肠蠕动音增强，后期蠕动音减弱或消失。

5. 嗅诊

急性病例后期腹泻恶臭，如有腥臭味的血便，则为细小病毒性肠炎征兆。

6. 实验室检查

化验血常规、电解质、血气分析、粪便检查、胃内容物及组织脏器的毒物分析。

7. X 射线检查

胃肠道 X 射线检查可以发现胃肠道肿瘤，观察胃肠道黏膜形态、小肠分泌吸收及胃肠动力，根据病情需要，可选择腹部平片、胃肠钡餐、钡剂灌肠等检查。

（三）治疗

1. 治疗原则

本着“三早”（早发现、早确诊、早治疗）原则，抗菌消炎，把好强心、补液、解毒、护理关，及时清除病因。

2. 治疗方法

【治疗 1】

（1）枸橼酸马罗匹坦注射液 0.2mL，维生素 B_1 0.5mL。一次肌内注射，1 次/d，连用 3d。

（2）复方氯化钠注射液 100mL，25%维生素 C 注射液 2mL，5%维生素 B_6 注射液 2mL，氟尼辛葡甲胺 0.2mL。一次静脉注射，2 次/d，连用 3d。

（3）磺胺脒 0.2g，次硝酸铋 0.3g。一次内服，2 次/d，连用 3d。

（4）庆大小诺霉素注射液 5 万 IU，穿心莲注射液 2mL。一次后海穴注射，1 次/d，连用 3d。

说明：患宠患病 24h 内停食，给予糖盐水米汤（100mL 米汤中加入食盐 1g、多维葡萄糖 10g），或肉汤、牛乳、豆浆，此后可逐渐变稠，直到完全恢复正常饮食，建议饲喂胃肠道处方粮。

【治疗 2】

恩诺沙星 0.1mL/kg，盐酸山莨菪碱 5mg/kg，地塞米松 5mg/次，蒙脱石散剂 2g/次，5%葡萄糖氯化钠注射液 200mL，10%葡萄糖注射液 100mL，5%碳酸氢钠 0.5mL，10%氯化钾 0.5mL，维生素 B_6 0.1g。

用法：恩诺沙星、盐酸山莨菪碱、地塞米松分别肌内注射，1 次/d；蒙脱石散剂内服，2 次/d；其余混合一次静脉注射，1 次/d。

【治疗 3】三黄加白散

黄连 6g，黄芩 6g，黄柏 6g，白头翁 10g，枳壳 5g，厚朴 9g，砂仁 5g，苍术 6g，猪苓 6g，泽泻 5g。

用法：水煎 2 次，候温一次灌服，1 剂/d，连服 3 剂。

说明：该方可清热燥湿。为了防止灌药时患犬呕吐，在服药前 1h 肌内注射溴米那普鲁卡因或柠檬酸马罗匹坦。

【治疗 4】葛根黄连汤

葛根 6g，黄连 3g，黄芩 3g，甘草 3g。

用法：水煎取汁，分 2 次灌服，1 剂/d，连用 3 剂。

说明：清热祛湿，泻火解毒，补脾益气。急性胃炎需要禁食 24h 以上，其间给予补液盐自饮，服药前 1h 肌内注射溴米那普鲁卡因或柠檬酸马罗匹坦。

二、结肠炎

（一）特征

结肠炎是指结肠发生的慢性炎症性疾病。临床上以顽固性腹泻、营养不良、体质差为特征。中青年犬、猫常发本病。

（二）诊断

1. 问诊及主诉

（1）询问或进一步检查患宠是否有自身免疫缺陷，如自身免疫性溶血病（贫血）。

（2）询问或进一步检查结肠是否有细菌及真菌感染、化学刺激等情况。

（3）询问或了解患宠是否有紧张不安等精神刺激因素。

（4）询问或进一步检查患犬结肠黏膜是否有损伤（如灌肠、肠梗阻等）。

2. 视诊

（1）患犬排粪量增多，呈喷射状，粪便稀薄如水。

（2）结肠黏膜损伤严重时，腹泻带血便，有的混有黏液、脓汁及组织碎片，患犬里急后重（图1-60），体温正常或升高。

（3）患犬腹痛或进行性消瘦，持续出血或腹泻的犬，可导致贫血或脱水。

（4）有的患犬开始是持续性便秘，无其他症状，并很快康复，随着病情发展，便秘、腹泻交替出现，最后出现药物治疗无效的持续性腹泻。

（5）严重病例可累及胃及小肠，出现体温升高、不食、呕吐，并很快消瘦、脱水、贫血，甚至衰竭死亡。

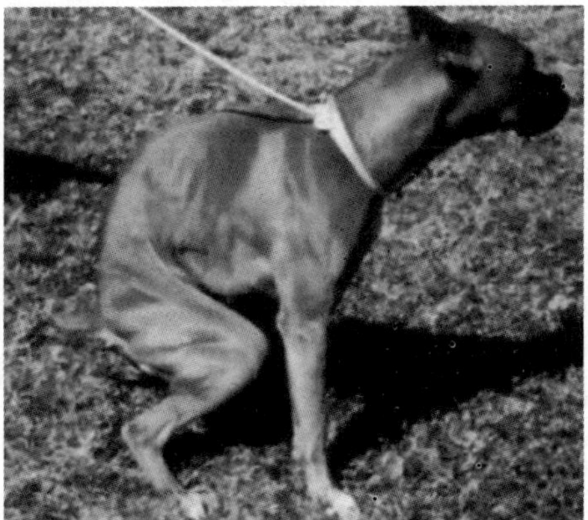

图1-60　患有慢性结肠炎的2岁龄拳师犬表现里急后重

3. 触诊

患犬腹痛明显，腹壁紧张，触诊腹壁躲避或嚎叫。

4. 听诊

严重腹泻患犬，肠蠕动音高朗。

5. 嗅诊

患犬排粪稀薄如水，气味难闻，恶臭明显。

6. 实验室检查

活组织检查，结肠黏膜固有层水肿、发炎或纤维化，但杯状细胞减少；粪便镜检可见红细胞和炎性细胞增加。

7. 内镜检查

用乙状结肠镜插入结肠腔，观察结肠黏膜下层出现颗粒和大小不等的溃疡灶（图 1-61）。

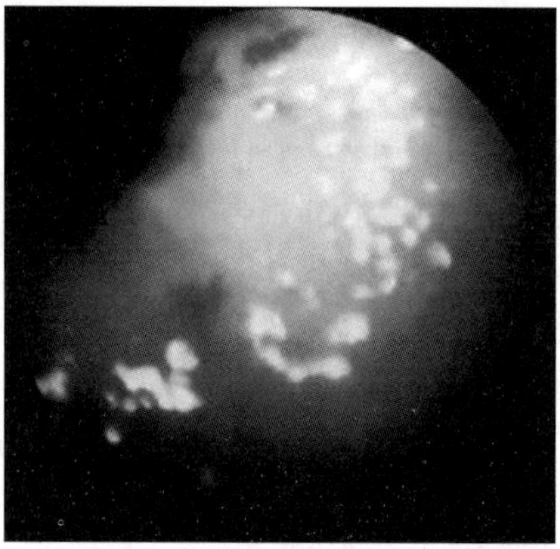

图 1-61 慢性结肠炎患犬肠镜检查黏膜过多

（黏液表现为分布不均的亮点）

8. X 射线检查

钡剂灌肠，X 射线检查可见肠壁痉挛，黏膜破损，出现小刺状或粗大的锯齿状影可以确诊。

（三）治疗

1. 治疗原则

抗菌消炎、止泻、制酵、补充体液和加强护理。

2. 治疗方法

【治疗 1】

（1）硫酸阿托品 0.5mg，磺胺脒 1g，鞣酸蛋白 1g。每天分 3 次服完，连用 3d。

（2）林格液 100mL，阿莫西林克拉维酸钾 8 万 IU，5%葡萄糖注射液 100mL，氢化可的松 100mg。一次静脉注射，2 次/d，连用 3d。

说明：每次给予少量低纤维素食物，如糖、鸡蛋等，3～4 次/d，温热饮水不限。

【治疗 2】

柳氮磺吡啶片 1 片（25mg），复方苯乙哌定片 0.2mg，洛哌丁胺胶囊 1 粒（1mg），呋喃唑酮 0.2g，蒙脱石散剂 2g，扑尔敏 0.1g。

用法：以上内服，3 次/d，连用 5d。

【治疗 3】

诃子 5g，郁金 3g，山楂 3g，乌药 3g，大黄 4g，乌梅 5g。

用法：水煎去渣，候温 1 次滴入直肠，1 剂/d，连用 3 剂。

三、吸收不良综合征

（一）特征

吸收不良综合征是小肠黏膜功能障碍引起的各种营养物质吸收不良，导致营养异常低下的病理状态的统称，包括消化不良和吸收不良的多种疾病。由于患犬多有腹泻，粪便稀薄而量多，且含有较多油脂，又称脂肪泻。

（二）诊断

1. 问诊及主诉

（1）询问或进一步检查患犬是否发生过慢性胰腺炎或胰腺已被切除。

（2）询问或进一步检查患犬肝脏及胆囊的功能是否异常。

（3）询问或了解患犬是否应用过新霉素、碳酸钙及刺激性泻剂而影响胆汁的利用。

（4）询问或了解患犬是否做过胃的部分切除术、大段肠切除术及胃肠道手术。

（5）询问或进一步检查患犬是否患有结核、肠系膜循环障碍、糖尿病及肾上腺功能不全。

2. 视诊

（1）发生顽固性消化不良，长期排酸性恶臭的脂肪便或灰白色粪便，每日排粪 4～6 次乃至更多。

（2）精神沉郁，食欲较旺盛，腹部胀满，渐进性消瘦及贫血。

（3）体重减轻、消瘦，腹泻，排便次数增加。

3. 实验室检查

（1）粪便中脂肪的检查　取新鲜粪便涂抹于载玻片上，加 3~4 滴饱和苏丹Ⅲ液（饱和苏丹Ⅲ液是取 70%乙醇溶液和等量丙酮混合，加过量的苏丹Ⅲ染料，用前过滤而成），放上盖玻片，用高倍镜检查，1 个视野有 5 个以上脂肪球即为脂肪消化不良，多因胰液分泌不足或胆道阻塞引起。

（2）粪便中蛋白质的检查　饲喂新鲜生肉后，粪便涂片，复方碘甘油染色，发现存在肌纤维时即为蛋白质消化不良。

（3）粪便胰蛋白酶活力试验　取 1g 粪便和 9mL 的 5%碳酸氢钠混合，将未显影固定的 X 射线胶片放入混合液中 2.5h，若 X 射线胶片透明，则胰蛋白酶阳性，说明不是胰液分泌障碍性消化不良。

（4）脂肪吸收试验　绝食 16h 后，投予植物油 3mL/kg 体重，2~3h 后，若血浆发白浑浊，则表示胰脂肪酶的分泌功能正常。

（5）活检　肠内窥镜手术，在十二指肠、空肠和回肠横向各切下一小块椭圆形组织，肠系膜淋巴结、肝脏和胰脏也各取一小部分，对 6 个样品进行检查，确认病变部位。

（6）血常规及血生化　贫血常见，血浆白蛋白降低，低钾、钠、钙、磷、镁，低胆固醇，碱性磷酸酶增高，凝血酶原时间延长。严重者血清、叶酸、维生素 A 和维生素 B_{12} 水平也降低。

4. X 射线检查

小肠可有功能性改变，空肠中段及远端肠管扩张，钡剂通过不易，黏膜皱褶粗大，肠壁平滑呈“蜡管”状，钡剂分段或结块（印痕征）。

5. 内镜检查

在内镜下正常小肠黏膜与十二指肠黏膜相似，上段空肠黏膜为环形皱褶，向下至回肠末端皱褶减少。吸收不良患犬小肠黏膜无特异性改变，部分可有黏膜发白、污浊、环形皱褶低平、数目减少。

（三）治疗

1. 治疗原则

营养支持治疗及对症治疗。

2. 治疗方法

【治疗 1】 营养支持疗法

根据消化吸收障碍程度和低营养状态来选择。对脱水、电解质紊乱、重度贫血和低蛋白血症等应采用静脉补液、输血来纠正。重度消化吸收障碍且肠道营养补给困难者，应进行中心静脉营养。注意更换日粮，多喂给高蛋白、低脂肪的食物。

【治疗 2】 对因治疗

乳糖酶缺乏和乳糖吸收不良患犬限制含乳糖食物，乳糖酶制剂与乳糖按

1∶10 的比例给予；胰源性消化障碍应用消化酶类药物，消化酶用量宜大，为常用量的 3~5 倍。对因回肠末端切除等原因所致胆汁酸性腹泻，可用考来烯胺 3~5g/d；肠淋巴管扩张症脂肪转运障碍者限制长链脂肪酸摄入并给予中链脂肪酸。补充各种维生素，如维生素 A、维生素 D、维生素 K、维生素 B_{12} 及其他 B 族维生素和叶酸等，缺铁性贫血者可灌服硫酸亚铁。

【治疗 3】 对症治疗

腹泻严重者给予次碳酸铋或复方苯乙哌啶等治疗，同时纠正水电解质平衡紊乱。危重患犬可试用糖皮质激素治疗。

【治疗 4】 葛根芩连汤加味

葛根 12g，黄连 7g，黄芩 9g，车前子 9g，半夏 5g。

用法：水煎取汁，候温 1 次灌服，1 剂/d，连用 3 剂。

说明：清热燥湿，利水止泻，服药前 1h 肌内注射溴米那普鲁卡因或柠檬酸马罗匹坦。

【治疗 5】 附子理中汤

制附子 10g，党参 15g，炒白术 12g，干姜 10g，甘草 10g。

用法：水煎取汁，候温 1 次灌服，1 剂/d，连用 5 剂。

说明：温中健脾，服药前 1h 肌内注射溴米那普鲁卡因或柠檬酸马罗匹坦。

四、乳糖不耐受症

（一）特征

乳糖不耐受症是一种分解酶缺乏导致消化吸收不良的综合征。多发于成年犬、猫，主要特点是采食乳制品后导致腹泻。

（二）诊断

1. 问诊及主诉

（1）询问或了解犬、猫断乳后是否长期不吃乳品而突然采食乳品。

（2）询问或了解是否犬、猫突然一次采食了大量的乳品。

（3）询问或了解患犬、猫是否食物突变。

2. 视诊

（1）患犬表现为腹泻、肠鸣和腹痛，尤其采食完牛乳后更明显。

（2）长期腹泻导致患犬脱水、消瘦以致虚弱。

3. 触诊

患犬腹痛明显，腹壁紧张，触诊腹壁躲避或嚎叫。

4. 听诊

严重腹泻者，肠蠕动音高朗或肠鸣音。

（三）治疗

1. 治疗原则

停喂含有乳糖的食物，对症治疗。

2. 治疗方法

恩诺沙星 2 万 IU，白陶土 2g。

用法：一次内服，2 次/d，以上连用 3d。

说明：停喂牛乳，多饮水。

任务五　以便秘为主症的疾病

任务描述

学习以便秘为主症疾病的相关知识，参加相关临床病例的诊疗，分析临床案例。

案例分析

案例 1

2 岁京巴犬，体重 3.5kg，来院就诊。主诉：该犬 3d 来烦躁不安、腹痛剧烈、呕吐、不食，只饮少量水。经查犬精神沉郁，腹痛不安，T：38.5℃，P：85 次/min，触诊腹部有一较硬如桃核状圆形物，触压时病犬表现不安、挣扎。请诊断该犬得了什么病。

诊治方案：根据患犬腹痛、不排便、有呕吐，再结合触诊腹部有核桃状圆形物的临床特点，可诊断该病为肠梗阻。治疗方案为采取润肠通便、取出异物、严重的进行手术等措施。

案例 2

杨某饲养一 6kg 灰色狼犬，5d 前因饲喂生猪肺过量，食后呕吐，3d 来食欲废绝，不见排粪，前来就诊。检查：T：37.8℃，呼吸、心跳均正常。眼结膜潮红，口色红燥，舌苔黄，尿少色黄，弓背，触诊腹部敏感，喜卧。请诊断该犬得了什么病。

诊治方案：根据患犬过食生猪肺，有呕吐、不排便，尿少色黄等特点，尤其是触诊腹部敏感，可初步诊断该患犬患有肠便秘。治疗方案为采取润肠通便、抗菌消炎、恢复肠道菌群等措施。

案例 3

患犬为一白色纯种雄性京巴犬，3 月龄，体重 2.5kg。主诉：患犬就诊前 2d

摄入过量鸡骨头，遂出现便秘，不断努责。24h后部分直肠组织脱出肛门，患犬努责加剧。临床检查发现，患犬兴奋，狂奔，转圈。脱出的直肠呈圆筒状，长度约8cm，黏膜面鲜红色，严重水肿，尚无出血和糜烂。请诊断该犬得了什么病。

诊治方案：根据患犬过量采食鸡骨头出现便秘的特点，并有直肠组织突出肛门呈圆筒状，黏膜鲜红色等临床表现可判定该犬患有直肠脱。治疗方案是解除梗阻物，修复直肠并还纳回腹腔，将直肠进行合理的固定，并抗菌消炎及补中益气等防止再次突出。

案例4

主诉：患犬发病时不时摩擦肛门部或舔咬肛门，排粪费力，烦躁不安，甚至疼痛尖叫，排出的粪便带有黏液或血液。接近患犬可闻到腥臭味，肛门左侧肿胀。有时坐地摩擦肛门。请诊断该犬得了什么病。

诊治方案：根据患犬经常摩擦、舔咬肛门排便费力的情况，以及肛门口腥臭味，肛门左侧明显肿胀等特点，可判定该犬患有肛门腺炎。治疗方案为采取抗菌消炎、清理肛门腺、必要时将肛门腺手术摘除等措施。

相关知识

以便秘为主症的常见内科疾病主要有肠梗阻、肠便秘、巨大结肠症、直肠脱、肛门囊炎。

一、肠梗阻

（一）特征

肠梗阻是指肠腔的物理或功能性阻塞，使肠内容物不能顺利下行，临床上以剧烈腹痛和明显的全身症状为特征。

（二）诊断

1. 问诊及主诉

（1）询问或了解是否食入了不易消化的食物或异物，如较大的骨块、毛团、砖、石、果核及玩耍时误吞入毛线团、玩具等堵塞肠管。

（2）询问或进一步诊断患犬是否有大量寄生虫寄生在肠管，形成团块也可阻塞肠管，如蛔虫、绦虫等。

（3）询问或进一步诊断患犬是否发生肠变位、肠痉挛、肠绞窄、肠肿瘤、肠肉芽肿、肠脓肿和肠血肿。

（4）询问或进一步检查是否有导致患犬肠系膜血栓和肠壁肌肉麻痹的情况。

2. 视诊

（1）患犬表现为精神沉郁、厌食，但饮欲增加。

（2）采食时发生持续的多次呕吐是小肠前段不完全梗阻的征兆，甚至呕出粪水样物质，由于呕吐时吸入空气，肠道内产生气体以及分泌亢进，使腹围膨隆和脱水乃至电解质失衡。

（3）发生间歇性呕吐、厌食、排粪减少及便秘，则为小肠后段阻塞。

（4）严重的肠梗阻和狭窄部位肠管充血、淤血坏死甚至继发肠穿孔、肠破裂、自体中毒进而引起休克、死亡。

（5）个别后段小肠梗阻和前段大肠梗阻的病例，表现为便血或黏液便。

3. 触诊

患犬呈现不同程度的腹痛，拒绝按压腹部，触诊局部有疼痛反应，可在阻塞部前端摸到肠管膨气。

4. 听诊

听诊肠音先亢进后减弱，甚至消失。

5. 实验室检查

血生化试验血清淀粉酶、脂肪酶升高，血清尿素氮在阻塞初期无变化，长期阻塞或肠管内出血时，轻度至中度升高。

6. X 射线检查

阻塞前部的肠管扩张，有特征性气体像。站立位时，可见液体与气体之间的水平线，阻塞部位以下的肠管呈空虚像。投入钡剂后，肠道造影可确立阻塞部位。物理性肠梗阻的急性期，可见肠蠕动亢进或逆蠕动，疑似大肠被秘结粪便堵塞时，肠道造影可确定大肠的通过障碍（图 1-62、图 1-63）。

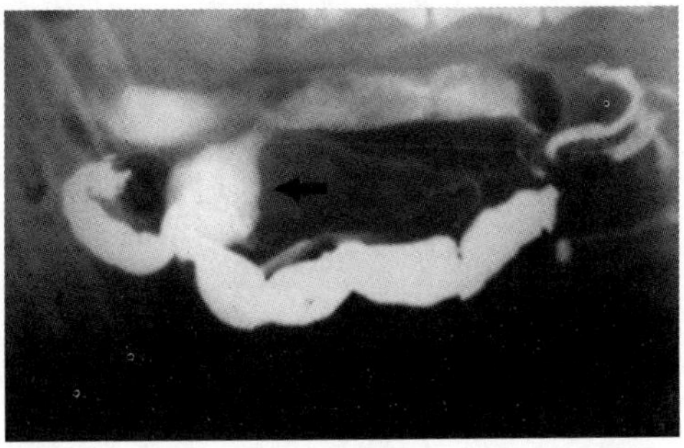

图 1-62 钡餐造影显示结肠内有近圆形高密度异物

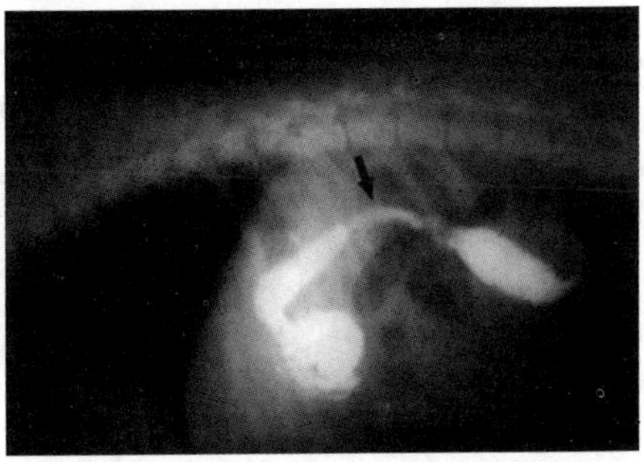

图 1-63 钡餐造影显示造影剂不能后移引起局部肠管扩张

（三）治疗

1. 治疗原则

以除去阻塞物、消炎、补充体液和电解质、加强护理为主。

2. 治疗方法

【手术】 肠管切开术

全身麻醉，仰卧保定，腹底壁广泛剪毛、消毒。腹中线常规打开腹腔，找到病变肠管，将其牵引至创口外，用浸有生理盐水的纱布保护肠管并隔离术部。用针头刺入肠腔，吸出阻塞物前方的气体和液体。如吸出后，肠管得到改善，则进行肠管切开术，如肠管已坏死，则行肠管切除和端端吻合术。

在肠管阻塞物两端，由助手两手的食指、中指或用两把肠钳夹持，以闭合阻塞物两端的肠腔。术者在阻塞物远端沿肠系膜对侧纵行切开肠管，切口长度视阻塞物而定。在切开时，连续抽吸肠内液体，防止溢出污染术部。术者轻轻将异物挤出肠管切口外（图 1-64）。如肠内异物为线或带线的异物时，难以从切口一次抽出，则沿肠管多处切开，分段取出异物。如强行抽出线形异物常导致肠管的破裂。

肠管缝合前，先用剪刀修剪外翻的黏膜，并用浸有消毒液的棉球擦洗切口。结节全层缝合切口，针距创缘 2~3mm，每针针距 3~4mm（图 1-65）。肠管缝合完毕后，向肠腔内注入生理盐水。助手从肠管两侧轻轻向缝合处挤压，如有液体漏出，应追加缝合。用温生理盐水冲洗干净，在创口上覆盖大网膜，并用 4~6 针将网膜固定在肠管上。将肠管还纳回腹腔，常规闭合腹腔。

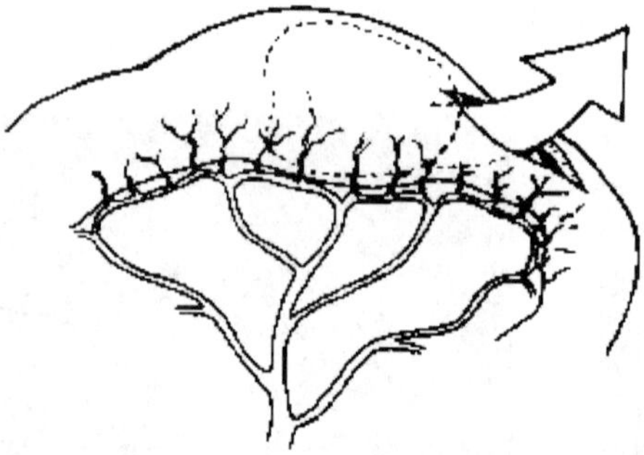

图 1-64 肠管切开术

（紧靠阻塞物远端健康肠管的肠系膜对侧切开肠管，挤出肠内异物）

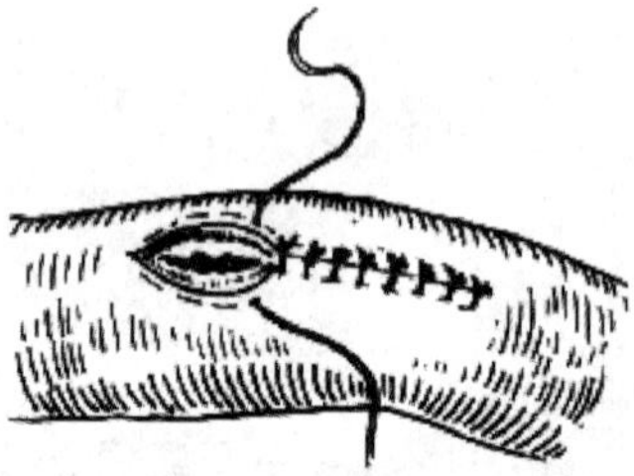

图 1-65 切口做一层结节缝合

【治疗】

氨苄西林 20mg/kg，维生素 C 200mg，三磷酸腺苷 20mg，辅酶 A 50IU，5%葡萄糖 200mL，10%氯化钾 0.5mL，乳酸林格液 100mL，复合维生素 B 2 片。

用法：氨苄西林、维生素C、三磷酸腺苷、辅酶A混合于5%葡萄糖内静脉注射，1次/d；10%氯化钾混于乳酸林格液静脉注射，1次/d；复合维生素B 1次内服，2次/d。以上连用5d。

说明：肠切开手术后应用。

二、肠便秘

（一）特征

肠便秘是指肠道内容物和粪团积滞于肠道的某部，逐渐变干变硬，使肠道扩张直至完全阻塞。临床上以排粪迟滞，努责难下为特征。本病多发于老龄犬、猫。

（二）诊断

1. 问诊及主诉

（1）询问或了解患宠的饲养管理情况，有无饲喂不定时、不定量的情况而引起肠管的消化功能障碍和肠管蠕动性降低乃至内容物后排障碍。

（2）询问或了解是否长期饲喂宠物较干硬、粗糙不易消化的食物。

（3）询问或了解患宠是否饮水不足、运动不足以致肠管的分泌功能减退，导致内容物过于干燥。

（4）询问或进一步检查患宠是否有排粪疼痛的疾病，如直肠内异物、肛门囊炎、肛门囊肿、肛门周围形成瘘管、肛门狭窄、肛门痉挛等。

（5）询问或进一步检查患宠肠道是否有机械性通过障碍的疾病，如前列腺肥大、骨盆腔肿瘤、骨盆骨折恢复后的骨盆狭窄、结肠和直肠的肿瘤、会阴疝等；是否有支配排粪的神经异常，如脊髓炎和脊椎骨折压迫骨髓所致后躯麻痹或老龄犬、猫迷走神经紧张性减退及特发性巨大结肠症等；是否有内分泌紊乱引起的甲状旁腺功能亢进和甲状腺功能减退引起的结肠平滑肌功能减退；是否有全身衰弱和高度脱水等情况。

2. 视诊

（1）患猫表现为食欲不振或废绝（图1-66），呕吐，尾巴伸直，步态紧张。

（2）轻症病例患宠反复努责，排出少量秘结粪块（图1-67、图1-68）。

（3）重症病例屡呈排粪姿势，排出少量混有血液或黏液的液体，肛门潮红和水肿。

（4）时间较长的病例，多有口腔干燥、结膜赤红无光、皮肤干燥等脱水表现。

（5）结肠便秘时，由于不完全阻塞，可发生积粪性腹泻，即褐色水样粪便伴随干硬的粪团排出。

图 1-66 患便秘猫

（表现为精神沉郁，活动减少）

图 1-67 4 岁哈士奇因直肠狭窄引起的肠便秘

（表现为里急后重）

图 1-68 13 岁腊肠犬便秘

（表现为里急后重和排便困难）

3. 触诊

患犬直肠便秘时，肛门指检敏感，直肠内有干硬结燥的粪便，触诊腹部可感觉到直肠内有长串的粪块。触诊小型犬、猫后腹上部压痛，并可在腹中后部摸到串珠状的坚硬粪块。

4. 听诊

听诊肠音减弱或消失。

5. 实验室检查

严重便秘及脱水时，血常规检查红细胞数和红细胞比体积会有轻度升高，间或有低钾血症。

6. X 射线检查

应用 X 射线摄片可以看到明显增粗的直肠和肠腔内的高密度粪便影像，极易确诊本病（图 1-69）。

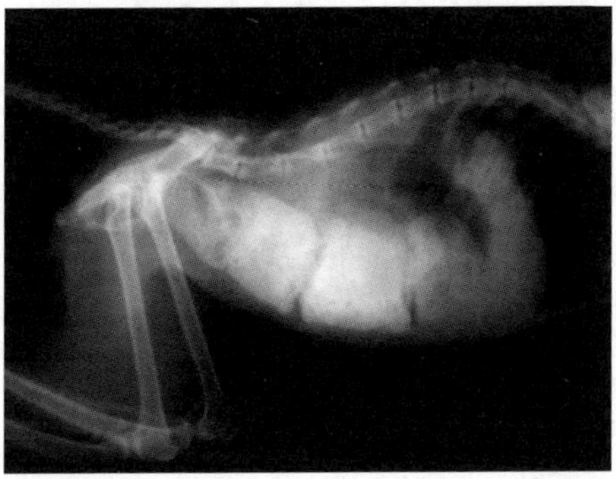

图 1-69　侧位 X 射线摄片显示直肠增粗、肠内高密度粪便阴影

（三）治疗

1. 治疗原则

以灌肠排出粪便、消炎为主。

2. 治疗方法

【治疗 1】

硫酸镁 10g，甘油（开塞露）10mL，阿莫西林 20mg/kg。

用法：硫酸镁配成 5%溶液内服，只用 1 次，也可用酚酞（果导片）0.5g 代替；阿莫西林内服，3 次/d，连用 5d；甘油肛门灌肠，只用 1 次，也可用温肥皂水或液体石蜡代替。

【治疗 2】便秘灵胶囊

炙黄芪 200g，党参 60g，炙甘草 100g，炒白术 60g，当归 60g，升麻 60g，植物油 100mL。

用法：制粉，装肠溶性胶囊，加盖前滴加适量植物油，不溢出为宜。内服，犬 4~5 粒/次、猫 1~2 粒/次，2 次/d，连服 1 个月。

说明：补中益气，润肠通便。

三、巨大结肠症

（一）特征

巨大结肠症又称为自发性巨结肠症，是指由各种原因引起结肠迷走神经兴奋性降低导致的结肠平滑肌松弛、肠管扩张的疾病。

（二）诊断

1. 问诊及主诉

（1）询问或了解患宠是否有该病的家族史，尤其是出生后 2~3 周内出现症状的情况。

（2）询问或进一步检查患宠是否有引起便秘的多种因素，如肛门囊炎、直肠内异物、骨盆骨折、前列腺肥大等。

2. 视诊

（1）表现持续数月甚至长年的便秘，便秘时仅能排出少量浆液性或带血丝的黏液性粪便，偶有褐色水样粪便排出，即所谓的“粪水旁流”。

（2）腹围膨隆似桶状，膨胀明显。

（3）除便秘外，还有呕吐、脱水、精神沉郁、喜卧甚至衰弱等症状。

3. 触诊

患犬腹部触诊可感知到充实粗大的肠管和集结粪便的粗大结肠。直肠探诊触摸到硬的粪块或不含粪便的扩张结肠。

4. 听诊

听诊肠音减弱或消失。

5. 实验室检查

严重便秘及脱水时，血常规检查红细胞数和红细胞比体积会有明显升高，间或有低钾血症。

6. X 射线检查

应用 X 射线摄片及钡剂灌肠后可看到粗大的结肠的情况（图 1-70、图 1-71）。

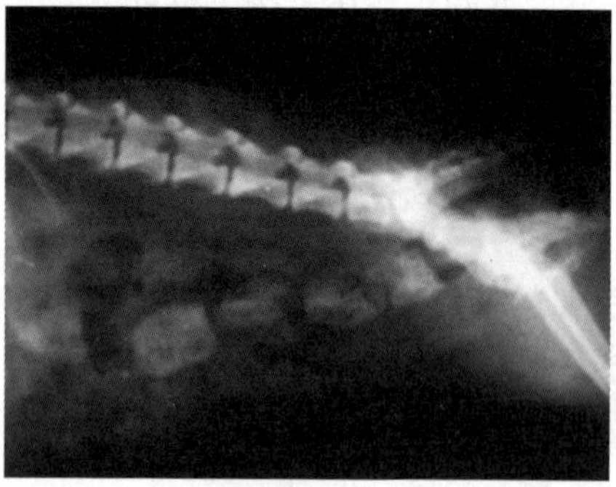

图 1-70　X 射线摄片显示结肠、直肠扩张，内有致密粪块阴影

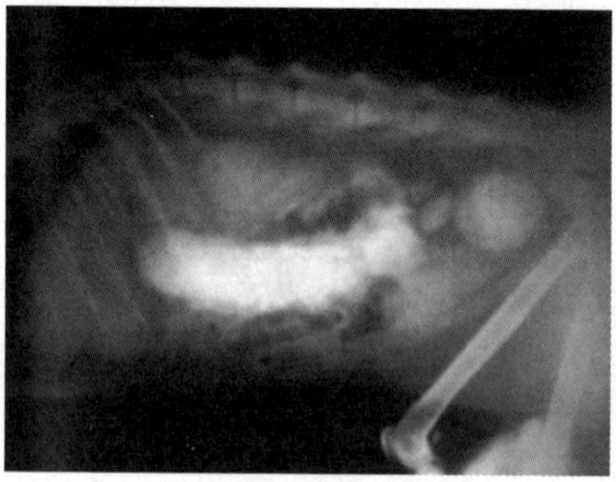

图 1-71　X 射线摄片显示结肠扩张，肠腔内有高密度、边缘粗糙的粪便阴影

7. 内镜检查

通过直肠内镜检查可直接确定结肠有无先天性狭窄、阻塞性肿瘤及异物等。

（三）治疗

1. 治疗原则

以支持疗法及疏通肠管为主。

2. 治疗方法

【治疗】

5%葡萄糖生理盐水 200mL，三磷酸腺苷 20mg，辅酶 A 50IU，细胞色素 C 20mg，阿莫西林 10mg/kg，比沙可啶 10mg，3%软皂液 100mL。

用法：糖盐水、三磷酸腺苷、辅酶 A、细胞色素 C 及阿莫西林混合，1 次静脉注射，2 次/d；比沙可啶内服，2 次/d；软皂液灌肠。各连用 5d。

【手术】结肠部分切除术

患犬全身麻醉，仰卧保定。母犬采用腹中线切口，公犬采用阴茎旁切口，切口长 10~15cm（图 1-72）。术部常规剃毛消毒。移动降结肠至腹壁外（图 1-73），将腹壁和腹内脏器盖上浸有温生理盐水的布或纱布。用手指尽量挤压排除结肠内容物。

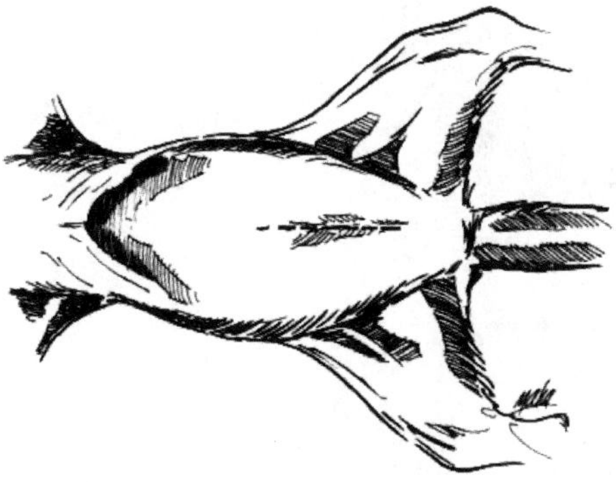

图 1-72　患犬采取仰卧保定

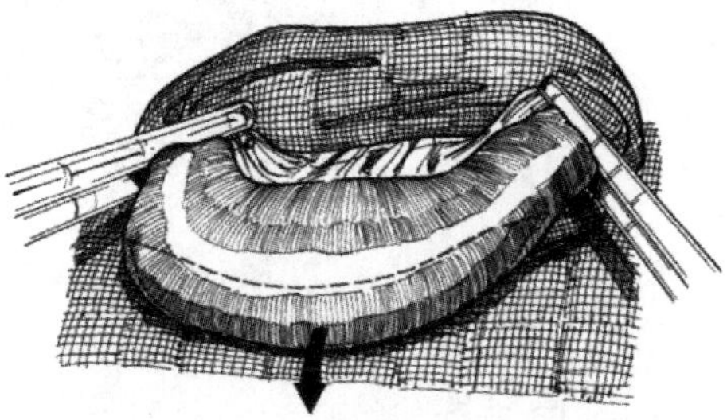

图 1-73　移动降结肠至腹壁外，并垫敷温生理盐水纱布

用两把非损伤性肠钳夹住暴露的结肠。在肠系膜的对侧实施纺锤形切开。此时应保留黏膜下的结缔组织和黏膜，只切除浆膜和肌层（图 1-74）。

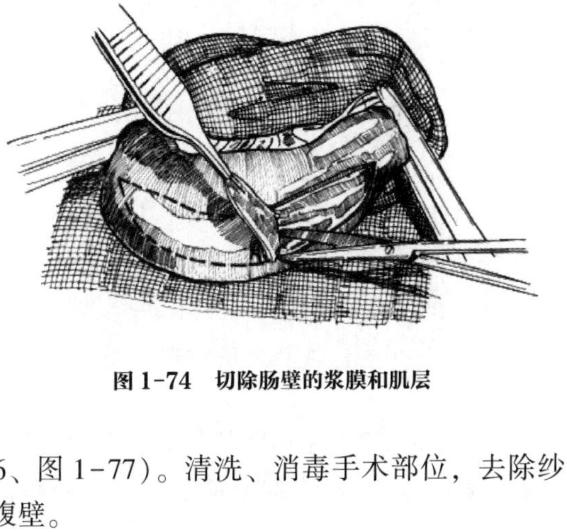

图 1-74　切除肠壁的浆膜和肌层

用手术刀切开浆膜和肌层，将瓣膜肠壁用直的组织剪钝性剪除（图 1-75）。肠壁切口的缝合，先将切口三等分处缝置两根定位线，将黏膜向肠内折转，用（4-0）~（3-0）合成可吸收性缝线单纯结节缝合浆膜和肌层（图 1-76、图 1-77）。清洗、消毒手术部位，去除纱布，将结肠整复回腹腔，依次缝合腹壁。

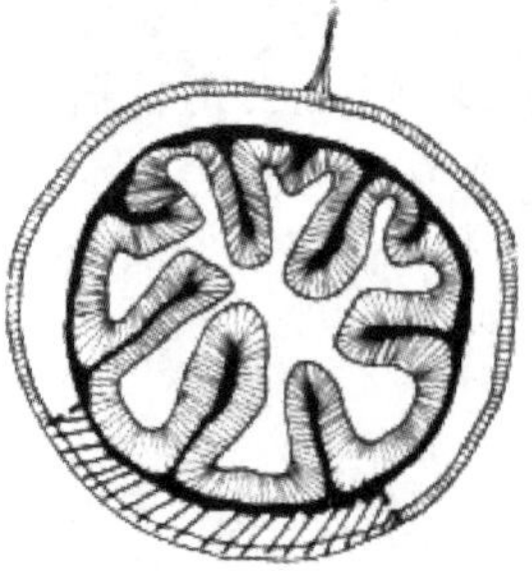

图 1-75　切除肠壁的浆膜和肌层（侧面图）

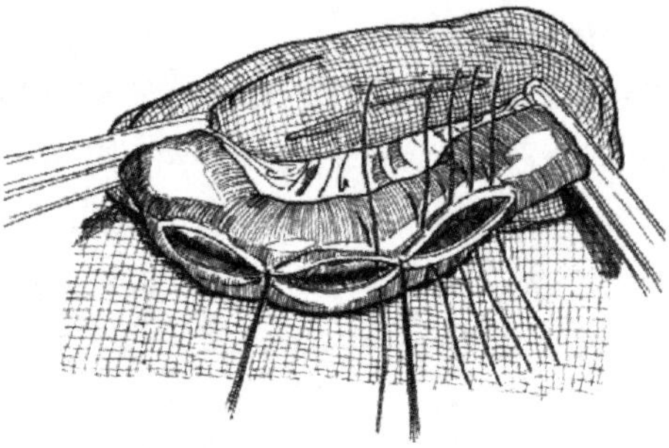

图 1-76　将切口的三等分处缝置两根定位缝线

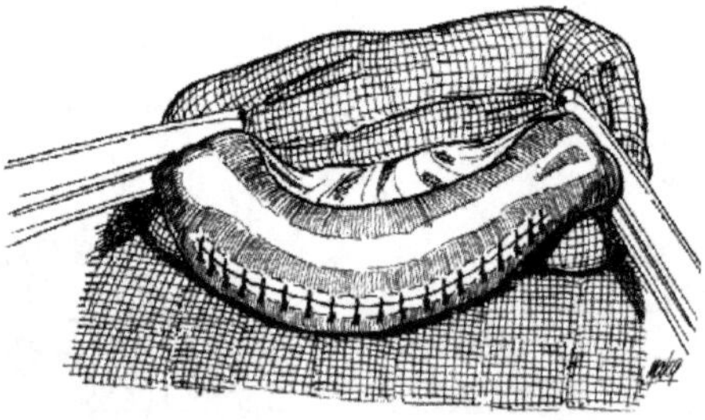

图 1-77　单纯结节缝合浆膜层和肌层

四、直肠脱

（一）特征

直肠脱是指直肠后段黏膜层脱出肛门（脱肛）或全部翻转脱出肛门（直肠脱）的疾病。犬、猫均可见，但幼龄犬、猫发病居多。

（二）诊断

1. 问诊及主诉

（1）询问或了解波士顿小猎犬品种的遗传史，因为该品种犬在发育期发生先天性直肠括约肌无力的情况比其他品种多。

（2）询问或了解患宠是否长期饲喂缺乏蛋白质、水分和维生素的日粮。

（3）询问或了解患宠是否已经驱虫，因为患宠感染蛔虫、球虫、滴虫后发生该病的较多。

（4）询问或进一步检查患宠是否患有胃炎、腹泻、里急后重、难产、前列腺炎、直肠便秘以及代谢产物、异物或裂伤引起的直肠努责、腹内压升高等。

2. 视诊

（1）在排粪、卧地或努责时可见淤血的直肠黏膜露出肛门外，呈圆球形（图 1-78），排粪结束时可自动复位，这是脱肛型。

（2）肛门突出物呈圆柱状，直肠黏膜红肿发亮，时间稍长黏膜变为暗红至发黑，严重时可继发局部性溃疡和坏死（图 1-79）。

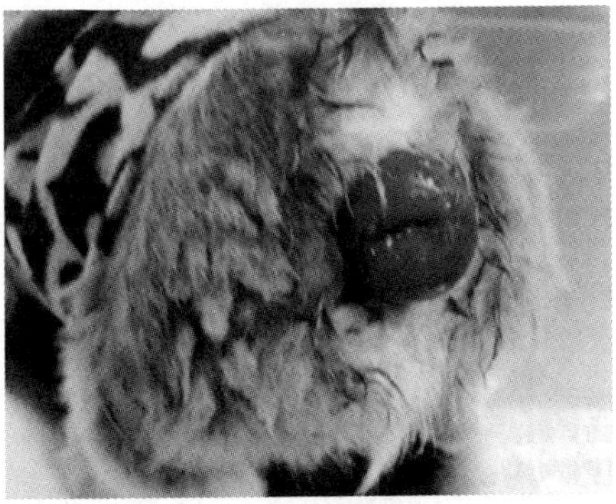

图 1-78　直肠黏膜脱出

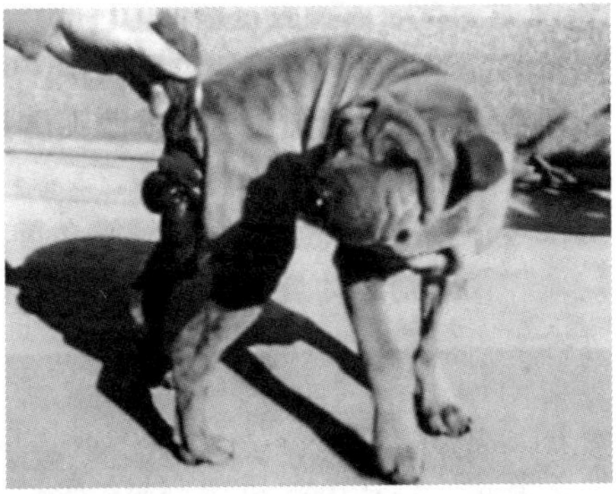

图 1-79　患病沙皮犬的重度直肠脱

（3）患犬反复努责，在地面上摩擦肛门，仅能排出少量的水样便，痛苦不堪。

（4）肛门处有两条长圆柱状突出物，呈纵轴方向垂下且有外口的是结肠，分叉垂下且有盲端的是盲肠，此时为直肠和盲肠同时脱出。

（5）脱出部分因受肠系膜的牵引，其末端常向背上方弯曲，肠壁肥厚，有坚实感，类似香肠样，患犬精神沉郁，食欲废绝，不能排粪，频频努责，患犬蜷缩一处，腹壁紧张，肠壁坏死，常因全身恶化而死亡。

3. 触诊

患犬直肠脱出，由于疼痛，不让触碰，脱出时间长的，触碰黏膜容易出血。

（三）治疗

1. 治疗原则

消除病因，除去直肠内异物，治疗便秘和腹泻等，然后整复和固定。

2. 治疗方法

【治疗 1】 整复

对于脱出时间短、直肠黏膜尚未发生严重水肿或坏死者，可将脱出的直肠用温生理盐水或温 0.05%高锰酸钾溶液、0.1%新洁尔灭清洗（图 1-80），除去污物后，将患宠的后肢倒提，然后用手轻轻地连续将脱出的直肠还纳回正常位置（图 1-81）。如努责严重的，可先在交巢穴或后海穴注射 2%普鲁卡因后再行整复。

对于脱出时间长、水肿严重、黏膜发生坏死的患宠，可用温生理盐水或1%明矾水冲洗后轻轻剥离坏死的黏膜。水肿部位用12号注射针头分别分点刺扎，然后用10%浓盐水冲洗揉搓，以排除黏膜内的水肿液，最后用0.1%的高锰酸钾溶液清洗，还纳回盆腔或腹腔。对脱出后肠套叠立即施行剖腹整复或肠管切除术。

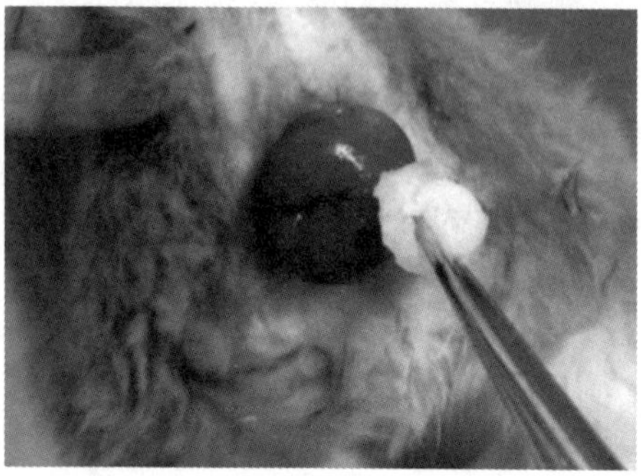

图1-80　对犬脱出的直肠进行清洗

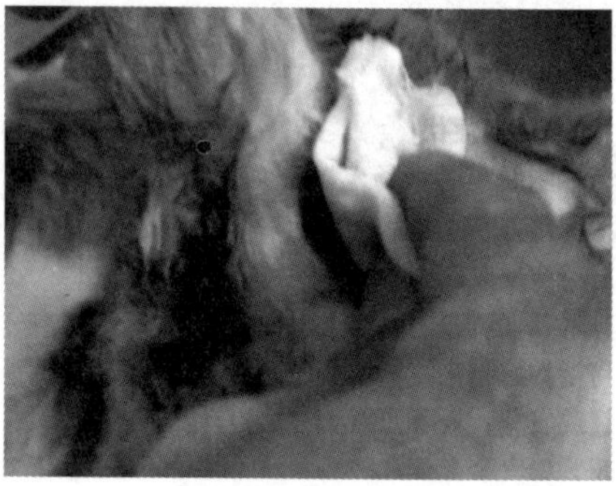

图1-81　用湿纱布按压脱出部位，使其复位

【治疗2】固定

（1）酒精注射法　本法适用于直肠脱时间不长，肛门的黏膜无感染，努责不剧烈，用手可还纳者。在直肠周围组织中形成肿胀和瘢痕，使直肠固定于盆腔内。注射时术者左手食指插入患犬肛门内做引导，以了解注射针头的深度和直肠壁之间的距离，右手持注射器将90%的酒精和0.5%的普鲁卡因注射入相应的部位，针头刺的深度根据脱垂的长度而定，短者刺入3~4cm，长者刺入4~5cm。分别于肛门左右和背面每点注射普鲁卡因酒精2~3mL。注射未愈者，可在1~2周后再注射1次。注意：酒精必须注射到直肠周围，避免注射入直肠壁和肠腔，否则会引起直肠壁坏死或出血（图1-82）。若酒精远离直肠或注射过深时，会影响治疗效果。

（2）肛门环锁法　适用于肛门括约肌收缩无力或肛门松弛的直肠垂脱。犬、猫施行交巢穴麻醉，用弯三角针穿10号缝线，在尾根下方距肛缘1~5cm处进针，沿肛门周围缝合一周回到尾根下方与线头收紧打结，使肛门缩小。肛门缩小的程度以不影响排粪为原则，一般肛门内插入一个手指即可（图1-83）。手术后注意排粪的情况，如缝合得太小不能排粪，则应及时放松缝线；如果发现过松，有再次脱出的可能性，可适当抽紧缝线。术后为防止便秘，可灌服疏通口服液15~30mL或投服果导片3~5片。

对脱出时间较长、黏膜已坏死不能整复的，则施行直肠脱垂黏膜环切术或直肠垂脱部分全切术。

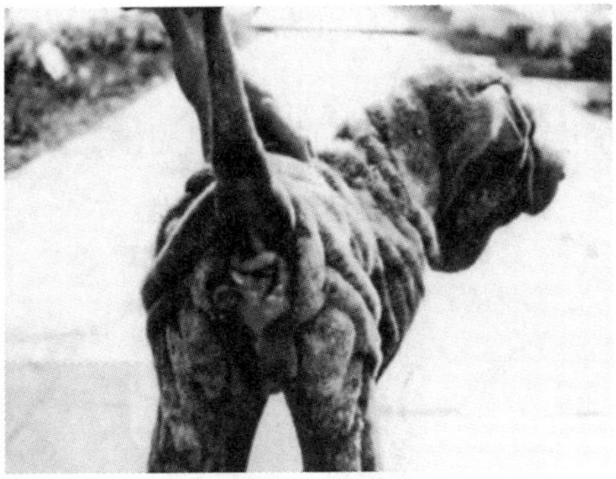

图 1-82　肛门周边注射酒精不当，造成直肠瘘

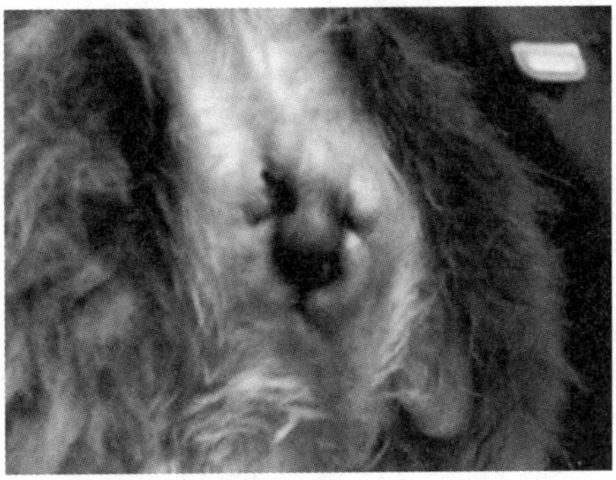

图 1-83　环绕肛门施行简单的荷包缝合

【治疗 3】中西医结合治疗

首先整复，令患犬横卧或仰卧保定，垫高后躯，用 2%明矾溶液或 0.1%高锰酸钾溶液、0.1%新洁尔灭溶液，或防风汤（防风、荆芥、薄荷、苦参、黄柏各 12g，花椒 3g，加水适量煎两沸，去渣，候温待用）清洗脱出的黏膜，除去污物或坏死黏膜，针刺水肿部位，待水肿黏膜皱缩后再慢慢还纳，直至完全送回为止，肛门做荷包缝合（留一小指大小的孔），或肛门周围深部肌内注射 90%酒精，每点 3mL，防止再脱出。

【治疗 4】直肠脱切除和端端吻合术

患犬全麻，将尾巴固定于头侧方向，俯卧保定。后肢垂于手术台下，腹部垫上沙袋或毛巾等物品予以支持（图 1-84）。为了固定将要切除的直肠部分，用适当粗细的塑料管插入脱出的直肠内（图 1-85）。

图 1-84　俯卧保定患犬，后肢垂于手术台下

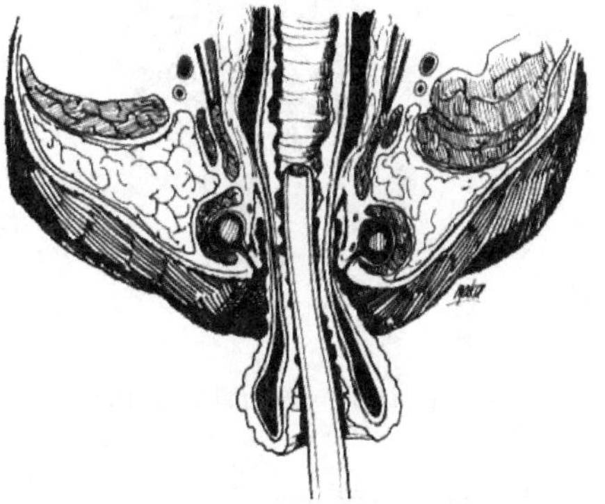

图 1-85　适当粗细的塑料管插入脱出的直肠内

在临近肛门直肠壁上的 10 点、2 点、4 点以及 8 点位置装上 4 根牵引线。这 4 根牵引线要贯穿脱出直肠的双层肠壁，助手牵引 4 根线固定脱出直肠的位置

（图 1-86）。用手术刀在距离直肠牵引线数毫米处实施环状切断，将断端用（3-0）~（2-0）合成可吸收性缝线进行全层单纯结节缝合（图 1-87）。抽出塑料管，整复整合的直肠（图 1-88）。为了预防再发生直肠脱，可将肛门周围做荷包缝合，暂时闭锁肛门（图 1-89）。

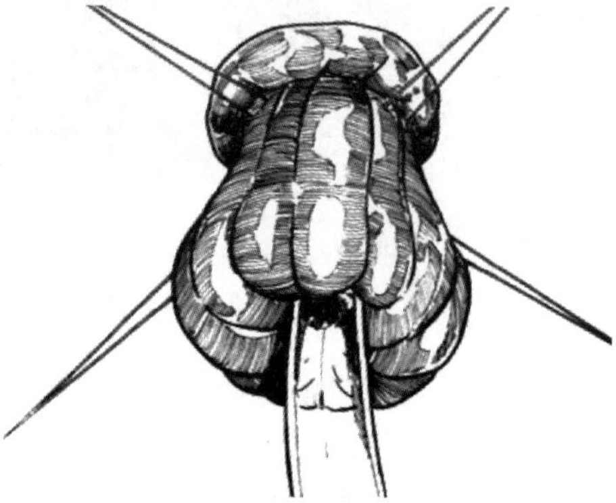

图 1-86　4 根牵引线固定脱出的直肠部位

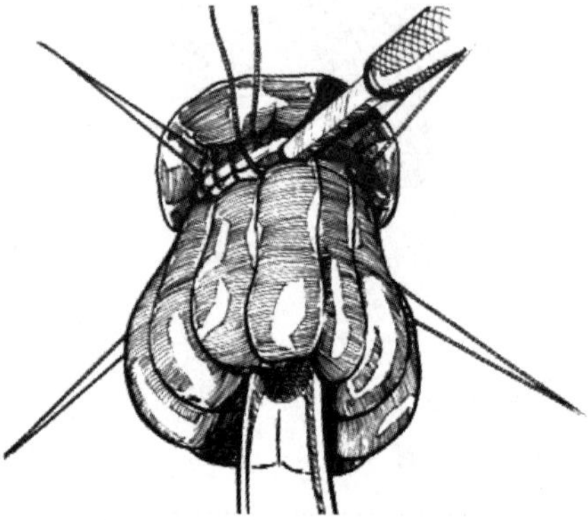

图 1-87　全层单纯结节缝合

术后注射抗生素，输液维持营养，禁食 48h，然后给予流食实施饮食疗法。为了排粪，每 12h 松开一次荷包缝合。术后 3~4d 拆除荷包缝合。

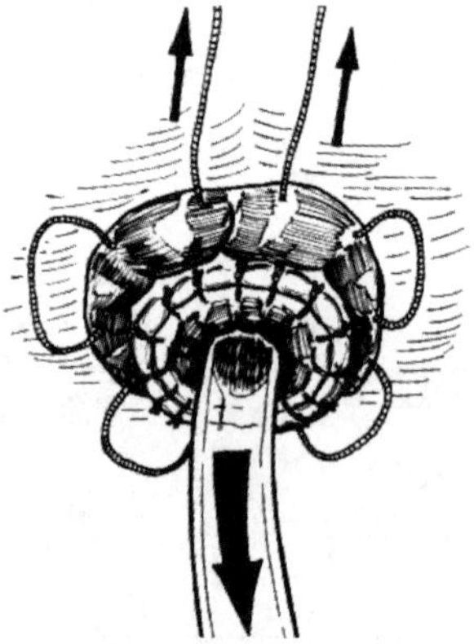

图 1-88　肛门周围做荷包缝合

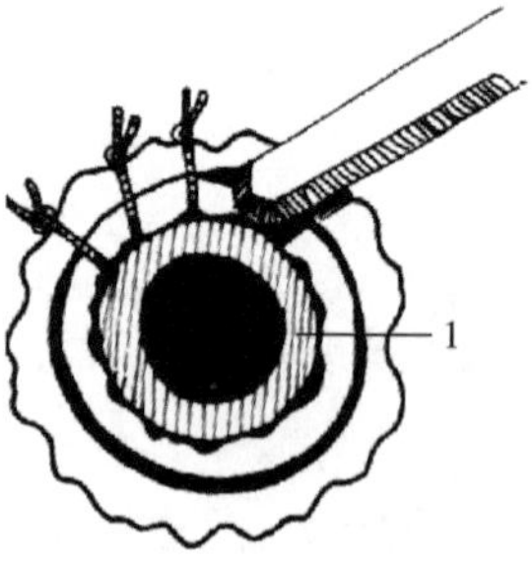

1—固定管。

图 1-89　做完荷包缝合暂时性闭合肛门

五、肛门囊炎

（一）特征

肛门囊炎是指肛门囊内的腺体分泌物贮积于囊内，刺激黏膜而引起的炎症。本病常见于小型犬和猫，大型犬很少发生。

（二）诊断

1. 问诊及主诉

（1）询问或了解患宠是否有便秘、排硬的粪便。

（2）询问或了解患宠是否过肥，缺乏运动，使肛门括约肌张力减退。

（3）询问或了解患宠肛门是否有炎症发生，细菌大量繁殖，释放毒素，可形成脓肿。

2. 视诊

（1）观察犬肛门囊位置，犬的肛门囊有两个，分别位于肛门下方左右两侧的肛门内、外括约肌之间，囊内有管道开口于肛门黏膜与皮肤交界处。囊内含有顶泌汗腺和皮脂腺的分泌液，灰色或棕黑色，黏稠难闻，排粪时由于肛门括约肌收缩，其分泌物被挤出。

（2）患犬表现为肛门部瘙痒，时常有擦肛动作，有时舔咬肛门部。

（3）排粪时痛苦，粪便常带有黏液或脓汁。

（4）肛门囊分泌物稀薄，有时呈脓性或带血。

（5）如肛门腺管长期阻塞，细菌繁殖更盛，可形成脓肿，可见囊体突出于周围皮肤。

（6）有时脓肿可自行破溃、自愈、再破溃，反复发生，炎症沿肌肉和筋膜扩散，并发蜂窝织炎，最终可形成肉芽肿和瘘管，有时因窦道不规则，可产生多个皮肤开口。

3. 触诊

患犬拒绝抚拍臀部，肛门指检可触摸到肛门处形成瘘管。

4. 嗅诊

接近犬、猫体时可闻到腥臭味。

5. 内镜检查

直肠内镜检查可观察到肛门囊炎发展的程度。

（三）治疗

1. 治疗原则

排出肛门囊内容物，抗菌消炎。

2. 治疗方法

【治疗 1】

阿莫西林克拉维酸钾注射液 8 万 IU，双氧水 100mL，生理盐水 200mL，高效碘伏消毒剂 100mL。

用法：阿莫西林克拉维酸钾一次后海穴注射，用双氧水和生理盐水冲洗肛门囊，用纱布条浸碘伏消毒剂引流。

【治疗 2】

红霉素软膏 1 支（5g），0.1%高锰酸钾 200mL，青霉素 80 万 IU。

用法：挤压肛门腺，用 0.1%高锰酸钾洗涤肛门囊，用戴手套的食指将红霉素软膏涂到肛门囊内，青霉素加注射用水 2mL 注射于肛门囊附近。

【治疗 3】中西医结合治疗

对未破溃的肛门囊炎，可先用拇指和食指按压，在两侧肛门囊外侧方，中指抵住肛门底部，同时用力挤出肛门囊内分泌物和脓汁，然后用普鲁卡因青霉素混合注入后海穴，再在囊外涂以浓碘酊，或用如意金黄散醋蜜调敷肛周。连用 2~3 次。

【手术】肛门囊切除术

患犬全麻，腹卧或侧卧保定，后躯抬高，尾根向前转折固定。应灌肠，排空直肠内粪便，直肠内塞一块纱布。肛门周围彻底消毒，冲洗肛门囊。

用止血钳从肛门囊开口插入囊内，探明深度及其范围。从肛门囊远端切口，切开皮肤，从远端向肛门分离肛门囊。在近端结扎导管、切除，使肛门括约肌完整。用温生理盐水冲洗术部，结节缝合皮肤（图 1-90）。

术后全身应用抗生素 1 周，10d 后拆线。

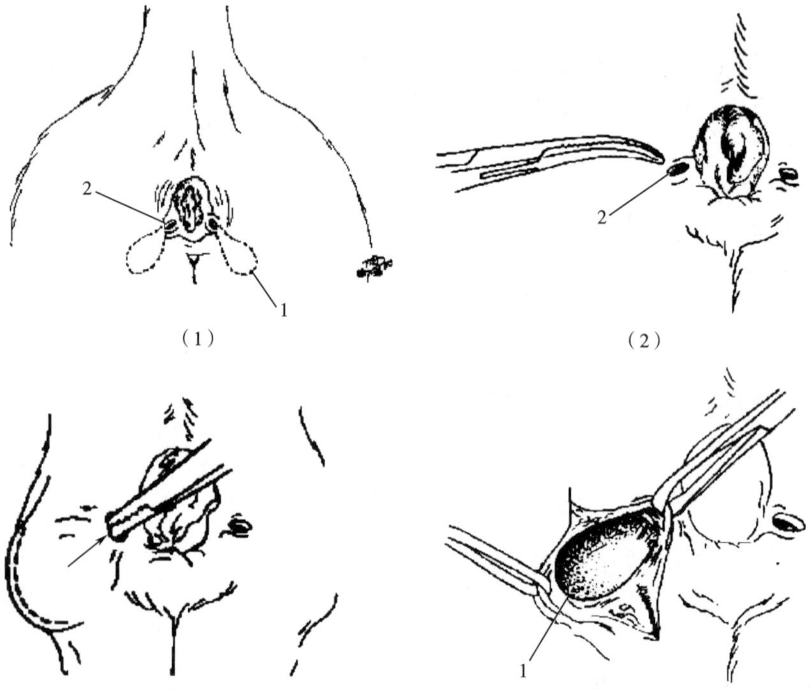

1—肛门囊；2—肛门囊开口。

图 1-90 肛门囊摘除术

情境小结

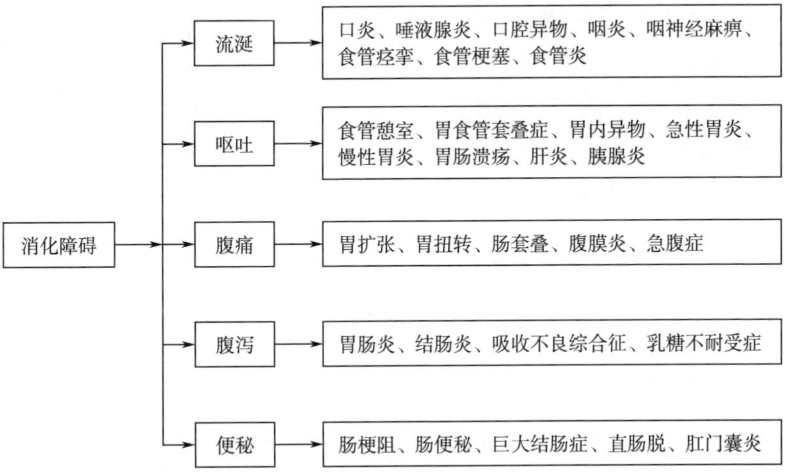

情境测试

情境一测试题

技能训练

技能训练一　食管梗塞诊治技术

（一）技能目标

本技能训练是宠物医疗、动物医学专业学生必会的基本技能。要求学生熟练掌握宠物食管的诊断与治疗技术，以便更好地为宠物临床实践服务。

（二）教学资源准备

1. 材料与工具

犬或犬模型一只，犬开口器、长柄止血钳、犬用胃管，手术器械一套、液体石蜡油、呼吸麻醉机、食管镜。

2. 教学场所

校内实验室。

3. 师资配置

实训时每班配备1名指导教师，技能考核时配备2名教师。

（三）原理与知识

参见情境一任务一的“六、食管梗塞”。

（四）操作方法与步骤

问诊→视诊→触诊→X射线检查→鉴别诊断→治疗。

（五）技能考核标准

考核标准如表1-1所示。

表1-1 食管梗塞诊治技术考核标准

考核内容及分数分配	操作环节与要求	评分标准		考核方法	熟练程度	时限
		分值	扣分依据			
食管阻塞诊治技术（100分）	诊断正确	20	有明显错误、前后矛盾扣20分	单人操作考核	熟练掌握	5min
	能提出用润滑剂	10	病历记录不详细，每差一项扣5分			
	救治方法	40	每错一项扣10分			
	叙述手术治疗	20	用药剂量有误差，酌情扣5~20分			
	护理措施	10	用药方法不正确扣10分			

技能训练二　洗胃技术

（一）技能目标

本技能训练是宠物医疗、动物医学专业学生必会的基本技能。要求学生熟练掌握宠物洗胃治疗技术，以便更好地为宠物临床实践服务。

（二）教学资源准备

1. 材料与工具

犬或犬模型一只，犬开口器、胶带、犬用胃管，手术器械一套、液体石蜡油、注射器、漏斗。

2. 教学场所

校内实验室。

3. 师资配置

实训时每班配备1名指导教师，技能考核时配备2名教师。

（三）原理与知识

急性胃扩张、误食毒物、药物过量及其他物质中毒引起的疾病的救治。

（四）操作方法与步骤

1. 保定

犬胸卧保定。

2. 犬经口插入胃管

预先将胃管在患犬身上比试以测量所需的长度，当胃管端达到最后肋骨水平时，用记号笔在进口端位置做记号，将润滑胶涂在管口末端，将开口器插入患犬口中，并抓住合在开口器上的上颌和下颌。将润滑过的胃管通过开口器进入预先标记好的地方，当胃管插入食管或胃导管到胸腔入口及贲门处时阻力较大，应缓慢插入，以免损伤食管黏膜。必要时灌入少量温水，待贲门迟缓后，再向前推送入胃，检查胃管是否推送到合适的位置。为此需要做下列检查：触摸颈部的胃管；闻管内是否有胃的气味；往管内吹气，同时助手听胃内是否有咕噜声；往胃管内注入5mL生理盐水，看是否有咳嗽反应。检查确认后，操作者的胃导管前端经贲门到达胃内后，可感觉阻力突然消失，此时有酸臭气体或食糜排出，如不能排出胃内容物时，接上漏斗，每次灌入30~35℃的温水，或根据需要用适量2%~3%盐水、0.1%高锰酸钾溶液。利用虹吸原理，高举漏斗，不待药液流尽随即放低头部和漏斗，用抽气筒反复抽吸，以洗出胃内容物。如此反复多次，逐渐排出胃内大部分内容物，直至病情好转为止，取出胃管前用拇指封住胃管端。

3. 猫经鼻插胃管法

一侧鼻孔滴入4~5滴局麻药，等2~3min再往同侧鼻孔内滴2~3滴局麻药。胃管末端涂上一点润滑油，一手抓住猫头，另一手将管插入麻醉鼻孔腹侧正中间，将管往里送入20~25cm，往管内注入1mL无菌生理盐水来检验鼻胃管插入位置是否合适，将导管用绷带包扎固定到颈侧。以下同犬经口插入胃管的操作。

4. 注意事项

（1）急性中毒的宠物应插入胃导管迅速洗胃，以减少毒物的吸收。

（2）呼吸心搏停止的宠物应先进行复苏再行洗胃。

（3）已经昏迷的宠物在胃管插入后，应将体位改为左侧卧，以免发生吸入性肺炎。

（4）洗胃前准备好急救器械和药品，洗胃过程中同时应用解毒剂，并及时采取对症处理措施。

（5）洗胃不应当受时间限制，超过6h仍应洗胃，洗胃不彻底的宠物应重新洗胃。

（6）洗胃前应尽量将胃内容物抽净，有条件的实验室应对标本进行检验。

（7）洗胃时必须彻底，最后流出液应无毒物，颜色与灌洗液相似，灌洗液的温度以30~35℃为宜。

（8）对有上消化道出血、食管静脉曲张、呼吸困难的宠物不应当做洗胃处理，强酸、强碱中毒的宠物禁止洗胃。

（9）洗胃后，经胃导管注入20%硫酸镁溶液30mL导泻，如给药后不泻，可重复给药，至腹泻为止，以清除肠道毒物。

（10）洗胃后彻底清洁皮肤，以清除污染皮肤和被毛的呕吐物内的毒物，然后在胃内置普通胃管作胃肠减压及定时用少量生理盐水灌洗，以引出残留毒物。

（11）洗胃时由于胃管放置不正确可引起物质投入到呼吸道，导致食管创伤、胃炎、胃穿孔等并发症。

（12）常用洗胃液一般为清水，但生理盐水更为安全，可防止电解质紊乱。

（五）技能考核标准

考核标准如表1-2所示。

表1-2　　洗胃技术考核标准

考核内容及分数分配	操作环节与要求	评分标准		考核方法	熟练程度	时限
		分值	扣分依据			
犬洗胃术（100分）	适应证正确	20	有明显错误、前后矛盾扣20分	单人操作考核	熟练掌握	10min
	保定正确	10	正确的保定方法，每差一项扣5分			
	救治方法	40	每错一项扣10分			
	注意事项	20	注意事项不全面，酌情扣5~20分			
	操作时间	10	共10min，每超出1min扣1分			

技能训练三　灌肠术

（一）技能目标

本技能训练是宠物医疗、动物医学专业学生必会的基本技能。要求学生熟练掌握宠物灌肠治疗技术，以便更好地为宠物临床实践服务。

（二）教学资源准备

1. 材料与工具

犬或犬模型一只，犬用灌肠器、液体石蜡油、高锰酸钾、温生理盐水、林格液、甘油、0.1%高锰酸钾、2%硼酸、5%葡萄糖等。

2. 教学场所

校内实验室。

3. 师资配置

实训时每班配备1名指导教师，技能考核时配备2名教师。

（三）原理与知识

灌肠是将大量液体或药物灌到较靠前的肠管内，此法多用于治疗肠套叠、结肠便秘、胃内毒物和异物等。

用于深部给药或补液时，应注意选择无刺激性、等体温、等渗的液体，并且剂量应合理，一般8~12mL/kg体重，并且灌肠时动作应轻柔。

（四）操作方法与步骤

灌肠时，使宠物站立或侧卧保定，呈前低后高的姿势。术者先将灌肠器的胶管浸蘸石蜡油，一只手提起尾巴，另一只手把灌肠器一端插入肛门，并向直肠内推进8~10cm，直到有阻力为止。另一端连接漏斗或吊桶，也可使用100mL注射器注入溶液。先灌入少量药液软化直肠内积粪，待排净积粪后再灌入大量药液，直至从肛门流出灌入的药液为止。灌入量根据宠物个体大小而定，一般幼年宠物100mL左右，成年宠物300mL左右，药液温度以35℃为宜。待灌肠完毕，拔除灌肠器胶管，再紧捏肛门片刻，然后松开肛门，让宠物自由活动。

灌肠时应注意，直肠内存有宿粪时，按直肠检查要领取出宿粪，再进行灌肠；避免粗暴的操作，以免损伤肠黏膜或造成肠穿孔；溶液注入后由于排泄反射，易被排出，应用手压迫尾根和肛门，或于注入溶液的同时，用手指刺激肛门周围，也可通过按摩腹部减少排出。

（五）技能考核标准

考核标准如表1-3所示。

表1-3 灌肠术考核标准

考核内容及分数分配	操作环节与要求	评分标准		考核方法	熟练程度	时限
		分值	扣分依据			
灌肠术（100分）	保定正确	20	站立保定或侧卧保定，前低后高姿势，每项10分	单人操作考核	熟练掌握	5min
	灌肠器准备及液体	20	灌肠器蘸液体石蜡，冲洗液温度适宜，每项10分			
	插入灌肠器并软化积粪	20	插入灌肠器8～10cm，软化积粪，每项10分			
	灌入药液冲洗并取出灌肠器	20	用药剂量适宜，取出灌肠器后紧捏肛门片刻，每项10分			
	操作时间	20	共5min，超出1min扣5分			

技能训练四　指式直肠检查

（一）技能目标

本技能训练是宠物医疗、动物医学专业学生必会的基本技能。要求学生熟练掌握宠物指式直肠检查，以便更好地为宠物临床实践服务。

（二）教学资源准备

1. 材料与工具

雌、雄犬或模型各1只，犬口笼，液体石蜡油，乳胶软手套。

2. 教学场所

校内实验室。

3. 师资配置

实训时每班配备1名指导教师，技能考核时配备2名教师。

（三）原理与知识

指式直肠检查适用于骨盆创伤、痛性尿淋漓、血尿、脓尿、里急后重、会阴部有肿块或团块、便血、肛门瘙痒、包皮或肛门脱出等，都可通过指式直肠检查进一步确诊。

（四）操作方法与步骤

保定→清除直肠宿粪→戴手套→涂抹润滑剂→伸入直肠→触摸各部位的大小、硬度和形状。

（五）技能考核标准

考核标准如表1-4所示。

表1-4 指式直肠检查考核标准

考核内容及分数分配	操作环节与要求	评分标准		考核方法	熟练程度	时限
		分值	扣分依据			
指式直肠检查（100分）	保定正确	20	有明显错误、前后矛盾扣20分	单人操作考核	熟练掌握	5min
	能清除直肠宿粪	10	操作不正确扣10分			
	戴手套及涂抹润滑剂	20	每错一项扣10分			
	叙述检查部位	40	检查部位有误差，酌情扣5~20分			
	操作时间	10	限5min完成，每超出1min扣2分			

技能训练五 犬呕吐的治疗

（一）技能目标

本技能训练是宠物医疗、动物医学专业学生必会的基本技能。要求学生熟练掌握犬呕吐的治疗技术，以便更好地为宠物临床实践服务。

（二）教学资源准备

1. 材料与工具

犬或犬模型一只，犬开口器、止吐药（阿托品、颠茄酊）、犬用胃管、液体石蜡油、甲氧氯普胺、多潘立酮、生理盐水等。

2. 教学场所

校内实验室。

3. 师资配置

实训时每班配备1名指导教师，技能考核时配备2名教师。

（三）原理与知识

急救原则：去除病因，控制呕吐，纠正体液、电解质和酸碱平衡。

（四）操作方法与步骤

（1）对中枢性、非胃肠道性疾病等因素引起的频繁呕吐，应及时应用镇吐药（阿托品、颠茄酊等）镇吐。

（2）对于由中毒、过食及某些胃肠道疾病引起的呕吐，应防止胃肠道内容物过度腐败发酵，此时不宜镇吐。

（3）疑为摄入腐蚀性物质如强酸、强碱时，应立即应用适当的液体洗胃。

（4）对于不频繁、不剧烈的呕吐，无需镇吐。

（5）注意补液以保持宠物的水、电解质和酸碱平衡。

（6）对于影响胃动力、胃排空功能的疾病可用多潘立酮、甲氧氯普胺等药止吐。

（7）呕吐病因复杂，止吐仅是治标措施，必须除去病因，治疗原发病。

（8）中西药结合治疗　胃热型，常用竹叶石膏汤加减以清热止吐；伤食型，常用曲蘖散加减以消食止吐；虚寒型，常用理中汤以温中散寒，和胃降逆；也可以针刺脾俞、胃俞、足三里、三焦等穴位，止吐的西药注射液也可以注入上述穴位。

（五）技能考核标准

考核标准如表1-5所示。

表1-5　止吐技术考核标准

考核内容及分数分配	操作环节与要求	评分标准		考核方法	熟练程度	时限
		分值	扣分依据			
止吐技术（100分）	诊断正确	20	有明显错误、前后矛盾扣20分	单人操作考核	熟练掌握	5min
	能提出几种镇吐药	10	药物名称每差一项扣2分			
	救治方法	40	每错一项扣10分			
	叙述几种情况	20	情况有错误，酌情扣5~20分			
	护理措施	10	方法不正确扣10分			

技能训练六　便秘治疗技术

（一）技能目标

本技能训练是宠物医疗、动物医学专业学生必会的基本技能。要求学生熟练操作便秘治疗技术，以便更好地为宠物临床实践服务。

（二）教学资源准备

1. 材料与工具

犬或犬模型一只，犬灌肠器、硫酸镁、开塞露、液体石蜡油、0.9%生理盐水、注射器、漏斗、犬用针灸针。

2. 教学场所

校内实验室。

3. 师资配置

实训时每班配备1名指导教师，技能考核时配备2名教师。

（三）原理与知识

见情境一任务五的“二、肠便秘”。

（四）操作方法与步骤

（1）可内服石蜡油或豆油，每次20~60mL，也可内服10%硫酸镁溶液或硫酸钠溶液，每次20~50mL。如结粪靠近直肠部，还可用温肥皂水或液体石蜡灌肠治疗，每次50~100mL，灌后抬高其后躯，用手在其腹部按摩1~2min，一般情况下效果良好。还可用开塞露于肛门内挤入。

（2）口服盐溶液500mL，多次直肠滴注，同时配合按摩粪结，使其松软排出。

（3）中西医结合治疗，取大黄5g，槟榔3g，芒硝10g，青木香5g，水煎取汁200mL。多次缓缓灌服或1次直肠滴注。同时结合结粪按摩。如为体弱动物，可用油当归5g，肉苁蓉5g，番泻叶、炒枳壳、醋香附各3g，厚朴、木香、瞿麦、通草各2g，水煎取汁，候温加食用油20mL，多次缓缓灌服，或1次直肠滴注，同时配合直肠按摩。

白针疗法以关元俞、大肠俞、脾俞为主穴，外关、后三里、百会、后海等为配穴；也可电针两侧三焦俞穴。

（4）如上法均无效，则须手术切开腹腔直接按摩结粪，仍不能使积粪破碎，则要切开肠管取出内容物，如局部肠管已发生严重淤血、坏死，可切除后作肠管吻合术。

（五）技能考核标准

考核标准如表 1-6 所示。

表 1-6　便秘治疗技术考核标准

考核内容及分数分配	操作环节与要求	评分标准		考核方法	熟练程度	时限
		分值	扣分依据			
便秘治疗技术（100 分）	诊断正确	20	问、视、触、叩、听、嗅，每少一项扣 5 分	单人操作考核	熟练掌握	10min
	应用泻剂	20	盐类泻剂和油类泻剂，少一项扣 10 分			
	直肠按摩	20	按摩部位及手法，每错一项扣 10 分			
	提出中药方剂和针灸	20	说出药物及穴位，酌情扣 5~10 分			
	操作时间	20	共 10min，每超出 1min 扣 5 分			

技能训练七　肛门囊引流技术

（一）技能目标

本技能训练是要求宠物医疗、动物医学专业学生必会的基本技能。要求学生熟练掌握宠物肛门囊引流技术，以便更好地为宠物临床实践服务。

（二）教学资源准备

1. 材料与工具

犬或犬模型一只，犬口笼，液体石蜡油，乳胶软手套，棉花，20 号聚乙烯静脉导管，聚乙烯吡咯酮碘。

2. 教学场所

校内实验室。

3. 师资配置

实训时每班配备 1 名指导教师，技能考核时配备 2 名教师。

（三）原理与知识

犬肛门瘙痒，通常表现为用嘴舔肛门或发出痛苦呻吟声。在给犬洗澡和刷毛之前清除肛门囊中的恶臭分泌物。由肛门囊扩张或炎症引起的刺激，将药物注入有病的肛门囊内等。

(四) 操作方法与步骤

保定→戴手套→压迫肛门腺→涂抹润滑剂→伸入直肠→挤压肛门囊→插管→注药→清洗。

(五) 技能考核标准

考核标准如表 1-7 所示。

表 1-7　　肛门囊引流技术考核标准

考核内容及分数分配	操作环节与要求	评分标准		考核方法	熟练程度	时限
		分值	扣分依据			
肛门囊引流技术(100 分)	保定正确	20	有明显错误、前后矛盾扣 20 分	单人操作考核	熟练掌握	5min
	清除直肠宿粪	10	操作不正确扣 10 分			
	戴手套及涂抹润滑剂	20	每错一项扣 10 分			
	一只手指插入直肠，另一只手指挤压，插入导管引流	40	挤压术式不正确，酌情扣 5~20 分			
	操作时间	10	限 5min 完成，每超出 1min 扣 2 分			

情境二 呼吸障碍性疾病

◆ **学习目标**

1. 思政目标

在学习中分小组合作完成宠物呼吸障碍性疾病诊治接诊、诊断、治疗、预防，培养学生诊治的职业责任心；培养学生在呼吸障碍疾病诊治中，遇到诊疗问题，积极查找资料、有效进行团队沟通、讨论、研究，解决问题和承担责任的职业素养；具有严谨求实的工作态度，高尚的医疗道德和良好的职业素质，培养主动学习的习惯和创新精神。

2. 知识及能力目标

知道呼吸障碍性疾病涵盖的主要症状，了解各主要症状涵盖的疾病，理解呼吸障碍性疾病的鉴别诊断，掌握呼吸障碍性疾病的诊断步骤、治疗原则及处方和合理用药。用到的技术操作有气管内注射、胸腔内穿刺技术、雾化治疗技术、吸氧技术、昏迷及休克抢救技术、心肺复苏技术、鼻腔内窥镜技术、气管插管技术、开胸术、气管切开术、胸部 DR（数字 X 射线摄影）拍片技术。

◆ **必备知识**

呼吸困难、咳嗽。

◆ **选修知识**

犬、猫的呼吸系统解剖位置及生理特点；呼吸困难、咳嗽的病理特点；呼吸系统疾病常用药物。

◆ **课前思考题**

1. 以呼吸困难、咳嗽为主症的内科疾病各包括哪些？
2. 缓解呼吸困难、咳嗽通常用哪些药物？
3. 治疗呼吸障碍性疾病常用到哪些技能操作？

任务一　以呼吸困难为主症的疾病

任务描述

学习以呼吸困难为主症疾病的相关知识，参加相关临床病例的诊疗，分析临床案例。

案例分析

案例 1

杂种犬，13 岁，雄性，体重 27.4kg。主诉发病 11d，少食，不愿活动，喘，咳嗽，无眼眵，鼻镜干燥，曾在宠物医院按肺炎治疗 3d，头孢哌酮钠 0.2g、生理盐水 150.0mL 和地塞米松 0.5mL 混合静脉注射，双黄连注射液 20.0mL、5%葡萄糖 150.0mL 混合静脉注射，但无好转。近几年没有进行免疫和驱虫，平日饲喂犬粮。T：38.8℃，P：142 次/min，R：84 次/min。体格中等，精神沉郁，消瘦，被毛蓬乱、无光泽，鼻镜干燥、龟裂，脓性鼻液，结膜蓝紫色，巩膜白色，无眼眵。呼吸急速，喉部触诊不敏感，口腔黏膜发绀，喉部视诊黏膜颜色正常。胸廓开张，肋间隙变宽，肋骨倾斜角变小，腹壁起伏明显，呼气时肋弓后缘凹陷，肛门突出，腹部触诊柔软。胸部叩诊过清音，肺叩诊界后移。肺部听诊肺泡呼吸音减弱，伴有干性啰音和小水泡音。X 射线检查肺野透明度增高，膈肌后移，且移动性减弱，肺的透明度不随呼吸而发生明显改变。请诊断该犬得了什么病。

诊治方案：根据患犬呼吸急促、结膜发绀情况来判断缺氧状态；胸部叩诊过清音，肺叩诊界后移以及拍片呈现肺野透明度升高，判断该犬患有肺气肿。治疗方案是改变肺通气功能，扩张气管，注意休息及维持心脏功能。

案例 2

京巴犬，6 岁，雄性，体重 7.4kg。主诉发病 10d，少食，不愿活动，喘，咳嗽，脓性眼眵，2d 前开始不吃，喜欢坐着，不愿趴卧。常规免疫，每年驱虫 2 次，平日饲喂犬粮。曾在宠物医院按犬腺病毒Ⅱ型感染给予干扰素、双黄连等抗病毒药治疗 3d，但无好转。T：39.8℃，P：132 次/min，R：84 次/min。患犬精神沉郁，消瘦，被毛蓬乱、无光泽，鼻镜干燥，无鼻液，结膜发绀，有脓性眼眵。患犬腹部起伏明显，不愿平躺，强迫平躺时喘息加重，张口呼吸，喉部触诊无异常，胸部叩诊患犬呻吟躲闪，咳嗽加重，两侧出现水平浊音，上界随着体位的改变而变化。口腔黏膜发绀，喉部视诊黏膜颜色正常。腹部触诊无异常。听诊浊音区上部支气管呼吸音增强，浊音区肺泡呼吸音消失，心音较弱，缩期杂音。X 射线检查胸下部呈现均匀密度的水平阴影。血液学检查可见白细胞 18.4×10^{9} 个/L [正常 (6~17) $\times10^{9}$ 个/L]，淋巴细胞百分率 10%（正常 12%~30%），中性粒细胞百分率 79%（正常 60%~75%），红细胞 6.7×10^{12} 个/L [正常 (5.5~8.5) $\times10^{12}$ 个/L]，血红蛋白 13.24g/100mL（正常 11~19g/100mL）。胸部穿刺有多量浑浊液体流出，李凡他试验（胸腔积液试验）阳性。请诊断该犬得了什么病。

诊治方案：根据宠物体温升高，呼吸及脉搏加快，腹式呼吸，躺卧时呼吸加重，胸部叩诊有痛感，叩诊水平浊音可以判断该犬患有胸膜炎及胸腔积液。根据 X 射线检查、血液学检查，白细胞数升高，胸部穿刺有浑浊液体，以及李凡他试验阳性均可确诊。治疗方案是抗菌消炎、冲洗胸腔、穿刺放液，维持体液电解质平衡，加强护理。

案例 3

德国牧羊犬，6 岁，雄性，体重 32.4kg。主诉发病半月多，少食，不愿活动，喘，昨日开始不吃，喜欢坐着，不愿趴卧，排粪少，正常粪便，常规免疫，每年驱虫 2 次，平日饲喂犬粮。T：37.8℃，P：171 次/min，R：74 次/min。体格高大，精神沉郁，消瘦，被毛蓬乱、无光泽，鼻镜干燥，无鼻液，结膜发绀，有脓性眼眵。患犬腹部起伏明显，不愿平躺，强迫平躺时喘息加重，张口呼吸，喉部触诊无异常，胸部叩诊两侧出现水平浊音，上界随着体位的改变而变化。口腔黏膜发绀，喉部视诊黏膜颜色正常。腹部触诊无异常。听诊浊音区上部支气管呼吸音增强，浊音区肺泡呼吸音消失，心音较弱，模糊不清。X 射线检查胸下部呈现均匀密度的水平阴影。胸部穿刺有多量清亮液体流出，李凡他试验阴性。请诊断该犬得了什么病。

诊治方案：根据呼吸及脉搏加快，呼吸困难，躺卧时呼吸加重，叩诊水平浊音可以判断该犬患有胸腔积液。根据 X 射线检查、血液学检查，白细胞数升高以及胸部穿刺有清亮液体可确诊。治疗方案是穿刺放液，冲洗胸腔、制止渗出，利尿，维持体液电解质平衡，加强护理。

相关知识

以呼吸困难为主症的常见内科疾病主要有鼻炎、喉炎、气管麻痹、咽喉水肿、肺气肿、肺水肿、肺出血、胸膜炎、胸腔积液、胸腔积血、胸腔积脓、乳糜胸。此外，中暑、产后癫痫以及贫血等也可出现呼吸困难症状。

一、鼻炎

（一）特征

鼻炎是鼻腔黏膜的炎症，临床上以鼻黏膜充血、肿胀、呼吸困难、流鼻液以及打喷嚏为主要特征。春秋季节多发。

（二）诊断

1. 问诊及主诉

（1）询问或了解患宠是否发生过物理性刺激，如寒冷，鼻腔粗暴的检查，吸入粉尘、烟雾、植物纤维、昆虫、花粉及真菌孢子等。

（2）询问或了解患宠是否有过化学性刺激，如挥发性化工原料的泄漏、饲养场（舍）内的废气，以及某些环境污染物等直接刺激鼻黏膜引起炎症。

（3）询问或了解患宠感染病史，由于某些病毒（如犬瘟热病毒、犬副流感病毒、猫泛白细胞减少症病毒、猫气管炎病毒、腺病毒）、细菌（犬、猫的支气管败血波氏杆菌，出血性败血性巴氏杆菌，犬、猫肠杆菌，β-溶血性链球菌）、寄生虫（如犬鼻螨、犬肺棘螨）等的感染可引起本病。

（4）询问或了解有无邻近器官的炎症，如喉炎、咽炎、副鼻窦炎、喷射性呕吐所致鼻腔污染及口腔的炎症，有无犬、猫鼻部外伤或先天性软腭缺损所致的炎症以及某些过敏性疾病。

2. 视诊

（1）病初表现为鼻黏膜充血、肿胀、干燥，患病犬、猫因鼻黏膜发痒，常用前爪搔抓鼻部，频打喷嚏，轻度咳嗽。

（2）一侧或两侧鼻孔流出鼻液，初期浆液性，以后出现黏液性，甚至脓性，有时混有血液。

（3）鼻孔周围的皮肤可发生表皮脱落。

（4）当鼻黏膜分泌物增多，结痂物堵塞鼻腔时，出现呼吸迫促，张口呼吸。

（5）常伴有扁桃体炎症、咽喉炎及结膜炎，并可见到羞明流泪等现象。

3. 触诊

部分病例伴有颌下淋巴结肿胀。

4. 听诊

可听到吸气性杂音和鼻塞音。

5. X 射线检查

感染侧鼻腔不透光可确诊（图 2-1、图 2-2）。

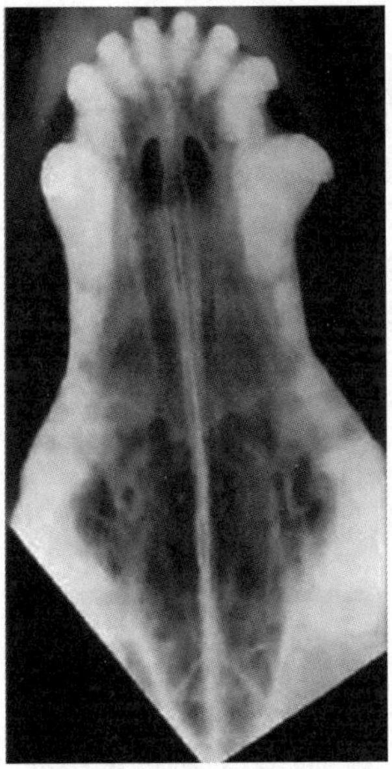

图 2-1 8 岁德牧正常鼻腔背腹侧 X 射线摄片

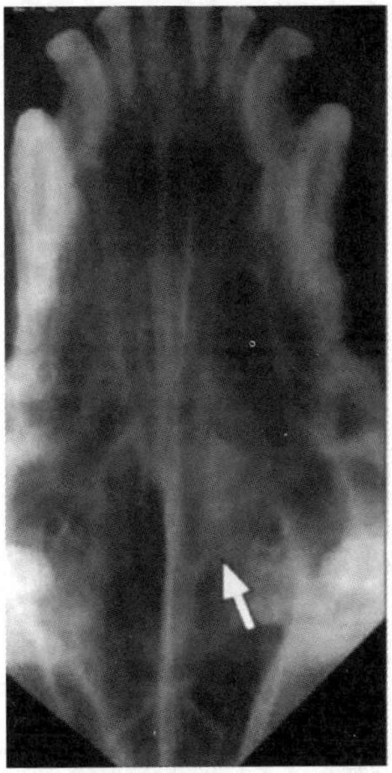

图 2-2 2 岁伯尔尼兹山地犬慢性增生性鼻炎鼻腔背腹侧投影

（感染侧鼻腔不透光）

6. 其他诊断

（1）鉴别诊断 要注意区分原发性和继发性鼻炎以及副鼻窦炎。

（2）慢性鼻炎病程长，病情时轻时重，长期流脓性鼻液，量时多时少，严重者，鼻黏膜溃烂，伴有副鼻窦炎时，常引起骨质性坏死和组织崩解，鼻液内可混有血丝，并有腐败性气味。呼吸困难，尤其运动后常出现两前肢叉开甚至张口呼吸，出现阵发性气喘并伴有鼻鼾明显等。

（三）治疗

1. 治疗原则

除去病因、抗菌消炎、局部用药。

2. 治疗方法

【治疗 1】 冲洗鼻腔、缓解鼻塞

（1）温热的生理盐水或 1%碳酸氢钠溶液冲洗鼻腔。

用法：每日 1~2 次。

说明：有大量稀薄鼻液的病例，可选用 1%明矾溶液或 2%~3%硼酸溶液或 0. 1%高锰酸钾溶液或 0. 1%鞣酸溶液冲洗鼻腔，每日 2 次。

（2）去甲肾上腺素滴鼻液（内含 0. 2%去甲肾上腺素、3%洁霉素、0. 05%倍他米松）滴鼻，缓解鼻塞。

用法：每日数次，使用 1~2 周后间断 1~2 周，避免长期用药。

说明：当鼻腔黏膜严重充血时，可用血管收缩药，如 1%麻黄碱滴鼻。

【治疗 2】 抗菌、消炎

氨苄西林，犬 25mg/kg。

用法：每日 2~3 次，肌内注射或口服。

说明：也可用头孢菌素 15~30mg/kg，每日 2~3 次，肌内注射或口服；或其他抗生素肌内或静脉注射。

【治疗 3】 激素治疗

地塞米松，0. 125~1mg/kg。

用法：口服或肌内注射，2 次/d。

说明：用于慢性鼻炎、过敏性鼻炎。

（四）预防

注意预防受寒感冒和其他致病因素的刺激，加强犬、猫的耐寒训练。对于继发性鼻炎，应及时治疗原发病。

二、喉炎

（一）特征

喉炎是喉部黏膜表层及深层的炎症。临床上以喉部敏感、肿胀、疼痛以及剧烈咳嗽为特征。一般根据病因可分为原发性和继发性喉炎，根据病程可分为急性和慢性喉炎。

（二）诊断

1. 问诊及主诉

（1）询问或了解是否发生过物理性刺激，如寒冷，有害气体或烟雾，犬、猫误咽异物损伤（如骨头、针及外界的刺伤等），温热的刺激，过度的鸣叫等。

（2）询问或了解感染病史，由于某些病毒（如犬瘟热病毒、猫鼻气管炎病毒、犬副流感病毒、犬腺病毒、犬腺病毒Ⅱ型等）及上呼吸道的感染可引起本病。

（3）询问或了解有无邻近器官的炎症，如鼻炎、咽炎、扁桃体炎、气管炎等。

2. 视诊

（1）剧烈的疼痛性咳嗽，初期为干咳，后期为湿咳。

（2）表情痛苦，呼吸困难，低头张口呼吸，可呈现缺氧症状，表现为可视黏膜发绀。

（3）严重患病犬、猫精神沉郁，可有食欲下降、体温升高、呼吸急促、脉搏增数等症状。

（4）发生严重的喉水肿者，可造成窒息。

3. 触诊

触诊喉部疼痛敏感，并可发生阵发性咳嗽。

4. 听诊

听诊喉部狭窄音或啰音。病程长，则声音变嘶哑。

5. 其他诊断

（1）鉴别诊断　与咽炎、气管炎、鼻炎等疾病进行鉴别诊断。咽炎时，主要表现为吞咽障碍；气管炎时，喉部一般不敏感，胸部听诊有各种啰音，且全身症状明显；鼻炎时，可见大量鼻涕，一般咳嗽不明显。

（2）慢性病例只在喉部受刺激时才出现阵发性咳嗽，喉部触诊多有压痛反应。一般无体温升高等全身症状。

（三）治疗

1. 治疗原则

消除炎症，对症治疗。

2. 治疗方法

【治疗 1】抗菌、消炎、止咳

（1）氨苄西林，犬 10~25mg/kg。

用法：2~3 次/d，肌内注射或口服。

说明：也可用头孢氨苄 15~30mg/kg，每日 2~3 次，肌内注射或口服。也可内服头孢拉定片剂。

（2）1%普鲁卡因 2mL、青霉素 20 万 IU，混合后进行喉部封闭注射。

用法：2 次/d，左右两侧交替进行。

说明：呛咳严重导致呼吸障碍时采用。

（3）磷酸可待因。

用法：犬 1~2. 2mg/kg，皮下注射，3~4 次/d；猫 0. 25~0. 4mg/kg，口服。

说明：用于干咳的病例。对出现湿咳的病例，可用川贝止咳糖浆或氨溴索口服液。

【治疗 2】中西医结合

（1）穴位注射。

用法：西药注射液均可穴位注射。

说明：常用的穴位有喉俞、大椎等。

（2）冰硼散。

用法：喉腔内喷雾。

说明：也可用金嗓子喉宝。还可用六神丸，3~6 丸，口服，2 次/d。

（四）护理

发现患犬或猫有临床症状后尽量减少其活动，并尽量待在室内。

三、气管麻痹

（一）特征

气管麻痹是指以气管颈段和胸段管腔伸缩的动力性减小、气管环变扁和萎陷为特点的疾病，又称气管萎陷，多发于犬。临床上以特征性“嗄”样咳嗽、触诊气管环变扁和呼吸困难为主要特征。气管麻痹分为先天性和后天性两种。

（二）诊断

1. 问诊及主诉

（1）询问或了解是否有先天性气管麻痹，如多发于先天性软骨钙化，小型观赏犬、短头犬种的先天性鼻孔狭窄和软腭过长症等。

（2）询问或了解是否有后天性气管麻痹，如严重支气管阻塞、支气管炎、细支气管炎等常可造成气管麻痹；慢性呼吸困难往往使气管疲劳易发生麻痹；气体交换量减少也可发生气管麻痹；另外，后天性骨软化症或严重缺钙症等都可造成气管麻痹。

2. 视诊

（1）在犬采食、饮水、运动时，发出特征性“嗄”样的干性间歇性咳嗽声，常表现为呼吸困难。

（2）表情痛苦，用力呼吸，出现明显的缺氧症状，表现为可视黏膜发绀。

（3）呼气延长、用力呼吸提示胸腔入口处的气管麻痹；吸气延长、用力呼吸提示颈部气管麻痹。换气不足出现体温升高时，容易引起犬的热射病。

3. 触诊

触诊颈部气管扁平。

4. 听诊

听诊可听到气管内的捻发音，呼气比吸气长并发出高亢的气管呼吸声。

5. 其他诊断

（1）鉴别诊断　应与咽喉麻痹或萎陷、鼻孔或气管狭窄、软腭延长、慢性支气管炎、传染性气管支气管炎、心脏代谢失调引起的慢性二尖瓣膜疾病相区别。

（2）X 射线检查　X 射线检查气管麻痹的侧面像为颈部后方到胸部前方的气管内腔变窄，气管背侧缘因麻痹而管壁模糊不清，腹侧缘清晰（图 2-3）。

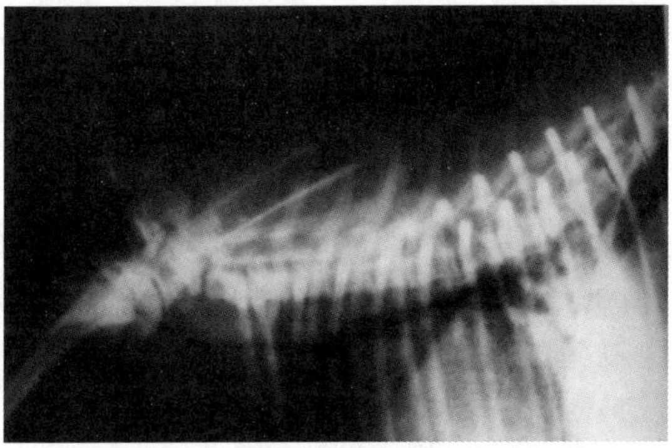

图 2-3　犬右卧胸侧位 X 射线检查

（颈部至胸部气管压扁性狭窄，胸腔入口处尤甚）

（三）治疗

1. 治疗原则

抗菌、消炎、止咳平喘及对症治疗。

2. 治疗方法

【治疗 1】抗菌、消炎、止咳平喘

（1）氨苄西林，犬 25mg/kg。

用法：2~3 次/d，肌内注射或口服。

说明：也可用头孢噻呋 15~30mg/kg，2~3 次/d，肌内注射或口服；或内服卡那霉素 30~50mg/kg，1 次/d。

（2）氨茶碱，10mg/kg。

用法：口服或肌内注射，2 次/d。

说明：可用盐酸麻黄碱 5~15mg/kg，口服，1~3 次/d；或地塞米松 0.5mg/kg，口服，1~2 次/d。

【治疗 2】喷雾疗法

1%异丙基肾上腺素 0.6mL，庆大霉素 100mg，卡那霉素 500mg，多黏菌素 60mL，生理盐水 5mL。

用法：溶解后经口腔喷雾，3 次/d，每次 20min。

四、咽喉水肿

（一）特征

咽喉水肿是指咽喉黏膜及黏膜下层积聚液体而引起的一种急性疾病。临床上以呼吸困难、黏膜发绀为特征。多发于短头犬种和肥胖犬。

（二）诊断

1. 问诊及主诉

（1）询问或了解患犬是否突然发病，并表现为明显的呼吸困难症状。

（2）询问或了解患犬是否在天气过热时出现剧烈运动或过度兴奋等而出现剧烈的浅表呼吸，喉头过度运动，而致咽喉充血、肿胀和水肿。

2. 视诊

（1）急剧呼吸困难，张口伸舌，黏膜发绀。

（2）咽部检查，发现咽或喉头软骨及声带浮肿，喉头侧室外翻。

（三）治疗

1. 治疗原则

以降温和减少分泌为治疗原则。

2. 治疗方法

【治疗 1】降温

一旦发病，立即用冰块温敷，冷水灌肠或冷水浴。

【治疗 2】减少分泌

硫酸阿托品，0.02~0.5mg/kg。

用法：皮下注射。

【治疗 3】

喉头侧室外翻，可施手术切除。

【治疗 4】中西医结合治疗

如咽喉水肿有窒息迹象者，可立即于喉俞穴（颈部腹侧，第 3、第 4 气管环之间正中处）处切开气管，并插入气管插管，待症状缓解后取出；如果病情稍缓，可将阿托品注入廉泉穴（下颌正中线上，喉头上方舌骨上缘交界的凹处）和喉俞穴。

（四）预防

夏季炎热天气防止短头犬和肥胖犬过度运动和过度兴奋。

五、肺气肿

（一）特征

肺气肿是肺的肺泡气肿和间质性气肿的总称。该病是肺组织弹力暂时性减退，肺脏极度扩张，充满气体，肺的体积增大。间质性肺气肿是指气体进入间质的疏松结缔组织中使间质膨胀。肺泡性肺气肿是指肺泡内空气量增多。临床上以呼吸困难、明显缺氧和肺部叩诊呈过清音为主要特征。本病犬、猫均可发生。可分为原发和继发两种。继发性肺气肿是作为慢性呼吸系统疾病的并发症而发生。

（二）诊断

1. 问诊

（1）询问或了解患宠是否有剧烈运动、急速奔跑、长期挣扎，使宠物出现急促的呼吸而发病。

（2）询问或了解患宠的年龄，如果是老龄宠，因其肺泡壁弹性降低而较容易发生本病。

（3）询问或检查患宠是否发生慢性支气管炎、支气管扩张等疾病而出现持续性咳嗽，从而发生继发性的肺气肿。

2. 视诊

（1）表现为呼吸困难、气喘、张口呼吸，明显的缺氧症状。

（2）可视黏膜发绀。

（3）精神沉郁，易疲劳。

（4）急性肺泡气肿病例可能会出现低而弱的咳嗽。

（5）慢性肺泡气肿病例主要表现为呼气性呼吸困难，呈现二重式呼气，即出现连续两次呼气动作。

3. 触诊

脉搏细数。

4. 叩诊

叩诊肺区空气含量过多而呈过清音，肺体积膨胀而出现清音叩诊界后移。

5. 听诊

听诊肺部肺泡音减弱，可听到啰音及捻发音。

6. 其他诊断

（1）鉴别诊断　本病应与肺水肿、气胸相区别。肺水肿表现为流出泡沫样鼻液，肺部叩诊为半浊音，而不出现过清音和叩诊界后移。气胸常突然发病，严重呼吸困难，叩诊胸廓出现单侧鼓音，病情迅速恶化，甚至窒息死亡。而肺气肿主要以呼吸困难、明显缺氧症状和肺部叩诊呈过清音为主要特征。

（2）继发性肺气肿往往伴发原发病的症状，同时诊断可能的原发病。

（3）X 射线检查　肺区透明、膈肌后移、支气管影像模糊（图 2-4）。

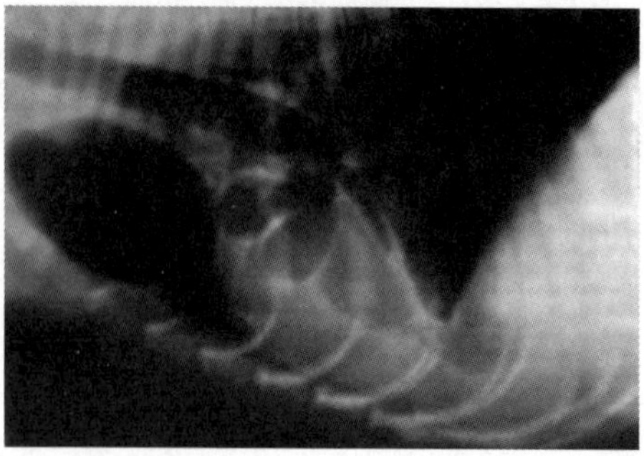

图 2-4　X 射线显示肺组织密度较正常减小，肺野下方有数个充气过度的气泡

（三）治疗

1. 治疗原则

积极治疗原发病，改善肺的通气和换气功能，控制心力衰竭。

2. 治疗方法

【处方 1】 改善肺通气量

吸氧。

用法：每天多次。

说明：可缓解呼吸困难和控制心力衰竭。

【处方 2】 扩张支气管

氨茶碱，10～15mg/kg。

用法：雾化，每日 1 次。

说明：也可用盐酸肾上腺素，0.1～0.5mg/kg。

【处方 3】 缓解肺气肿

氢氯噻嗪，2～4mg/kg。

用法：口服，2 次/d。

说明：同时补钾，将 10%氯化钾 0.2～0.5mL 用 5%～10%葡萄糖液稀释成 0.1%～0.3%溶液，静脉滴注。

【处方 4】 针灸治疗

白针肺俞和百会穴。

（四）预防

加强管理，避免宠物出现剧烈运动、急速奔跑、长期挣扎，并积极治疗原发病。

六、肺水肿

（一）特征

肺水肿是肺毛细血管内血液量异常增加，血液的液体成分渗漏到肺泡、支气管及肺间质内所引起的一种非炎性疾病。临床上以呼吸极度困难、流泡沫样鼻液为特征。本病犬、猫均可发生。

（二）诊断

1. 问诊及主诉

（1）询问或检查患宠是否发生充血性左心衰竭。

（2）询问或了解患宠是否存在过量静脉输液。

（3）询问或检查患宠机体是否存在引起肺毛细血管压增高的因素。

（4）询问或检查患宠是否发生低蛋白血症，如肝病时蛋白质合成能力下降、肾小球肾炎时的蛋白质丢失以及消化不良综合征等而发生本病。

（5）询问或检查患宠是否出现肺泡和毛细血管的渗透性增加，如出血性休克、氧中毒、癫痫发作、内毒素血症、微血栓、烟气吸入、败血症等导致本病的发生。

（6）询问或检查患宠是否出现诱发本病的诱因，如肺间质负压增加、肿瘤浸润引起的淋巴循环受阻，以及高海拔、麻醉、惊厥和药物等而诱发本病。

2. 视诊

（1）患病宠物表现为突然发病，高度混合性呼吸困难，头颈伸展，鼻翼扇动，甚至张口呼吸。

（2）呼吸次数明显增多，弱而湿的咳嗽。

（3）眼球突出，静脉怒张，结膜发绀，体温升高。

（4）两侧鼻孔流出大量泡沫状的鼻液。

3. 叩诊

胸部叩诊呈浊音。

4. 听诊

肺部听诊可听到广泛的水泡音。

5. 其他诊断

（1）鉴别诊断　本病应与热射病、弥漫性支气管炎和肺出血相区别。热射病时全身衰弱，体温极度升高，呼吸困难，并有中枢神经系统功能紊乱。弥漫性支气管炎缺乏泡沫状的鼻液。肺出血特征为两侧鼻孔流出含泡沫的鲜红色血液，同时黏膜呈进行性贫血。肺水肿主要以呼吸极度困难、流泡沫样鼻液为特征。

（2）X射线检查　胸部X射线检查，肺视野的阴影呈散在性的增强，呼吸道轮廓清晰，支气管周围增厚。如为补液量过大所致，肺泡阴影呈弥漫性增加，大部分血管几乎难以发现，如因左心功能不全并发肺水肿，肺门呈放射状。图 2-5 中猫肺水肿治疗前胸片正侧位显示：两肺门内带血管影像模糊不清，并有大量散在细微的颗粒状和结节状密度影，范围广泛；胸部缺乏层次，可能是胸腔少量积液所致。治疗第 3 天侧位胸片显示：心脏轮廓基本正常，肺内异常阴影基本消失（图 2-6）。

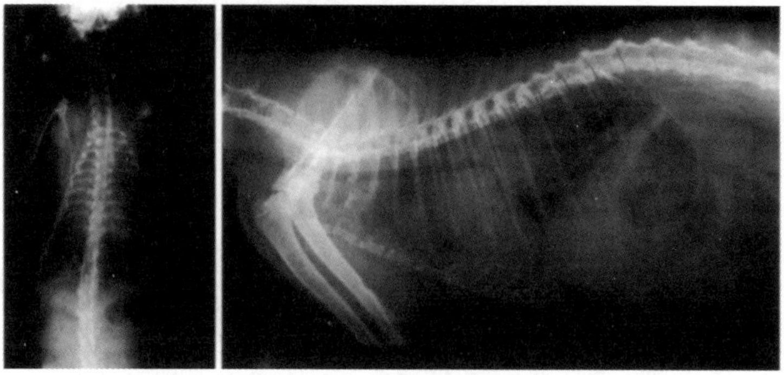

（1）正位　　（2）侧位

图 2-5　肺水肿治疗前胸片

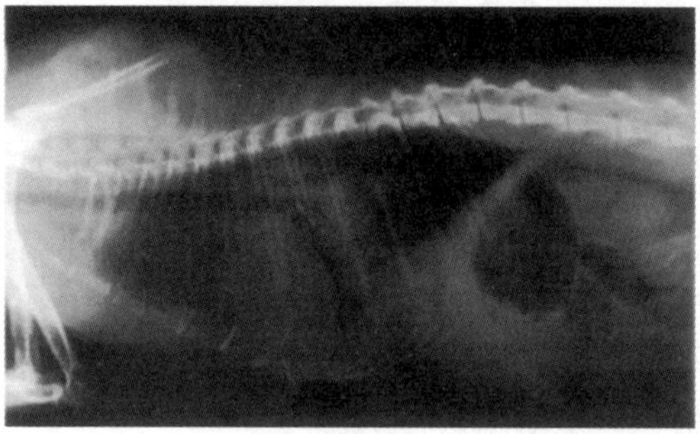

图 2-6　肺水肿治疗后胸片

（三）治疗

1. 治疗原则

除去病因，保持病宠安静，减轻心脏负担，缓解肺循环障碍，制止渗出，缓解呼吸困难。

2. 治疗方法

【治疗 1】缓解肺循环障碍

（1）呋塞米 2~4mg/kg。

用法：3~4 次/d，口服。

说明：也可用双氢克尿塞，1~2mg/kg，4~6 次/d，口服，利尿以降低肺毛细血管压。可适当使用镇静剂，可应用苯巴比妥，5~15mg/kg，肌内注射。为改善气体交换可输氧。

（2）氨茶碱，6~8mg/kg。

用法：口服。

说明：用于扩张支气管。

【治疗 2】制止渗出

葡萄糖酸钙注射液（10%），5~10mL。

用法：1 次/d。

说明：缓慢静脉注射，也可用 10%氯化钙溶液。对渗出性肺水肿，可用皮质类固醇，如地塞米松、甲强龙等。

（四）预防

应注意环境卫生，及时治疗可能引起肺水肿的各种疾病。避免刺激性气体和其他不良因素的影响。

七、肺出血

（一）特征

肺出血是肺动脉壁损伤、变性并伴有肺动脉压增高等因素所引起的一种疾病，临床上以咯血为主要特征。咯出的血液主要来自肺脏，其次来自支气管黏膜。

（二）诊断

1. 问诊及主诉

（1）询问或检查患宠是否发生可引起肺出血的疾病，如犬心丝虫病、肿瘤、结核、肋骨骨折、肺动脉压升高等。

（2）询问或检查患宠是否存在可能导致肺出血的病因，如突发性咳嗽、外伤、肺部炎症、淤血等。

2. 视诊

（1）突发性地从鼻和口腔流出鲜红色血液，并混有泡沫。

（2）出血量的多少因出血部位而异。

（3）重症者精神沉郁，脉搏加快，呼吸促迫，咳嗽。

（4）出血过多者，可视黏膜苍白，皮肤凉感，心跳加快，血压下降。

3. 听诊

听诊时可在肺、气管处听到湿性啰音。

4. 其他诊断

（1）鉴别诊断　本病应与鼻出血和胃出血进行鉴别诊断。鼻出血时流出血液中不含泡沫或只含数个大气泡。胃出血引起的呕血（吐血）呈暗红色，含有食物残渣，呈酸性反应。肺出血呈鲜红色，其中含有大量气泡，血液不凝固。

（2）同时诊断可能的原发病。

（3）X 射线检查　呈广泛的瘢片状浸润，患侧肺叶失去透明度（图 2-7 中箭头所示）。

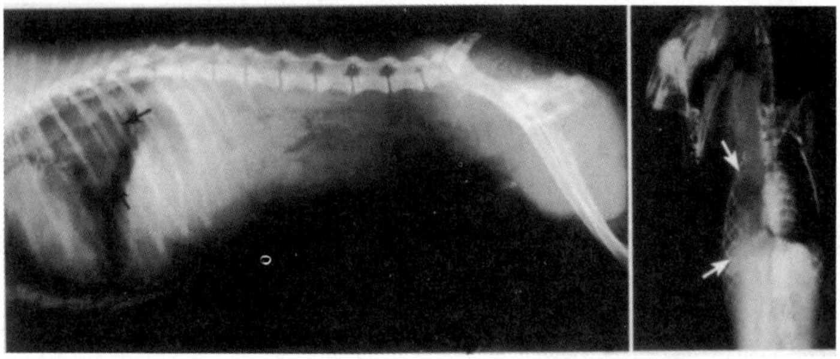

（1）侧位　（2）正位

图 2-7　犬肺出血

（三）治疗

1. 治疗原则

保持患宠安静，止血镇咳，防止继发感染，积极治疗原发病。

2. 治疗方法

【治疗 1】 促进血液凝固

1%～2%氯化钙，3～5mL。

用法：缓慢静脉注射。

说明：咳痰性出血，可给予维生素 K 500～1000mg，肌内注射，1 次/d。也可用酚磺乙胺（止血敏）止血，犬 2～4mL/次，猫 1～2mL/次，肌内注射或静脉注射。

【治疗 2】 消炎镇咳

盐酸麻黄碱，5～10mg。

用法：内服，1 次/d。

说明：也可用氨茶碱 10mg/kg，口服；泼尼松龙 0.5～1.0mg/kg，口服，1 次/d。

【**治疗3**】抗菌消炎，防止继发感染

头孢曲松钠（菌必治），25~30mg/kg。

用法：肌内或静脉注射，2次/d。

说明：也可肌内注射阿莫西林克拉维酸钾或头孢噻呋，25~30mg/kg，2次/d。可根据药敏试验结果来选择抗生素类药物。

（四）预防

加强饲养管理，避免犬、猫受到外伤，同时积极治疗可能引起肺出血的原发病。

八、胸膜炎

（一）特征

胸膜炎是胸膜发生炎性渗出和纤维蛋白沉积的炎症过程。以胸部疼痛、腹式呼吸、听诊胸膜摩擦音和胸部叩诊出现水平浊音为特征。原发性胸膜炎，犬、猫均较为少见。根据病程可分为急性和慢性两种；按病变的蔓延程度，可分为局限性和弥漫性；按渗出物的多少，可分为干性和湿性；按渗出物性质，可分为浆液性、浆液-纤维蛋白性、出血性、化脓性、化脓腐败性等。

（二）诊断

1. 问诊及主诉

（1）询问或了解是否发生过胸壁各种外伤、胸膜腔肿瘤，或受寒冷刺激等引起机体防御功能降低。

（2）询问或了解有无呼吸道或胸腔器官感染，如结核病、猫传染性胸膜炎、犬传染性肝炎、钩端螺旋体病、支气管肺炎、胸部食管穿孔、心包炎、淋巴结的炎性感染蔓延到胸膜而发生本病。

2. 视诊

（1）体温升高，常达40℃以上。

（2）呼吸加快，出现明显的浅表呼吸，呈腹式呼吸，有时咳嗽。

3. 触诊

触诊胸壁有明显疼痛感。

4. 叩诊

胸部叩诊呈水平浊音。若胸膜已发生广泛粘连或高度增厚，多于胸后上部出现浊音。

5. 听诊

胸部听诊有摩擦音，这种摩擦音因胸膜渗出物而减弱，有时可能听到拍水

音。若胸膜已发生广泛粘连或高度增厚，听诊肺泡音微弱。

6. 其他诊断

（1）鉴别诊断　应注意与胸腔积液和心包炎相鉴别。胸腔积液病情发展缓慢，体温不高，胸膜无炎症变化，胸腔穿刺液李凡他试验呈阴性。心包炎心搏动增强和心律失常，心包摩擦音与心跳一致。

（2）慢性胸膜炎表现为反复性微热、呼吸迫促。确诊需作胸腔穿刺或X射线检查。

（3）实验室检查

①血常规检查：白细胞总数增加，中性粒细胞比例升高，核左移，淋巴细胞相对减少。

②胸腔穿刺：有大量黄色易凝固的黏稠液体流出。内含大量红细胞（红色），多见于出血性胸膜炎；内含大量脓细胞，多见于化脓性胸膜炎。同时可对穿刺液进行检查，患胸膜炎时李凡他试验呈阳性，为渗出液。

③X射线检查：侧面像可见胸腔的腹侧部阴影度均匀增加，肺边缘X射线扇形（叶状）透过。站立位侧面像加背腹像最初心阴影不明显。X射线不能透过叶间裂缝。肺边缘离开胸壁，背腹及腹背像可见背和胸壁之间高密度的带状胸膜腔。背腹像带有钝圆形肋骨膜膈膜角。背腹、腹背及侧面像在心膜膈角可见部分或全部潴留液体。腹侧纵隔窦潴留液体厚度明显增加，肺和横膈之间潴留液体出现所谓“缎性横膈轮廓”（图2-8）。

④超声检查：可发现液体平面声影。

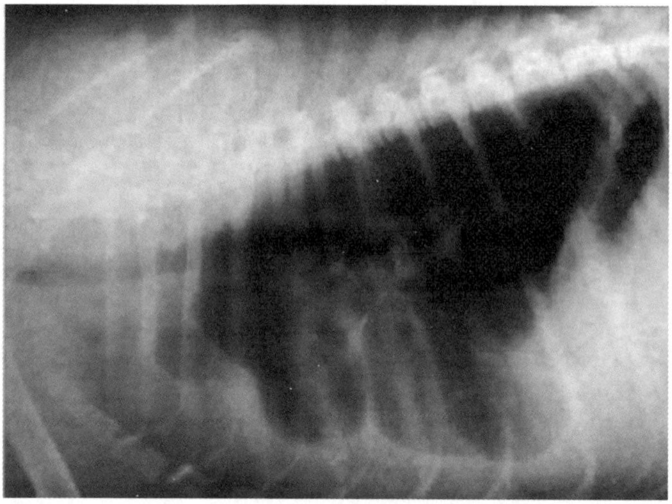

图2-8　患双侧胸膜炎的5岁雪那瑞犬侧面胸片

（三）治疗

1. 治疗原则

消除炎症，减轻疼痛，促进渗出物排除，制止渗出和支持疗法。

2. 治疗方法

【治疗 1】 消除炎症

头孢噻呋，15mg/kg。

用法：肌内或静脉注射，2 次/d。

说明：也可肌内注射阿莫西林克拉维酸钾或头孢氨苄 25~30mg/kg，2 次/d。

【治疗 2】 促进渗出物吸收

呋塞米，2~4mg/kg。

用法：口服，2 次/d，连用 2~3d；也可肌内注射，0.5~1.0mg/kg。

说明：也可用氢氯噻嗪口服，2~4mg/kg，1~2 次/d。

【治疗 3】 制止渗出

葡萄糖酸钙注射液（10%），10~20mL/次。

用法：1 次/d。

说明：缓慢静脉注射，也可用 10%氯化钙溶液。

【治疗 4】 促进渗出物排出

胸腔穿刺排液。

用法：参照技能训练中胸腔穿刺技术进行操作，排出积液后用 0.01%~0.02%呋喃西林或 0.1%雷佛奴尔等消毒液冲洗胸腔，然后再注入抗生素。

说明：胸腔积液过多，呼吸困难时采用。

（四）预防

加强饲养管理，供给平衡日粮，增强机体的抵抗力。防止胸部创伤，积极治疗原发病。

九、胸腔积液

（一）特征

胸腔积液是指胸腔内积聚有大量的漏出液，胸膜无炎性变化，又称胸水。一般不是独立的疾病，而是全身水肿的表现，同时伴有腹腔积液、心包积液及皮下水肿。临床上以呼吸困难、叩诊胸区呈水平浊音为特征，当胸部淋巴管破裂时，可发生单纯性胸腔积液。

（二）诊断

1. 问诊及主诉

（1）询问或检查是否患有阻碍血液和淋巴循环的疾病。如充血性心力衰竭、心内膜炎等心脏疾病；充血性肺水肿及肺脏的某些慢性病；或肿瘤而使静脉干受到压迫导致血液循环障碍。

（2）询问或了解是否患有长期消耗性疾病，引起慢性贫血、稀血症等。

（3）询问或了解是否有中毒发生，检查是否有胸腔内淋巴管扩张等疾病。

2. 视诊

特征的症状是呼吸困难，严重时甚至张口呼吸，呼吸浅表，呈现腹式呼吸。

3. 叩诊

叩诊时两侧胸部出现水平浊音界，其浊音界可随患犬体位的变动而改变。

4. 听诊

肺部听诊，浸在积液之下的部分呼吸音消失，但在积液上的部分呼吸音代偿性增强，呼吸音消失与增强交界处为一水平线；听诊心脏，听诊心音减弱或模糊不清，呈短脆的“滴答”声，心跳数正常，稍快或稍慢。

5. 其他诊断

（1）鉴别诊断　应注意同胸膜炎区别。胸膜炎有胸部疼痛、咳嗽、体温升高、听诊有摩擦音等症状，穿刺液为渗出液；而胸腔积液无上述症状，胸腔积液为漏出液。

（2）实验室检验

①胸腔穿刺：有大量无色或淡黄色的液体流出。穿刺液检查为漏出液，呈稀薄水样，透明清亮或微浑浊，无气味，静置不凝固，其中含有少量纤维蛋白条索或絮状片。

②X 射线检查：显示均匀浓度的水平阴影。

（三）治疗

1. 治疗原则

对症治疗，积极治疗原发病。

2. 治疗方法

【治疗 1】胸腔穿刺

胸腔穿刺排液。

用法：参照技能训练中胸腔穿刺技术进行穿刺排液，并注入适量抗生素和醋酸可的松等。

说明：用于积液过多伴有严重呼吸困难。

【治疗 2】利尿

氢氯噻嗪，2~4mg/kg。

用法：2 次/d，口服。

说明：也可用呋塞米，2~4mg/kg，2~3 次/d，静脉注射或口服。用于胸腔积液不多而促进漏出液的排出。

【治疗 3】强心剂

普萘洛尔，5~40mg/kg。

用法：1 次/8h。

说明：促进漏出液的吸收。

（四）预防

本病主要是循环系统疾病、低蛋白血症等因素引起的全身疾病的局部表现，因此，正确诊断和积极治疗原发病是预防本病的关键。

十、胸腔积血

（一）特征

胸腔积血是胸膜的壁层、胸腔内脏器官或横膈膜出血，使血液潴留于胸腔内的一种疾病，又称血胸。临床上以呼吸困难和贫血为特征。犬较猫多发。

（二）诊断

1. 问诊及主诉

（1）询问或检查患犬是否发生外伤，如肋骨骨折、胸壁透创等胸部创伤，肺血管肿瘤、肺挫伤，胸腔手术时造成血管破裂、横膈膜疝引起肺脏或横膈膜出血以及膈疝伴有脾或肝脏破裂等。

（2）询问或检查患犬有无血液凝固异常、双香豆素中毒、骨髓造血功能降低等疾病。

2. 视诊

（1）宠物表现为明显的腹式呼吸，呼吸浅表而困难。

（2）出血严重者可出现出血性休克，突然虚脱、四肢发凉、脉搏细而弱，可视黏膜苍白或发绀。

3. 叩诊

胸部叩诊呈浊音。

4. 听诊

听诊肺泡音减弱，心跳快而弱。

5. 其他诊断

（1）鉴别诊断　与胸膜炎和胸腔积液鉴别。均表现为呼吸困难，但胸腔积血时穿刺液为血液。胸膜炎有胸部疼痛、咳嗽、体温升高，听诊有摩擦音等症状，穿刺液为渗出液。而胸腔积液无上述症状，穿刺液透明，为漏出液。

（2）同时诊断可能的原发病　是否为外伤引起的出血，与血液凝固异常、双香豆素中毒、骨髓造血功能降低有关因素。

（3）实验室检查

①胸腔穿刺：穿刺液为血液，可凝固，与外周血液性质相同。

②X 射线检查：可见到胸腔内有积液阴影。

（三）治疗

1. 治疗原则

止血，积极治疗原发病及抗休克治疗。

2. 治疗方法

【治疗 1】 止血

酚磺乙胺，10~40mg/kg。

用法：肌内注射。

说明：同时应用广谱抗生素，全身用药，预防继发感染。

【治疗 2】 穿刺排血

胸腔穿刺排液，抽出积血，同时给氧。穿刺后应胸腔内注入青霉素和链霉素。

用法：参照技能训练中胸腔穿刺技术进行操作，同时给氧，穿刺后胸腔内注入抗生素。

说明：胸腔出血较多时采用。

（四）预防

防止胸部创伤，注意预防继发感染。

十一、胸腔积脓

（一）特征

胸腔积脓是胸腔内化脓性感染而引起胸腔内脓液潴留的一种疾病，又称脓胸或化脓性胸膜炎。临床上以呼吸困难、胸壁疼痛和胸腔穿刺脓性渗出物为特征。犬、猫均可发生，且常见于幼犬和中年犬、中等犬和大型犬、运动犬和猎犬，公犬比母犬易患。

（二）诊断

1. 问诊及主诉

（1）询问或检查患宠是否患有支气管肺炎、肺部脓肿、很深的（咬）外伤、食管穿孔或化脓性胸膜炎。

（2）询问或了解患宠是否有异物如草芒通过肺或胸壁进入胸腔而发生胸壁透创。

2. 视诊

（1）精神沉郁，食欲废绝、体温升高，呼吸困难，呈腹式呼吸和张口呼吸。

（2）伴有痛苦的咳嗽。

3. 触诊

触诊胸腔有疼痛感，肢体外展。

4. 听诊

听诊肺泡音减弱，心跳快而弱；肺泡听诊区移向胸部背侧。

5. 血细胞检查

白细胞明显升高，中性粒细胞增加。

6. 其他诊断

（1）鉴别诊断　与胸腔积液和胸腔积血鉴别。均表现为呼吸困难，但胸腔积液穿刺液透明为漏出液。胸腔积血时穿刺液为血液，且二者无胸腔疼痛。胸腔积脓穿刺液检查为有脓样渗出液。

（2）胸腔穿刺液检查　有脓样渗出物。

（三）治疗

1. 治疗原则

促进脓汁的排出，并积极治疗原发病。

2. 治疗方法

【治疗 1】穿刺排脓

胸腔穿刺排脓和清洗。

用法：参照技能训练中胸腔穿刺技术进行操作，同时给氧，穿刺排脓后，用 0.1%雷佛奴尔冲洗胸腔，然后胸腔内注入抗生素。

说明：根据细菌培养和药敏试验结果，应用高敏抗生素注入胸腔，然后肌内注射或静脉注射以维持药效。为加速脓汁的溶解和吸收，可胸腔内注射蛋白溶解酶。呼吸困难时，可以输氧。胸腔出血较多时采用。

【治疗 2】抗菌消炎

头孢唑啉钠，15~30mg/kg。

用法：肌内或静脉注射，2~3 次/d。

说明：也可用阿米卡星。犬为 5～15mg/kg，1～3 次/d；猫为 10mg/kg，3 次/d，肌内注射或皮下注射。甲强龙，2mg/kg，肌内注射。

(四) 预防

积极治疗支气管肺炎、肺部脓肿等胸部疾病，并防止宠物发生胸部外伤及食管穿孔等疾病，可预防本病的发生。

十二、乳糜胸

(一) 特征

乳糜胸是指胸腔内潴留乳糜的疾病。可发生于任何年龄的犬、猫，深胸品种犬可能更易发。临床上以胸腔内积有淋巴液、含乳糜微粒为特征。

(二) 诊断

1. 问诊及主诉

(1) 询问或检查患宠是否发生致使胸导管阻塞的疾病，如外伤、纵隔的肿瘤、炎症、浸润、糜烂和坏死。

(2) 询问或检查患宠是否发生右侧胸横膈膜疝。

(3) 询问患宠是否发生呕吐、咳嗽等症状而导致胸腔内压变化。

(4) 询问或检查患宠是否发生淋巴管及扩张的淋巴管分支破裂等病理性改变。

(5) 询问或检查患宠是否存在胸导管和前腔静脉联系不佳，胸导管静脉开口形成血栓，纵隔部胸导管形成囊泡等病理性改变。

2. 视诊

(1) 呼吸困难，呈腹式呼吸，可视黏膜苍白，突然虚脱。

(2) 外伤性乳糜胸，数日至 2 周以后出现症状。

(3) 部分病例在胸部和腹侧有浮肿。

3. 叩诊

叩诊肺区有浊音。

4. 听诊

听诊肺泡音减弱或消失。

5. 其他诊断

(1) 鉴别诊断　临床上仍要与肺部感染和纵隔肿瘤等疾病相区别。可通过穿刺液的检验进行鉴别。临床有时会见到胸腔内潴留液从外观上看类似乳糜样的液体，内含脂肪变性的肿瘤细胞、结核、炎症产物和胆固醇等，只要通过苏丹Ⅲ染色检查为阴性，即可区别，这种病例称为假性乳糜胸。

（2）实验室检验

①血液学检查：有时淋巴细胞、嗜酸性粒细胞减少。

②胸腔穿刺液检查：乳糜呈乳白色，奶样，无臭味。

③苏丹Ⅲ染色：显微镜下可见乳糜微粒及明显的橙染脂肪球。

④乳糜涂片染色：可见大量淋巴细胞，偶见中性粒细胞。

⑤乙醚溶液试验：乳糜液中加乙醚振荡，乳糜微粒溶解变透明。

（三）治疗

1. 治疗原则

控制乳糜液产生和感染，以及对症治疗。

2. 治疗方法

【治疗 1】控制乳糜液

胸腔穿刺，导出过多的乳糜液。参照技能训练中胸腔穿刺技术进行操作。

说明：乳糜液导出后，必须同时给予吸氧疗法。病情严重者，应通过静脉补给葡萄糖、电解质、氨基酸及脂溶性维生素等。饲喂高糖低脂肪类的食物可减少乳糜产生的数量并改变乳糜渗漏的特性。

【治疗 2】加减五子利胸汤

车前子、枸杞子、菟丝子、五味子、葶苈子、大黄、黄芪、茯苓。

用法：水煎服，每日 1 剂。

说明：有关方剂用量，小型犬为 2～5g，中型犬为 5～10g，大型犬为 10～30g。猫参考犬的 1/3～1/2 量运用。

（四）预防

防止宠物胸部外伤的发生，并积极治疗原发病，可预防本病的发生。

任务二　以咳嗽为主症的疾病

任务描述

学习以咳嗽为主症疾病的相关知识，参加相关临床病例的诊疗，分析临床案例。

案例分析

案例 1

苏格兰牧羊犬，2 岁，雄性，体重 27.4kg。主诉发病 11d，少食，不愿活动，喘，咳嗽，脓性眼眵，鼻镜干燥，曾在宠物医院按犬瘟热给予犬瘟热单克隆抗体和病毒唑等治疗 3d，但无好转。2d 前开始不吃。常规免疫，每年驱虫 2 次，平日饲喂犬粮。T：39.8℃，P：142 次/min，R：84 次/min。精神沉郁，消瘦，被毛蓬乱、无光泽，鼻镜干燥、龟裂，脓性鼻液，结膜蓝紫色，巩膜有树枝状充血，脓性眼眵。呼吸急速，呈呼气性呼吸困难，喉部触诊弱痛咳，口腔和喉部黏膜发绀。腹部触诊柔软。胸部叩诊较正常音响高朗，局部有过清音。肺部听诊干性啰音、小水泡音和捻发音，心音较弱、急速，伴有节律不齐。X 射线检查可见纹理较粗的支气管，无病灶性阴影，但有个别的异常透明区。血液学检查可见：白细胞 17.4×10^9 个/L［正常（6～17）$\times10^9$ 个/L］，淋巴细胞百分率 20%（正常 12%～30%），中性粒细胞百分率 78%（正常 60%～75%），红细胞 6.7×10^{12} 个/L［正常（5.5～8.5）$\times10^{12}$ 个/L］，血红蛋白 12.24g/100mL（正常 11～19g/100mL）。请诊断该犬得了什么病。

诊治方案：根据宠物的临床症状，体温、脉搏、呼吸数均有不同程度的升高，有脓性鼻液、呼吸困难，有痛咳的表现，叩诊异常不明显，听诊有干啰音情况。结合血液学检查及影像学化检查，可以诊断该犬患有气管支气管炎。治疗方案是抗菌消炎、制止渗出、促进渗出物的排出，维持呼吸和代谢。

案例 2

大丹犬，2 岁，雄性，体重 36.3kg。主诉发病 11d，少食，不愿活动，咳嗽，脓性眼眵，鼻镜干燥，曾在宠物医院按犬瘟热治疗 3d，每天肌内注射犬瘟热单克隆抗体、转移因子和拜有利，但无好转。常规免疫，每年驱虫 2 次，平日饲喂犬粮。T：40.8℃，P：131 次/min，R：67 次/min。体格中等，精神沉郁，被毛蓬乱、无光泽，消瘦，鼻镜干燥皲裂，脓性鼻液，可视黏膜发绀，巩膜有树枝状充血，脓性眼眵。呼吸急速，呈混合性呼吸困难，喉部触诊敏感、咳嗽。胸部叩诊灶性浊音、半浊音，局部有过清音。肺部听诊局灶性肺泡呼吸音减弱或消失，有时可听到干性啰音、小水泡音和捻发音，心音急速。腹部触诊柔软。X 射线检查可见肺纹理较粗，肺野大小不等的云絮状阴影。血液学检查可见：白细胞 19.3×10^9 个/L，淋巴细胞百分率 14%，中性粒细胞百分率 79%，红细胞 6.1×10^{12} 个/L，血红蛋白 11.7g/100mL。请诊断该犬得了什么病。

诊治方案：根据患犬体温升高、咳嗽、脓性眼眵、鼻镜干燥皲裂、脓性鼻液、黏膜发绀、呼吸困难、胸部叩诊局灶性浊音区等临床表现，听诊及触诊，影像学检查肺纹理中出现絮状阴影，血液学检查白细胞升高，可以判断该犬患有小叶性肺炎。治疗方案是抗菌消炎，祛痰止咳平喘，制止渗出。

案例 3

犬，2 岁，雄性，体重 27.4kg。主诉发病 5d，开始少食，2d 后开始不吃，不愿活动，喘，咳嗽，脓性眼眵，鼻镜干燥，曾给予清开灵 20.0mL、生理盐水 100.0mL 混合静脉注射，铃兰欣 2.0g、生理盐水 100.0mL 混合静脉注射，但无好转。常规免疫，每年驱虫 2 次，平日饲喂犬粮。T：39.8℃，P：142 次/min，R：84 次/min。体格中等，精神沉郁，消瘦，被毛蓬乱、无光泽，鼻镜干燥、皲裂，脓性鼻液，结膜蓝紫色，巩膜有树枝状充血，脓性眼眵。呼吸急速呈呼气性呼吸困难，口腔黏膜发绀。胸部叩诊大面积浊音。肺部听诊干性啰音、小水泡音和捻发音，心音较弱、急速。X 射线检查可见肺广泛的阴影。血液学检查可见：白细胞 18.6×10^9 个/L，淋巴细胞百分率 10%，中性粒细胞百分率 78%，红细胞（6.3×10^{12} 个/L，血红蛋白 11.4g/100mL。请诊断该犬得了什么病。

诊治方案：根据患犬咳嗽、体温升高、呼吸及脉搏加快、脓性鼻液、结膜发绀、呼吸困难，胸部叩诊大面积浊音区、听诊有啰音，X 射线检查可见肺广泛阴影，血液学检查白细胞数明显升高等特点，判断该犬患有大叶性肺炎。治疗方案是抗菌消炎、止咳平喘祛痰，制止渗出，促进代谢及维持呼吸。

案例 4

苏格兰牧羊犬，2 岁，雄性，体重 20.4kg。主诉发病 1d 前吃食过程中突然出现剧烈咳嗽，家中饲养犬 5 只，平日在一起吃食，饲喂玉米面粥、猪肺等。T：39.8℃，P：151 次/min，R：77 次/min。体格中等，精神沉郁，营养较好，被毛光顺，鼻镜干燥、皲裂，脓性鼻液，结膜蓝紫色，巩膜有树枝状充血，脓性眼眵。呼吸急速，呈混合性呼吸困难，口腔黏膜发绀，腹部触诊柔软。胸部叩诊，胸前下部局灶性半浊音、浊音。肺部听诊干性啰音、小水泡音和捻发音。心音较弱、急速。X 射线检查可见肺门区沿着肺纹理分布云絮状阴影，肺叶下部团块状密度不均匀阴影，呈蜂窝状或虫蚀状。血液学检查可见：白细胞 19.4×10^9 个/L，淋巴细胞百分率 16%，中性粒细胞百分率 78%，红细胞 6.7×10^{12} 个/L，血红蛋白 12.1g/100mL。请诊断该犬得了什么病。

诊治方案：根据患宠突然发病、剧烈咳嗽、有脓性鼻液、结膜发绀、脓性眼眵，叩诊各种啰音、捻发音，X 射线检查肺部有明显絮状阴影、蜂窝状阴影，血液学检查变化比较明显，可以判断该犬患有异物性肺炎。治疗方案是抗菌消炎，促进渗出物的排出，制止渗出，促进呼吸。

相关知识

以咳嗽为主症的常见内科疾病主要有感冒、气管支气管炎、支气管肺炎、大叶性肺炎、异物性肺炎。此外，咽炎、扁桃体炎、左心衰竭、呼吸器官肿瘤以及肺丝虫病等也可出现咳嗽症状。

一、感冒

（一）特征

感冒是由于机体受风寒侵袭而引起的以上呼吸道黏膜为主的急性发热性全身性疾病。临床上以咳嗽、流鼻液、喷嚏、羞明流泪和不同程度的体温升高为特征。无传染性，本病多发生于气候多变的季节，是呼吸器官常发病，尤以幼龄犬、猫多发。

（二）诊断

1. 问诊及主诉

（1）询问或了解患宠是否受到某些不利因素的影响，如饲养管理不当、营养不良、长途运输、过度疲劳等而导致机体抵抗力下降。

（2）询问或了解患宠是否突然受寒冷刺激，如风吹雨淋，以及洗澡后受寒。

2. 视诊

（1）发病较快，常发咳嗽。

（2）结膜潮红充血伴轻度肿胀。

（3）初期流浆液性鼻液，后变黄色黏稠（图 2-9）。

（4）鼻窦黏膜高度肿胀时，由于鼻腔狭窄，出现呼吸困难。

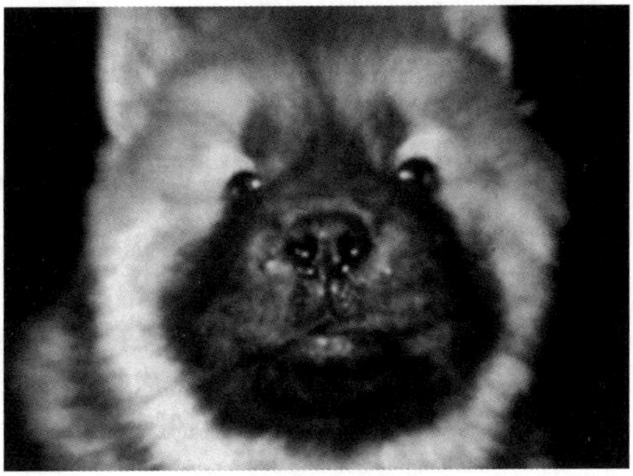

图 2-9 感冒患犬
（两侧鼻孔浆液性鼻液）

3. 触诊

触诊皮肤温度不均，四肢末端以及耳尖发凉。

4. 听诊

胸部听诊，肺泡呼吸音增强，心音增强，心跳加快。

5. 其他诊断

应注意与犬瘟热的初期进行鉴别诊断。本病与犬瘟热早期症状十分相似，都表现为咳嗽及鼻流清涕，但感冒患犬一般不会出现犬瘟热发病初期特有的上下眼睑和睫毛均被泪液浸湿的现象。

（三）治疗

1. 治疗原则

解热、抗菌和抗病毒。

2. 治疗方法

【治疗 1】 解热

氟尼辛葡甲胺，2.5mg/kg。

用法：肌内注射，3 次/d。

说明：也可用柴胡注射液 2.0mL 进行肌内注射。

【治疗 2】 抗菌消炎

头孢氨苄，11~33mg/kg。

用法：内服，3 次/d。也可皮下注射、肌内注射、静脉注射，35mg/kg，3 次/d。

说明：也可用氨苄西林、新霉素、庆大霉素、阿莫西林克拉维酸钾或其他广谱抗生素静脉或肌内注射。

【治疗 3】抗病毒

病毒灵（盐酸吗啉胍），25~50mg/kg。

用法：内服，2 次/d。

说明：也可应用病毒唑、板蓝根冲剂和感冒冲剂等。可适当配合维生素 C、地塞米松等。

（四）预防

改善饲养管理、加强营养以提高机体抗病能力，此外，犬剧烈运动及洗澡后注意保暖，以防受寒感冒。

二、气管支气管炎

（一）特征

气管支气管炎是气管、支气管黏膜表层或深层的炎症。临床上以咳嗽、胸部听诊有啰音、流鼻液为主要特征。单纯性支气管炎比较少见，通常是先发生气管炎后继发支气管炎及细支气管炎，因此称之为气管支气管炎。本病可发生于任何年龄，但老龄和幼龄犬、猫较多见。多发生于春秋季节和气温骤变时。

（二）诊断

1. 问诊及主诉

（1）询问或了解是否发生过物理性刺激，如寒冷、有害气体或烟雾、异物的刺激、过度的鸣叫等。

（2）询问或了解感染病史，由于某些病毒（如犬瘟热病毒、猫鼻气管炎病毒、犬副流感病毒、犬腺病毒等）及细菌（嗜血杆菌、链球菌、葡萄球菌、肺炎球菌等）等的感染所致。

（3）询问或了解有无上呼吸道或肺部炎症的蔓延、有无心脏的异常扩张、某些过敏性疾病（如花粉、有机粉尘等变应原所致的过敏）等。

2. 视诊

（1）病初为带痛的干咳，后转为湿咳。严重时为痉挛性咳嗽，在早晨尤为严重。

（2）有时有鼻液，开始为浆液性，以后逐渐变为黏液性或脓性。

（3）若炎症蔓延到细支气管，体温持续升高，脉搏频数，有明显的呼吸困难。

（4）重症者，可出现呼吸急促，可视黏膜发绀，呈腹式呼吸。

3. 听诊

肺部听诊可听到气管、支气管干性或湿性啰音。

4. 其他诊断

(1) 鉴别诊断　应注意与鼻炎、喉炎、肺炎等呼吸系统疾病相鉴别。

(2) 慢性气管支气管炎　全身体况表现正常。临床上咳嗽的变化较大，可听到粗粝的、突然发作的痉挛性咳嗽。在运动、采食、夜间和早晚咳嗽尤为剧烈，甚至引起气管痉挛。当支气管扩张时，咳嗽后有大量腐臭液外流，严重者出现吸气性呼吸困难，直至死亡。

(3) 实验室诊断　重症犬、猫白细胞总数增高，中性粒细胞增加及核左移。病情缓解期可见单核细胞、淋巴细胞升高。嗜酸性粒细胞增多，多见于寄生虫性或过敏性支气管炎。

(4) X 射线诊断　急性支气管炎可见沿气管有斑状阴影，慢性支气管炎可见肺纹理增强。支气管周围有圆形 X 射线不能透过的部分。

(5) 支气管镜检查　可见在支气管内有呈线状或充满管腔的黏液，黏膜粗糙增厚。气管、支气管清洗采样检查，方法：硫酸阿托品 5mg 进行肌内注射，舒泰麻醉合剂 0.3~0.5mL 肌内注射，犬、猫进入麻醉后，插入气管插管。取 14~16 号注射针头透过插管插到气管或支气管。根据犬、猫的大小，注入 1~5mL 灭菌生理盐水，然后吸出。重复数次，回收 0.5mL 清洗液，用于细菌或真菌培养或直接涂片镜检，以利于诊断和治疗。

(三) 治疗

1. 治疗原则

治疗原则是消除炎症，祛痰止咳，强心补液，抗过敏。

2. 治疗方法

【治疗 1】祛痰止咳

磷酸可待因，1~2mg/kg。

用法：口服，2 次/d。

说明：干咳时适用。分泌物多时，氯化铵 0.15~0.3g/kg，口服，3 次/d；严重气喘时可肌内注射氨茶碱或麻黄碱。慢性支气管炎，用碘化钾 0.2~1.9mg/kg，口服，2~3 次/d；对乙酰半胱氨酸，每次 0.1~0.2g，3 次/d，或用化痰药行气雾疗法。

【治疗 2】抗菌、消炎

头孢氨苄，0.2g。

用法：内服，3 次/d。

说明：也可用氨苄西林、新霉素、庆大霉素、头孢菌素或其他广谱抗生素静脉或肌内注射。

【治疗 3】抗过敏

地塞米松，0.5~1mg/kg。

用法：肌内注射，1 次/d，连用 3~5d。

说明：用于特异性变态反应引起的气管及支气管炎。也可用扑尔敏、苯海拉明等药物，以抑制变态反应。

（四）预防

加强饲养管理，提高机体抗病能力；严格按免疫程序进行各种疫苗接种，按时驱虫；加强卫生管理，保持环境、宠舍和宠物用具等的清洁卫生，避免化学、物理等因素的刺激，保护呼吸道的自然防御功能，积极治疗原发病。

三、支气管肺炎

（一）特征

支气管肺炎是支气管周围个别小叶或几个肺小叶发生的卡他性炎症，又称小叶性肺炎或卡他性肺炎。临床上以弛张热型、呼吸次数增多、叩诊有局灶性浊音区、听诊有啰音和捻发音为特征。多见于老龄和幼龄的犬、猫。

（二）诊断

1. 问诊及主诉

（1）询问或了解患宠是否受到某些不利因素的影响，如饲养管理不当、营养不良、长途运输、过度疲劳等而导致机体抵抗力下降。

（2）询问或了解患宠是否吸入异物（如药物）、呕吐物或其他刺激性气体或液体而引起损伤。

（3）询问或了解感染病史。了解是否由于某些病毒（如犬瘟热病毒、犬腺病毒、犬疱疹病毒）、细菌（如金黄色葡萄球菌、溶血性链球菌、肺炎球菌等）、真菌（如白色念珠菌、组织胞浆菌、球孢子菌）以及寄生虫（如弓形虫、猫圆线虫、并殖吸虫、蛔虫及钩虫的幼虫）等的感染所致。

2. 视诊

（1）流鼻液，先为浆液性，后为黏液性或脓性。

（2）咳嗽，常为短速的浅咳。

（3）可视黏膜潮红或轻度发绀。

（4）呼吸增数，节律改变，以腹式呼吸为主。

3. 叩诊

肺泡呼吸音消失区叩诊出现浊音区，表现局灶性浊音区。有时因病变部位较深，重叩才能发现。

4. 听诊

病初局部肺泡呼吸音增强，局部听到湿啰音及捻发音。随病程发展，肺泡呼吸音减弱直至消失，但肺泡呼吸音消失区周围的肺泡呼吸音增强，心跳加快。

5. 其他诊断

（1）鉴别诊断　本病应与支气管炎、大叶性肺炎相区别。支气管炎热型不定，咳嗽剧烈，因继发肺气肿，胸部叩诊呈现过清音甚至鼓音。大叶性肺炎多呈稽留高热，病程更为急促，胸部叩诊呈现大片浊音区，X 射线检查可见明显的广泛的阴影。而小叶性肺炎多为弛张热型，肺部叩诊出现大小不等的浊音区，X 射线检查有斑片状或斑点状的渗出性阴影。

（2）实验室检验

①血液学检验：白细胞总数增加，中性粒细胞增加，核左移，单核细胞增多。

②X 射线检查：可见肺纹理增强，伴有小片状的模糊阴影（图 2-10、图 2-11）。

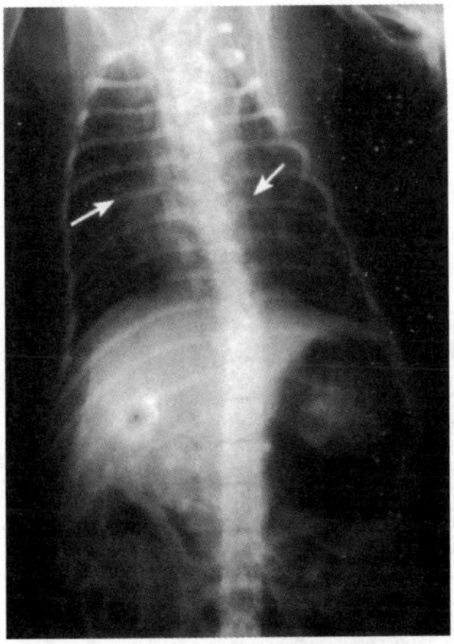

图 2-10　小叶性肺炎腹背位胸片

（心肺界限消失。两肺门上中部沿支气管或细支气管可见多发大小不等点状渗出阴影向肺门外延伸成大片斑点状弥漫性分布。两肺门纹理增多、增粗和模糊，斑片状弥漫渗出，阴影边缘不清）

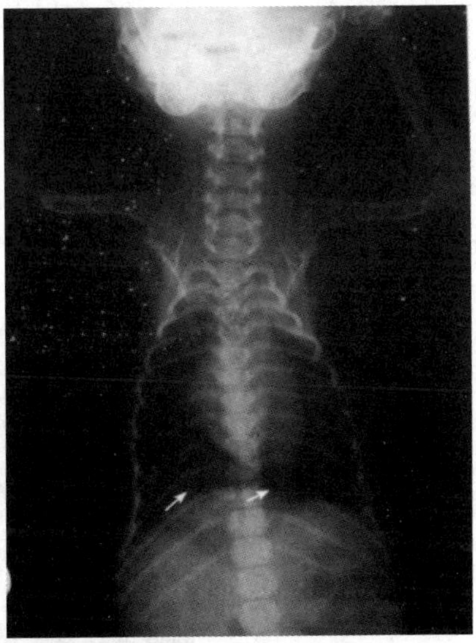

图 2-11　小叶性肺炎腹背位

（心尖肺门下，膈叶为斑片，云絮状密高影，沿肺门支气管分布，边缘不清，右侧较重）

（三）治疗

1. 治疗原则

抗菌消炎，祛痰止咳，制止渗出和促进渗出物吸收及对症支持疗法。

2. 治疗方法

【治疗 1】抗菌消炎

头孢噻呋，20mg/kg。

用法：肌内或静脉注射，2 次/d。

说明：也可肌内注射阿莫西林克拉维酸钾或头孢曲松 25～30mg/kg，2 次/d。

【治疗 2】制止渗出

葡萄糖酸钙注射液（10%），10～20mL/次。

用法：1 次/d。

说明：缓慢静脉注射，也可用 5%氯化钙溶液代替。

【治疗 3】促进渗出物吸收

呋塞米，2～4mg/kg。

用法：口服，2 次/d，连用 2～3d；也可肌内注射，0.5～1.0mg/kg。

说明：也可用氢氯噻嗪口服，2～4mg/kg，1～2 次/d。

【治疗 4】解热

氟尼辛葡甲胺，2.5mg/kg。

用法：肌内注射，3 次/d。

说明：也可用柴胡注射液进行肌内注射。用于体温升高病例。此外，出现缺氧症状的患病犬、猫，可使用便携式输氧袋，以面罩或鼻导管给氧（图 2-12）。

图 2-12　患支气管肺炎幼龄拳师犬应用鼻导管给氧治疗

（四）预防

加强饲养管理，避免感冒，减少应激因素的刺激，增强机体的抗病能力。

四、大叶性肺炎

（一）特征

大叶性肺炎是整个肺叶发生的急性炎症过程。由于肺泡内有纤维蛋白渗出物，又称为纤维蛋白性肺炎或格鲁布性肺炎。临床上以高热稽留，呼吸困难，铁锈色鼻液和肺部广泛性浊音区为特征。

（二）诊断

1. 问诊及主诉

（1）询问或了解患宠是否受到某些不利因素的影响，如受寒感冒、长途运输、过度疲劳等而导致机体抵抗力下降。

（2）询问或了解感染病史了解是否由于某些病毒（如腺病毒Ⅱ型）、细菌（如金黄色葡萄球菌、溶血性链球菌、肺炎双球菌等）、真菌以及寄生虫（如弓形虫、猫圆线虫、并殖吸虫、蛔虫及钩虫的幼虫）等的感染所致。

（3）询问或了解患犬是否吸入了某些过敏原、异物、花粉等而诱发本病。

2. 视诊

（1）呈进行性呼吸困难，并伴有明显的腹式呼吸及严重的缺氧症状。

（2）鼻镜干燥，常流铁锈色鼻液。

（3）可视黏膜潮红或发绀。

（4）有时出现剧烈的疼痛性咳嗽。

3. 触诊

体温明显升高，呈稽留热型。

4. 叩诊

叩诊病变部呈大片浊音区。

5. 听诊

肺部听诊，初期听诊呼吸音减弱，以后可听到湿性啰音。心脏听诊心跳加快。

6. 其他诊断

（1）鉴别诊断　本病应与小叶性肺炎、胸膜炎相区别。小叶性肺炎多为弛张热型，肺部叩诊出现大小不等的浊音区，X 射线检查有斑片状或斑点状的渗出性阴影。胸膜炎热型不定，听诊有胸膜摩擦音，触诊胸部疼痛，有大量渗出液时，叩诊呈水平浊音，胸腔穿刺大量渗出液流出。而大叶性肺炎多呈稽留高热，铁锈色鼻液，病程更为急促，胸部叩诊呈现大片浊音区，X 射线检查可见明显的广泛阴影。

（2）实验室检验

①实验室检查：白细胞总数增高，核左移，红细胞沉降反应加速。血小板减少。淋巴细胞减少。

②X 射线检查：充血期仅见肺纹理增重，肝变期发现肺脏有大片均匀的浓密阴影，溶解期表现散在不均匀的片状阴影。经 2~3 周，阴影完全消散。

（三）治疗

1. 治疗原则

抗菌消炎，制止渗出及对症支持疗法。

2. 治疗方法

【治疗 1】抗菌消炎

头孢噻呋，25mg/kg。

用法：肌内或静脉注射，2 次/d。

说明：也可肌内或静脉注射红霉素、卡那霉素，2 次/d。

【治疗 2】制止渗出

葡萄糖酸钙注射液（10%），10~20mL/次。

用法：1 次/d。

说明：缓慢静脉注射，也可用 5%氯化钙溶液代替。

【治疗 3】解热

氟尼辛葡甲胺，2. 5mg/kg。

用法：肌内注射，3 次/d。

说明：也可用柴胡注射液进行肌内注射。用于体温升高病例。此外，出现缺氧症状的患病犬、猫，可使用便携式输氧袋，以鼻导管给氧。本病常伴有支气管痉挛和喘鸣，可选用复方甘草片、磷酸可待因、氯化铵、碳酸铵等口服以止咳平喘。

【治疗 4】祛痰

氯化铵，0. 2~1g/次。

用法：内服，2 次/d。

说明：也可用碘化钾 0. 2~1g/次，内服，3 次/d。

【治疗 5】止咳

复方甘草合剂，3~5mL/次。

用法：内服，3 次/d。

说明：也可用止咳糖浆 3~5mL/次，内服，3 次/d。咳嗽严重者可用对乙酰半胱氨酸行喷雾疗法，犬、猫 50mL/h，每次喷雾 30~60min，2 次/d。或用可待因 5~10mg/kg，肌内注射，2~3 次/d。

【治疗 6】支持疗法

给予适当的 5% 葡萄糖溶液、复方氨基酸以及辅酶 A、三磷酸腺苷等营养物质，以补充营养。

（四）预防

加强饲养管理，避免感冒，减少异物的刺激，增强机体的抗病能力。

五、异物性肺炎

（一）特征

异物性肺炎是由于吸入了异物到肺脏内所引起的支气管和肺组织的炎症，统称为异物性或吸入性肺炎。如果由于腐败性细菌感染导致肺组织坏死和分解，则称为肺坏疽。临床上以呼吸困难、鼻流脓性恶臭的鼻液和肺部出现明显啰音为特征。

（二）诊断

1. 问诊及主诉

（1）询问或了解患宠是否有不当投药，如灌药时太快、头位过高、舌头伸出、咳嗽及鸣叫等，导致动物不能及时吞咽，将药物吸入呼吸道而发病。

（2）询问或了解患宠是否患有吞咽障碍性疾病（如咽炎、咽麻痹、食管阻塞和伴有意识障碍的脑病）而导致吸入或误咽而发病。

（3）询问或了解患宠是否发生连续性呕吐，而将呕吐物吸入气管和肺脏，从而引起异物性肺炎。

（4）询问或了解患宠是否发生肺部创伤和肋骨骨折而引起创伤性肺坏疽。

2. 视诊

（1）病初，呼吸急速而困难，明显的腹式呼吸，体温升高至 40℃以上。

（2）精神沉郁，食欲下降或废绝，畏寒，有时颤栗。

（3）患犬表现为湿性咳嗽。

（4）病后期由于肺坏疽的形成，鼻孔流出有奇臭的污秽鼻液。

（5）偶尔在鼻液或咳出物中见到吸入的异物，如食物残渣。

3. 触诊

触诊胸部疼痛明显。

4. 叩诊

叩诊肺部敏感，初期呈浊音，后期由于出现肺空洞叩诊发出空瓮音。若空洞周围被致密组织所包围，其中充满空气则叩诊呈金属音，如空洞与支气管相通则呈破壶音。

5. 听诊

肺部听诊可听到明显啰音，伴有心跳加快。

6. 嗅诊

呼出带有腐败恶臭味的气体。初期仅在咳嗽之后或站在患宠附近才能闻到，随着疾病的发展气味越来越明显。

7. 其他诊断

（1）鉴别诊断　本病应与小叶性肺炎、胸膜炎相区别。小叶性肺炎，多为弛张热型，肺部叩诊出现大小不等的浊音区，X 射线检查有斑片状或斑点状的渗出性阴影。胸膜炎，热型不定，听诊有胸膜摩擦音，触诊胸部疼痛，有大量渗出液时叩诊呈水平浊音，胸腔穿刺大量渗出液流出。而大叶性肺炎多呈稽留高热，铁锈色鼻液，病程更为急促，胸部叩诊呈现大片浊音区，X 射线检查可见明显的广泛阴影。

（2）实验室检验

①鼻液检查：将鼻液收集在玻璃杯内，可分为 3 层，上层为黏性有泡沫，中层为浆液性并含有絮状物，下层是脓液且混有肺组织块。显微镜检查鼻液时，可看到肺组织碎片、红细胞、白细胞、脂肪滴及大量微生物等。如把鼻液加入 10%氢氧化钾溶液中煮沸，离心获得的沉淀物在显微镜下检查，可见到由肺组织分解出来的弹力纤维。

②X 射线检查：初期吸入的异物沿支气管扩散，在肺门区呈现沿肺纹理分布的小叶性渗出性阴影。随着病变的发展，在肺野下部小片状模糊阴影发生融合，呈团块状或弥漫性阴影，密度不均匀。当肺组织腐败崩解，液化的肺组织被排出后，有大小不等、无一定边界的空洞阴影，呈蜂窝状或多发性虫蚀状阴影，较大的空洞可呈现环带状的空壁。

（三）治疗

1. 治疗原则

迅速排出异物，抗菌消炎，制止肺组织的腐败分解，缓解呼吸困难，对症治疗。

2. 治疗方法

【治疗 1】排出异物

首先让患犬横卧，把后腿抬高，便于异物向外咳出。同时皮下注射 2%盐酸毛果芸香碱注射液 0.2~1mL，使气管分泌物增加，可促使异物迅速排出。

说明：即使咳嗽剧烈也应禁止使用止咳药。

【治疗 2】抗菌消炎

头孢曲松钠（菌必治），25~30mg/kg。

用法：肌内或静脉注射，2 次/d。

说明：也可肌内注射氨卞西林或阿莫西林克拉维酸钾 25～30mg/kg 体重，2 次/d。一旦确定宠物吸入异物，无论是液体还是刺激性气体，均应立即用抗菌药物治疗。

【治疗 3】针灸治疗

用氨卞西林 0.2～0.4g，注射用水 3mL 稀释后，进行身柱、肺俞和喉俞穴注射。

（四）预防

加强饲养管理防止异物的吸入，临床治疗时经口投药不能太快，对严重吞咽障碍的患犬不应强制性经口投药，对发生呕吐的宠物要防止误咽。

情境小结

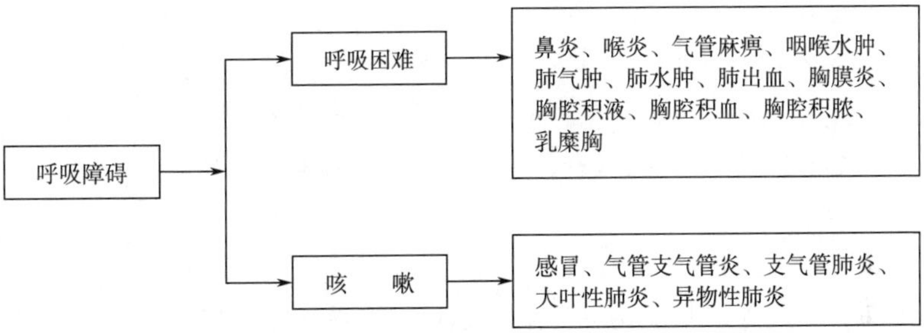

情境测试

情境二测试题

技能训练

技能训练一　气管内注射

（一）技能目标

本技能训练是宠物医学、动物医学专业学生必会的基本技能。要求学生熟练掌握宠物气管内注射的操作方法及适应证，以便更好地为宠物临床实践服务。

（二）教学资源准备

1. 材料与工具

犬或犬模型一只，打毛剪、注射器及针管、酒精棉，注射用药物。

2. 教学场所

宠物诊疗室。

3. 师资配置

实训时每班配备 1 名指导教师，技能考核时配备 2 名教师。

（三）原理与知识

气管内注射是将一种或几种药物混合后，缓慢地注入宠物气管内，使药物直接作用于气管黏膜的注射方法。临床上常将局麻药以及抗生素联合注入气管内以治疗支气管炎和肺炎及剧烈的咳嗽等，也可用于肺脏驱虫。气管内注射的药物中，利多卡因、普鲁卡因等局麻药物可迅速产生表面麻醉效果，阻滞气管、支气管及肺部炎性病灶刺激引起的顽固性咳嗽，同时也可缓解疼痛，有利于炎症的消散；丁胺卡那霉素、庆大霉素等药物可直接作用于炎症部位，达到较大的药物浓度，对引发呼吸道炎症的病菌具有较好的疗效。

（四）操作方法及考核标准

1. 操作方法与步骤

（1）注射部位　颈腹侧上 1/3 下界的正中线上，第 4、第 5 气管软骨环之间进行注射。

（2）保定　患病犬、猫站立或侧卧保定，固定头部，并将头部微微仰起，充分伸展颈部。

（3）操作　注射部位剪毛、消毒。术者左手拇指、食指及中指固定于注射部位下方气管环并将气管向外侧轻轻牵拉。右手持注射器将针头缓缓刺入，深 0.5~1cm，刺入气管后则阻力消失，回抽针管活塞吸出多量气体，表明刺入正确，即可缓慢注入药液（图2-13）。注射完毕用酒精棉球再次消毒。

图2-13 宠物犬气管内注射

（4）注意事项

①药液量不要过大，犬为1.0~1.5mL，猫以0.5~1.0mL为宜，且注射速度要缓慢，以免造成动物呛咳及异物性肺炎。

②注射的药液不应具有较大的刺激性，药物温度保持在35~40℃，以免在注射时产生刺激引起呛咳。

③如患病犬、猫咳嗽剧烈，或为了防止注射诱发咳嗽，可先注射2%的盐酸普鲁卡因溶液1~2mL，降低气管的敏感性后，再注入药液。

④注射前保定要确实，防止造成人员伤害。对于性情暴躁、凶猛的犬、猫不宜采取此法。

⑤对于有肺脏水肿、肺脏气肿及异物性肺炎等的患病犬、猫，禁用此治疗方法。

2. 技能考核标准

考核标准如表2-1所示。

表2-1 气管内注射考核标准

考核内容及分数分配	操作环节与要求	评分标准		考核方法	熟练程度	时限
		分值	扣分依据			
气管内注射（100分）	适应证正确	20	适应证不全面酌情扣5~20分	单人操作考核	熟练掌握	10min
	部位及保定正确	20	部位及保定方法，每错一项扣10分			
	注射方法	30	注射方法不规范，酌情扣5~20分			
	注意事项	20	注意事项不全面，酌情扣5~20分			
	操作时间	10	共10min，每超1min扣1分			

技能训练二　胸腔穿刺技术

（一）技能目标

本技能训练是宠物医学、动物医学专业学生必会的基本技能。要求学生熟练掌握宠物胸腔穿刺技术的操作方法及适应证，以便更好地为宠物临床实践服务。

（二）教学资源准备

1. 材料与工具

犬一只，胸腔穿刺针或 16~18 号长针头、血管钳、注射器、无菌手套、消毒盘、局麻药、废液容器。

2. 教学场所

宠物诊疗室。

3. 师资配置

实训时每班配备 1 名指导教师，技能考核时配备 2 名教师。

（三）原理与知识

以诊断为目的，穿刺抽液，以确定胸腔积液性质，或做细菌、细胞学检查，协助病因诊断。以治疗为目的，排出胸腔内病理性积液或排气减压以减轻肺脏压迫，注入药液及冲洗治疗。

（四）操作方法及考核标准

1. 操作方法与步骤

（1）穿刺部位　犬、猫一般在左侧第 4~7 肋间（图 2-14），但上下位置并不固定，这主要取决于胸腔中液体或气体的量和位置。

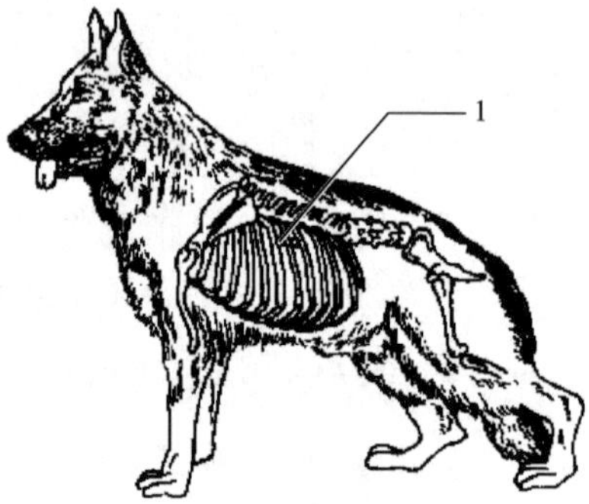

1—穿刺点。

图 2-14　犬的胸腔穿刺部位

(2) 保定和麻醉　宠物站立保定。用2%的利多卡因在穿刺点处沿肋骨上缘从外到内逐层注射进行浸润麻醉。

(3) 穿刺方法　术部剪毛，消毒。止血钳夹闭穿刺针后橡胶管，术者左手将术部皮肤稍向上方移动1~2cm并抵住皮肤穿刺点，右手持套管针（或针头）与皮肤垂直沿肋骨头侧缘缓慢进入，到皮下时将橡胶管内抽成负压，再用血管钳夹闭，继续进针。穿刺肋间肌时有阻力感，当阻力消失有空虚感且橡胶管突然重新充盈时即表明穿刺针已进入胸膜腔，固定。如用套管针，则拔去内芯用注射器抽吸或让其自流。操作完毕，用止血钳夹闭穿刺针后橡胶管或插入内针，拔出针头（或套管针），使局部皮肤复位，术后消毒。

(4) 注意事项

①抽液时不宜过快，宜用拇指不断堵住套管口，作间断性引流，以防胸腔减压过急，影响心肺功能。抽液不宜过多。如针孔堵塞不流时，可用内针疏通。

②穿刺或排液过程中，如遇出血，应充分止血，改变位置再行穿刺。为避免损伤肋间神经和血管，穿刺时均在肋骨前缘，同时注意防止损伤胸外动静脉。

③穿刺过程中，如宠物突然剧烈咳嗽，可能表明针尖已触及脏层胸膜，应回退穿刺针或结束穿刺。

④整个穿刺过程注意避免空气进入胸腔。有出血性疾病或有出血倾向的宠物应谨慎施行。

2. 技能考核标准

考核标准如表2-2所示。

表2-2　胸腔穿刺技术考核标准

考核内容及分数分配	操作环节与要求	评分标准		考核方法	熟练程度	时限
		分值	扣分依据			
胸腔穿刺技术（100分）	临床应用正确	20	临床应用不全面酌情扣5~20分	单人操作考核	熟练掌握	10min
	部位及麻醉正确	20	部位及麻醉，每错一项扣10分			
	穿刺方法	30	注射方法不规范，酌情扣5~20分			
	注意事项	20	注意事项不全面，酌情扣5~20分			
	操作时间	10	共10min，每超1min扣1分			

技能训练三　雾化疗法

（一）技能目标

本技能训练是宠物医学、动物医学专业学生必须了解的基本技能。要求学生熟练掌握雾化疗法的操作及适应证，以便更好地为宠物临床实践服务。

（二）教学资源准备

1. 材料与工具

犬或犬模型一只，超声波雾化器、药杯、治疗药物。

2. 教学场所

校内实验室。

3. 师资配置

实训时每班配备1名指导教师，技能考核时配备2名教师。

（三）原理与知识

雾化给药使用的仪器为超声波雾化器，其原理是通过电子振荡电路，由晶片产生超声波，通过介质水作用于药杯，使杯中的水溶液药物变成极其微小的雾粒，并经波纹管及面罩送入宠物鼻腔而发挥治疗作用。雾化疗法是当前临床治疗犬、猫呼吸道疾病的良好方法，广泛应用于治疗上呼吸道、气管、支气管感染、肺部感染如支气管肺炎，通过稀释痰液，具有湿化气道、祛痰等作用。因药物能直接作用于患病部位，见效快，对于改善呼吸道症状、消炎、抗菌以及止咳祛痰具有独到的治疗功效。

（四）操作方法及考核标准

1. 操作方法与步骤

（1）保定　宠物站立保定。

（2）操作　依据治疗需要调节超声波雾化器定时装置、空气过滤装置、雾化量与风量调节旋钮等。常用的治疗药物有抗菌药、抗病毒药、糖皮质激素、祛痰止咳剂等，一般按常规肌内注射剂量加入蒸馏水10~15mL，雾化治疗10~15min（图2-15）。

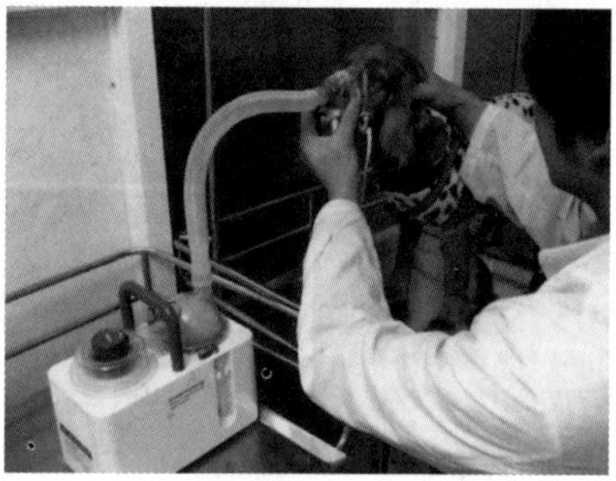

图2-15　犬的雾化疗法

(3) 注意事项

①注意雾化药物温度，最好接近正常体温。

②治疗中注意观察雾化罐内药物消耗情况，如消耗药物过快，应及时添加药物。

③水槽内蒸馏水及雾化罐内药液均不能过少，以免空载工作。

④治疗后呼吸罩和导气管要清洁消毒。

2. 技能考核标准

考核标准如表 2-3 所示。

表 2-3 雾化疗法考核标准

考核内容及分数分配	操作环节与要求	评分标准		考核方法	熟练程度	时限
		分值	扣分依据			
雾化疗法（100 分）	临床应用正确	20	临床应用不全面酌情扣 5~20 分	单人操作考核	熟练掌握	10min
	药物准备正确	20	药物准备不正确，酌情扣 10~20 分			
	仪器设定准确	30	仪器设定不正确，酌情扣 5~20 分			
	注意事项	20	注意事项不全面，酌情扣 5~20 分			
	操作时间	10	共 10min，每超 1min 扣 1 分			

情境三 循环障碍性疾病

◆ **学习目标**

1. 思政目标

宠物循环障碍性疾病诊治诊疗操作过程中，培养对诊疗设备、兽药、医疗耗材等成本核算的管理态度；通过分小组合作完成宠物循环障碍性疾病诊治接诊、诊断、治疗、预防，培养诊治的职业责任心；培养接诊循环障碍疾病诊治中，遇到诊疗问题，积极查找资料、有效进行团队沟通、讨论、研究，解决问题和承担责任的职业素养；具有严谨求实的工作态度，高尚的医疗道德和良好的职业素质，培养主动学习的习惯和创新精神；宠物循环障碍性疾病接诊中，具有兽医情怀、回馈社会、感恩宠主，换位思考、尊重生命、呵护宠物健康的职业操守。

2. 知识及能力目标

根据患宠的主要临床症状贫血、心音异常，进行接诊工作；运用宠物内科疾病诊疗知识，完成宠物心血管障碍疾病诊治的类症鉴别，进而推断患病类别；根据患病宠物临床症状及初步诊断，进行病历档案书写；根据患宠不同临床症状，选择 B 超、X 射线及 DR、血常规、C 反应蛋白、血清淀粉样蛋白 A、电解质分析、血生化及显微镜检查，分析确诊疾病；根据患宠所确诊的疾病，选择适当的治疗方案，根据治疗方案选择药物、组方，写出处方，应用合适的治疗技术进行治疗。

◆ **必备知识**

贫血的定义、分类、治疗，洋葱中毒的机制及治疗，心力衰竭的救治，循环虚脱的治疗。

◆ **选修知识**

铅中毒，钴缺乏症，主动脉口狭窄，心包积液。

◆ **课前思考题**

1. 引起以贫血为主症的疾病有哪些？
2. 引起以心音异常为主症的疾病有哪些？
3. 临床诊疗中常见的引起溶血性贫血的疾病有哪些？
4. 洋葱中毒的机制及治疗原则是什么？
5. 抗休克治疗的主要措施是什么？
6. 哪些情况下适用心肺复苏法？具体方法是什么？
7. 缺铁性贫血应该做哪些检查？
8. 为什么化疗和放射治疗能引起继发性贫血？

任务一 以贫血为主症的疾病

任务描述

学习以贫血为主症疾病的相关知识，参加相关临床病例的诊疗，分析临床案例。

案例分析

案例 1

流浪猫，5 岁左右，雌性，体重 2.1kg，体表有外伤，营养不良，消瘦，食欲正常，精神尚可，T：39.5℃，R：30 次/min，P：180 次/min，口腔黏膜、齿龈黏膜苍白，毛细血管再充盈时间长，轻度脱水。镜检发现多量海因茨小体，请分析引起该病症的可能原因是什么。

诊治方案：根据患猫心跳加快、黏膜苍白、脱水，镜检发现海因茨小体，确诊该猫患有洋葱中毒。治疗方案是利用抗氧化剂，制止贫血及肾衰，维持呼吸和心肺功能。

案例 2

一家养波斯猫，雄性，2 岁，因食欲欠佳、无精神，主人连续 5 日饲喂人用退热药（成分对乙酰氨基酚，成人每次 1 片），每次 1 片，每日 2 次，就诊时，该猫食欲废绝，呕吐，呕吐物中有少许血液，可视黏膜苍白。请分析病因，并向主人建议进行哪些必要的实验室检查，制定合理的治疗方案。

诊治方案：根据患病宠物有饲喂退热药布洛芬的病史，结合临床症状，宠物有呕吐、可视黏膜苍白等临床表现，再结合实验室检查，尤其是血生化、肝功能的损伤来判定该猫患有布洛芬中毒。治疗方案是停止饲喂布洛芬，修复肝脏，促进代谢，制止贫血，维持肾功能，强心，补液，利尿。

案例 3

幼犬 1 月龄，母犬难产死亡，该幼犬人工哺育，检查可见消瘦，皮肤松弛，骨骼棱角突出明显，可视黏膜苍白，皮肤无出血点和皮疹，浅表淋巴结不大，巩膜无黄染，心界不大，P：96 次/min，肺无异常，腹平软，无压痛，肝脾未触及，后肢不肿。请诊断该犬得了什么病。

诊治方案：根据病史，幼犬人工哺乳，皮肤松弛、可视黏膜苍白等临床特点，可以判定该幼犬患有营养不良性贫血。治疗方案是给予蛋白质含量比较高的羊奶粉进行哺乳饲喂，改善贫血，补充营养。

案例 4

6 月龄巴哥犬，雄性。主人在烹饪羊肉时，将含洋葱及调料的腌料挑出，大约有 100g，被该犬吞食。2 日后，犬出现精神沉郁，四肢无力，走路蹒跚，呼吸急促，排酱油色尿液。主人带其前来就诊。T：38.3℃，心搏动增快，气喘，虚弱。请诊断该犬得了什么病。

诊治方案：根据患犬误食洋葱病史，心跳加快，黏膜苍白、脱水，尿液酱油色，确诊该犬患有洋葱中毒。治疗方案是利用抗氧化剂，制止贫血及肾衰，维持呼吸和心肺功能。

案例 5

11 岁杂种犬，5 日前由于良性前列腺肥大入院，主人已同意接受去势手术，检查可见前列腺对称肿大，排尿困难，便秘。触诊未发现肿瘤，该犬无重大疾病史，正常免疫，健康状况良好，无出血史。手术进行顺利，术后 5 日在股内侧及腹下出现出血点和出血斑。实验室结果：血小板数量 2.5×10^4 个/mL。请诊断该犬得了什么病。

诊治方案：根据患犬的临床表现，尤其是腹下出血点和出血斑，血小板数量明显降低的特点，诊断该犬患有血小板减少症。治疗方案是修复脾脏功能，补充血小板，促进血小板的再生能力。

案例 6

5 岁的雪纳瑞犬，雌性，已绝育，因患淋巴肉瘤进行大段肠管切除术。为补充术中和术后失血，输入经交叉配血试验合格的全血 150mL。术后从腹腔引流管及静脉注射部位持续渗出血液，该犬无出血病史。胸部放射线影像无异常，血液培养物呈阴性。腹部皮下可见出血点和紫癜。请诊断该犬得了什么病。

诊治方案：根据宠物有手术史、有交叉配血的输血史以及主要的临床症状凝血不良，可以初步怀疑该犬患有血小板减少症。治疗方案是修复脾脏功能，补充血小板，促进血小板的再生能力，输入血小板等。

案例 7

波斯猫，雌性，6 岁，6 月龄时第一次接种疫苗，接种部位出现红色质地较硬的疹块，后溃烂化脓，在医院接受手术后切除。在过去多次接种疫苗后曾有过短暂的呕吐或皮肤过敏反应，但未严重到危及生命。近日食欲欠佳，无精打采，惧怕怀抱及触摸，并发展至高热不退，注射抗生素和解热镇痛药后，体温虽降至正常，但有呕吐及呼吸急促的症状。2 日后，病情又开始反复，并出现多处皮肤溃烂，口腔也出现溃疡，后期食欲废绝，体重减轻，黏膜苍白，贫血，黏膜和皮肤上出现出血点，有时呕吐和腹泻，间歇热。请诊断该猫得了什么病。

诊治方案：根据患猫注射部位有较硬的肿块溃烂化脓、局部有过敏反应、体温升高等临床症状，结合皮肤溃烂、口腔溃疡等特殊的临床表现，又出现贫血、黏膜有出血点等症状，可初步诊断该猫患有白血病，需进一步化验检查。治疗方案是治疗原发病，增强猫的免疫力，以及进行输血治疗。

案例 8

圣伯纳犬，11 岁，雄性，长期饲喂单一。有慢性胃病史。主诉：1 周前吃过大量牛肉后持续呕吐，呕吐物初为未消化食物，后带有少量暗红色泡沫液体，食欲一般；粪便成形，呈黑色。尿量及颜色正常。临床检查：精神沉郁，口腔及可视黏膜颜色轻度苍白；R：53 次/min，P：156 次/min，T：37.1℃；腹部触诊正常。其他未见异常。实验室检查：血常规红细胞计数、红细胞比容、血红蛋白、血小板均低于正常；镜检可见巨幼红细胞，中心淡染；生化检查未见显著异常。请诊断患犬得了什么病。

诊治方案：根据患病宠物饲喂单一并有呕吐病史，可视黏膜苍白，呼吸、脉搏数均有变化，以及实验室检查可见巨幼红细胞，初步怀疑该犬患有营养性贫血，重点怀疑是钴、维生素 B_6、维生素 B_{12} 等缺乏引起，应做进一步检查。治疗方案是增加食物中的含钴、维生素 B_6、维生素 B_{12} 的食物。

相关知识

以贫血为主症的常见疾病主要有铁、钴、铜缺乏症，维生素 B_6 缺乏症，洋葱中毒以及自身免疫性溶血病。此外，猫白血病也可以引起贫血。

一、贫血

（一）特征

单位容积内红细胞数和血红蛋白数量低于正常值时，称贫血。贫血不是一种独立的疾病，而是某些疾病伴有的综合征。临床表现为黏膜苍白、心率和呼吸加快、全身无力等症状。

（二）诊断

1. 问诊及主诉

（1）询问是否有引起内脏器官（如肝、脾、腔动脉及腔静脉等）及体外血管破裂造成大出血，使机体血容量突然降低的外伤或手术（如车祸），此为急性出血性贫血。

（2）询问是否有可造成长期反复出血的慢性炎症，如慢性胃、肠炎及肺、肾、膀胱、子宫出血性炎症，此为慢性出血性贫血。

（3）询问是否做过犬钩虫检查，因为犬钩虫感染也可造成慢性出血性贫血。

（4）询问是否接触过重金属或化学药物，警犬是否执行搜查三硝基甲苯（TNT）炸药任务，最近是否接受过放化疗等。

（5）询问是否新生犬哺乳后发生贫血，是否接受过输血治疗，此为溶血性贫血。

（6）询问饲喂何种食物，食物是否单一，此为营养性贫血。

（7）询问是否较长时间使用对造血功能有抑制作用的药物，是否接种过钩端螺旋体疫苗，是否进食过含洋葱、大葱的食物，此为溶血性贫血。

2. 视诊

（1）营养性贫血发展较慢，主要表现为进行性消瘦、营养不良、体质衰弱无力、腹部蜷缩、被毛粗糙、可视黏膜苍白，后期运动高度无力、摇晃、倒地起立困难，直至卧地不起、全身器官衰竭。

（2）急性出血性贫血出血量多，可表现为虚脱、不安、血压下降、步态不稳、肌肉震颤，后期可见嗜睡、昏迷、休克状态。

（3）出血量少及慢性出血的宠物，初期症状不明显。但患病宠物可逐渐消瘦，可视黏膜由淡红色逐步发展到白色，精神不振，全身无力，嗜睡，不愿活动，脉搏快而弱，呼吸浅表。经常可见下颌、四肢末梢水肿。重者可导致休克、心力衰竭而死亡。

（4）溶血性贫血主要症状是可视黏膜黄染、皮肤口角发黄、精神沉郁、运动无力、体重减轻，后期可视黏膜苍白黄染、昏睡、血红蛋白尿、体重下降。

（5）再生障碍性贫血临床症状的发展比较缓慢，除有以上三种贫血的症状外，还常伴出血体征。

3. 触诊

触摸四肢和耳鼻部发凉，营养性贫血后期触诊四肢末梢水肿，贫血时间较长者毛细血管再充盈时间延长，严重病例触诊肝脾肿大。

4. 听诊

呼吸和脉搏均增数，心区听诊可听到贫血性杂音，稍加活动则心悸亢进。听诊可听到明显的收缩前期心杂音，且杂音的明显程度与临床症状有相关性。湿咳，有时见咯血。

5. 实验室诊断

贫血的确诊主要依靠实验室诊断。

（1）血常规检查　检查外周血的血红蛋白、红细胞数和红细胞比容。贫血的形态学分类需要借助红细胞 3 个平均值等参数。血红蛋白及红细胞计数是确定贫血的可靠指标。

（2）血涂片检查　观察红细胞、白细胞、血小板数量变化及形态改变。血涂片红细胞形态、大小等特征的观察对贫血的鉴别诊断有重要参考价值（图 3-1）。

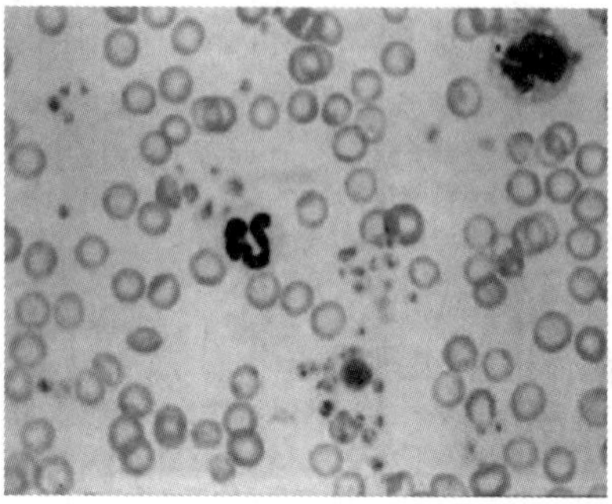

（1）红细胞中心苍白区增加，血小板增多

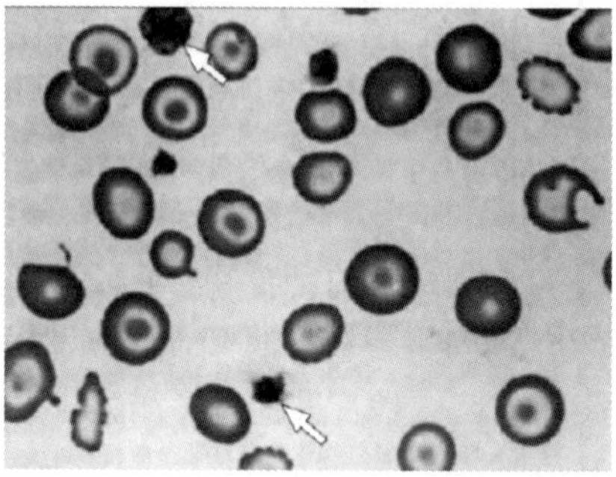

（2）血小板数量增加及偶尔的形态变大

图 3-1　缺铁性贫血犬血涂片

（3）网织红细胞计数　网织红细胞计数是每个贫血宠物必须检查的项目，对于鉴别贫血的基本性质有重要意义，还可以了解红细胞增生情况以及作为贫血疗效的早期指标。

（4）对于缺铁性贫血、巨幼细胞贫血和溶血性贫血，必要的生化检查是必不可少的。

（5）溶血性贫血又是一大类贫血，病因很多，需要按照一定的程序进行检查。

（6）骨髓检查　骨髓检查必须掌握临床适应证。任何不明原因的贫血都应作骨髓穿刺，必要时作骨髓活检。

（三）治疗

1. 治疗原则

以除去病因，补充营养，必要时输血，对症治疗为原则。

2. 治疗方法

【治疗 1】

对于失血性贫血的犬、猫，首先要除去病因，对于重度贫血者要尽快输血。而后补充造血物质，如铁制剂、维生素 B_{12}、叶酸、维生素 B_6 等。

【治疗 2】

溶血性贫血，应针对病因治疗。对免疫介导性溶血，可用泼尼松、环磷酰胺、硫唑嘌呤、环孢曲素等药物，必要时可行脾切除术。遗传性贫血，可采取断乳、输血和应用类固醇药物。当有血液巴尔通体时，可用强力霉素，22mg/kg，口服，3 次/d，连用 2~3 周；治疗巴贝斯虫病时，可采用支持疗法（输血、输液），应用广谱抗生素以防继发感染，但以用杀虫药为主，如贝尼尔 3.5mg/kg 深部肌内注射，隔 2~3d 重复注射 1 次。贫血严重时应先输血，后用杀虫药。中毒性溶血可针对中毒原因选用亚甲蓝、乙酰半胱氨酸等。红细胞破裂性溶血除输血外，还可补铁。

【治疗 3】

对于营养性贫血的犬、猫，首先纠正贫血的根本原因，补铁（给予硫酸铁口服，犬 100~300mg/d、猫 50~100mg/d。当红细胞体积正常后，减半补铁），补充钴胺素和叶酸。需治疗数周以至数月，贫血和红细胞指数才能恢复正常。

【治疗 4】

对于功能障碍性贫血，应纠正原发疾病，根据症状进行支持性治疗，发热及中性粒细胞降低时使用广谱抗生素。贫血严重者应输血。对于骨髓功能障碍也可使用肾上腺皮质激素，泼尼松 0.5~1mg/(kg·d)。

【治疗 5】中西医结合治疗

对于一般贫血均配合使用八珍汤随证加减使用。对于寄生虫所造成溶血性贫血，可用下面的中药处方：常山、柴胡、青蒿、草果、陈皮、何首乌、熟地、当归、白芍、川芎、黄芪、甘草。

二、铜缺乏症

（一）特征

铜可参与机体多种酶的合成及被毛色素和血红蛋白的合成，促进铁的吸收，对宠物的生长繁殖都有很大作用。铜缺乏症的特征是被毛从眼角周围开始褪色，俗称铜眼镜。

（二）诊断

1. 问诊及主诉

（1）询问患宠是否长期以牛乳及乳制品为主食（一般情况下，经常以动物肌肉和内脏饲喂的猫多不会发生铜缺乏症，但如果是喂牛乳的猫，则易发生铜缺乏）。

（2）询问患宠是否做过胃肠切除、胰切除手术。

（3）询问是否患胆道梗阻或其他消化吸收不良性疾病（铜的吸收主要靠肠黏膜细胞中的载体蛋白）。

（4）询问患宠是否补饲过量锌制剂，因为食物中的锌含量过高，影响铜的吸收，也可造成铜的缺乏，这可能与铜和锌之间竞争相同的载体蛋白有关。

（5）询问宠物年龄，是否处于妊娠期或哺乳期，因为幼龄宠物生长发育快，对铜的生理需要量较多，妊娠期需铜量较多，铜相对供给不足。

（6）询问或进一步检查是否患肾病综合征，尿中蛋白质含量增加，导致铜丢失过多。

（7）询问或进一步检查是否患肠道疾病、慢性腹泻，可导致铜吸收不良。

（8）询问或进一步检查是否因贫血应用铁剂治疗无效。

2. 视诊

（1）宠物患铜缺乏症初期常无明显症状，随着缺铜时间延长，患病宠物逐渐表现出喜卧懒动、精神不振、不耐运动、动则呼吸急促。

（2）宠物铜缺乏的主要表现是贫血，可视黏膜颜色变淡，甚至苍白。

（3）幼年宠物生长发育减慢或停滞，关节变形，骨端粗大，容易骨折，行走时后躯摇摆共济失调，容易摔倒。

（4）深色猫被毛颜色变淡。特征性的毛发异常，毛发卷曲，色淡质脆，易断。

（5）皮肤粗糙，脱毛。

（6）皮肤及毛发色素减少、皮肤苍白、类似皮脂溢出性皮炎样皮疹，皮肤呈特有的苍白干厚。

（7）浅表静脉怒张、厌食、腹泻、肝脾肿大及生长发育停滞。

3. 实验室诊断

主要表现为白细胞减少、中性粒细胞减少和对铁治疗无效的低色素性贫血。

（三）治疗

1. 治疗原则

祛除原发病，补充铜制剂。

2. 治疗方法

【治疗 1】补铜

一旦铜缺乏的诊断确定后，铜盐制剂是唯一有效的药物，口服 1%硫酸铜溶液 2~3mg/d（含铜 400~600μg），即可使临床症状与血象很快改善。

【治疗 2】

先天性铜利用障碍幼龄宠物，口服吸收很少，多采取皮下注射或静脉滴注法进行治疗，一般用硫酸铜 1~2mg 溶于 50~100mL 生理盐水内，2h 滴完，每 3~4d 一次。

【治疗 3】

猫铜缺乏症的主要防治措施是补铜。应用硫酸铜 0. 2~0. 3g 内服，间隔 4~5d 一次，同时给猫饲喂全价配合饲料。或应用甘氨酸铜，10~20mg/次，皮下注射，每 4~5d 用一次，上述方法均可收到良好效果。

（四）预防

合理喂养，尽可能母乳喂养；防治缺铜，单纯牛乳喂养者，每天给予硫酸铜 2.5mg，对于胃肠道丢失者应每天给予铜 30~50mg/kg。防治肠道疾病，对长期腹泻、肠吸收不良患病宠物，着重病因治疗，同时补充铜剂。

三、维生素 B_6 缺乏症

（一）特征

维生素 B_6 为吡哆醇、吡哆醛和吡哆酮的统称，是一种重要的辅酶，在维持正常的神经组织、抗体产生和骨的生长方面起重要作用。维生素 B_6 缺乏症主要表现为生长缓慢、皮炎、癫痫样抽搐、贫血等。

（二）诊断

1. 问诊及主诉

（1）询问是否长期单纯饲喂经过高温灭菌处理的干燥饲料或罐头，维生素 B_6 可因加热而受到破坏。

（2）询问是否处于妊娠期或饲喂高蛋白饲料，维生素 B_6 消耗增加。

（3）询问是否患消化系统疾病，此类疾病会导致吸收不良。

（4）询问是否较长时间服用雌激素，雌激素可使维生素 B_6 在体内的活性降低。

（5）是否较长时间使用某些药物，如氯霉素、异烟肼、糖皮质激素、环磷酰胺、环孢素等，这些药物可拮抗维生素 B_6 或增强维生素 B_6 经肾排泄。

2. 视诊

（1）幼宠发育不良，生长停滞，成宠体重减轻。

（2）食欲不振，胃肠功能障碍。

（3）反应过敏，痉挛。

（4）眼睑、鼻、口唇周围、耳根后部、面部等易发生瘙痒性红斑样皮炎或脂溢性皮炎。

（5）口腔、舌和口角发炎。

（6）长时间维生素 B_6 缺乏，还会造成体重停止增长，低色素性贫血。患宠烦躁、肌肉抽搐和惊厥。

3. 实验室检查

直接测定血浆维生素 B_6 水平；测定维生素 B_6 的代谢产物；犬、猫呈小细胞低色素性贫血，血液中铁浓度升高，含铁血黄素沉着。

（三）治疗

1. 治疗原则

控制病因，治疗原发疾病，补充盐酸吡哆醇。

2. 治疗方法

对于痉挛严重的犬，可肌内注射盐酸吡哆醇10~30mg/次，之后每日口服2~3次，每次1~5mg，连用10d。

（四）预防

饲喂含有丰富维生素 B_6 的谷类、肝脏、牛乳和鸡蛋等。一般食物中应添加0.2mg/100g的维生素 B_6，大量摄入食物来源的维生素 B_6 没有副作用。

四、洋葱中毒

（一）特征

洋葱中的辛香味、挥发性的成分正丙基二硫化物或硫化丙烯可将血红蛋白氧化成海恩茨小体，进而引起急性溶血性贫血。临床主要以血红蛋白尿、贫血、呕吐、腹泻、心悸等为特征。犬发病较多，猫少见。

（二）诊断

1. 问诊及主诉

（1）询问患犬近日是否食用过含洋葱、大葱类食物，如包子、洋葱牛柳、汉堡、葱炒羊肉等。

（2）询问患犬精神状态，饮食有无影响，是否呕吐、腹泻。

（3）询问患犬尿颜色有无明显变化，如浅红色、深红色或黑红色。

2. 视诊

（1）精神沉郁，食欲下降或废绝，不愿活动，虚弱，眼结膜和口腔黏膜黄染。

（2）特征性表现为出现明显的红尿，尿的颜色深浅不一，浅红色、深红色、红棕色及黑红色。

（3）四肢无力，走路蹒跚，呼吸急促。

（4）严重者尿液呈咖啡色或酱油色，食欲下降或废绝，体温正常或降低，严重中毒时可导致死亡。

3. 实验室诊断

（1）血液稀薄，红细胞数、红细胞比容和血红蛋白减少，白细胞数增多。

（2）血清总蛋白、总胆红素、尿素氮增加。

（3）天冬氨酸氨基转移酶活力增加。

（4）尿相对密度增加，尿沉渣中含有红细胞碎片。

（5）血液检查采血时，血液稀薄，血凝时间延长。

（6）血涂片检查，亚甲基蓝进行活体染色。海恩茨小体密集于无色的红细胞膜周围。

（7）尿胆红素检查呈阳性。

（8）尿潜血、蛋白和尿血红蛋白检验阳性，尿沉渣中红细胞少见或没有。

（三）治疗

1. 治疗原则

立即停喂含洋葱或大葱的食物，使用抗氧化剂、利尿剂，防止急性肾功能衰竭，支持疗法及输血疗法。

2. 治疗方法

【治疗1】控制溶血

给予大剂量氧化剂，如维生素C、维生素E及硒制剂。

【治疗2】

适量利尿剂，肌内注射呋塞米注射液，1~2mg/kg体重，促进变性血红蛋白排出，防止急性肾功能衰竭。

【治疗3】

严重贫血者，可输血治疗，静脉输血10~20mL/kg体重。

【治疗4】

强心，肌内注射地高辛，0.01~0.02mg/kg，静脉滴注多巴胺，0.1~0.2μg/kg，酌情使用呼吸兴奋剂，如尼可刹米。

【治疗5】保肝

20%葡萄糖、肝泰乐（葡醛内酯）、肝复欣、维生素C等静脉滴注。肝利健，维肝素保肝效果良好。也可酌情使用ATP、肌苷、辅酶A等。

【治疗6】调节电解质平衡

5%糖盐水、林格液、碳酸氢钠等，静脉滴注。

【治疗7】解毒

奥普乐皮下注射，0.1mg/kg。

【治疗8】改善贫血状况

复合维生素B，皮下注射，同时口服补铁剂，静脉输注白蛋白、氨基酸等营养物质。

【治疗9】控制继发感染

可适当给予抗生素，控制继发感染（肾毒性小的药物）。

【治疗 10】

适当使用退黄药（如茵栀黄，丹诺仕等），尽快祛除黄疸。

【治疗 11】

林格液 100mL，25%糖水 10mL，ATP+辅酶 A+肌酐 1.0mL，维生素 C 2mL，法莫替丁 1.0mL。

用法：静脉注射，1 次/d，连用 3d。

【治疗 12】

呋塞米 15mg，复方甘草酸铵注射液 2.0mL，维生素 B_6 1.0mL，维生素 B_{12} 1.0mL。

用法：分别皮下注射，1 次/d，连用 3d。

【治疗 13】

复方布他磷注射液 0.5mL，乳果糖 2mL。

用法：复方布他磷注射液皮下注射，乳果糖内服，1 次/d，连用 3d。

五、铅中毒

（一）特征

铅中毒是宠物误食或接触了大量铅或含铅物质，如汽车尾气、油画颜料、油漆、焊锡、油毡、电池、滑润油等引起的中毒。犬、猫铅中毒量为 10~20mg/kg，年幼犬、猫更易发生中毒。犬、猫铅中毒的患病特征主要有神经症状和贫血。

（二）诊断

1. 问诊及主诉

（1）询问患宠发病时间，是否有流涎、呕吐、腹泻、腹痛等表现，是否有走路摇摆等神经症状。

（2）询问家中最近是否装修过，油漆、绘画颜料、化妆品是否有遗失或被翻动，是否有脱落的油漆、含铅涂料等。

（3）询问患宠是否接触到化工污染物及有无啃咬、舔舐异物的习惯。

2. 视诊

（1）胃肠道变化，如食欲减退、腹痛，尤其是幼龄宠物可出现“铅绞痛”，呕吐、腹泻。

（2）神经症状，兴奋性增强，有攻击性、狂躁、吠叫；共济失调、肌肉震颤；阵发性抽搐；失明、耳聋、痴呆症。

（3）老龄犬、猫多出现多尿、烦渴多饮。

（4）多动，好斗和易激怒。

3. 放射学诊断

胃肠道内出现弥漫性高密度影像；幼龄犬慢性中毒时，长骨上出现铅线。

4. 实验室检验

血涂片上可见有核红细胞增多是最常见的血液学变化。红细胞里有嗜碱性颗粒（图 3-2），白细胞减少，肝脏转氨酶升高，血铅浓度不低于 35μg/dL 具有诊断意义，但有些犬血铅浓度仅为 12μg/dL 已表现出明显铅中毒症状。

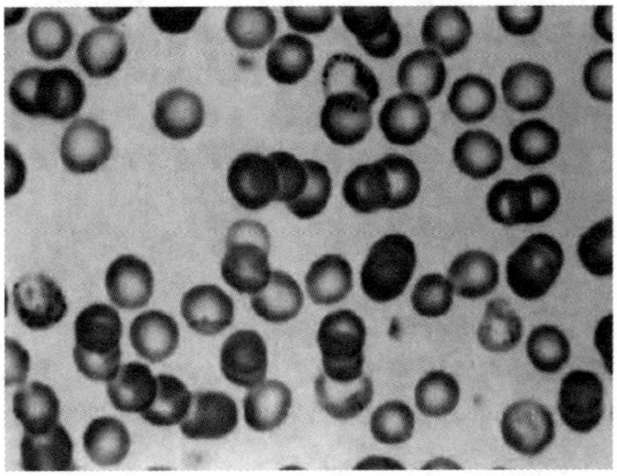

图 3-2 铅中毒犬瑞氏染色血图片

（显示有几个嗜碱性粒细胞的斑点）

5. 治疗性诊断

依地酸钙钠治疗有效，治疗 24h 后尿中排铅增多。

（三）治疗

1. 治疗原则

清除胃肠道内的铅，阻止进一步吸收；尽快排出血液和机体组织中的铅；积极控制神经症状。

2. 治疗方法

【治疗 1】 排除毒物

通过催吐来排出仍然停留在胃肠道内的铅，如有必要，可以利用外科手术方法取出。还可以通过洗胃和导泻（口服硫酸镁或硫酸钠，1g/kg 体重）等措施，促进毒物从机体清除。

【治疗 2】 特效解毒

治疗铅中毒的标准方法是使用依地酸钙钠的螯合作用治疗法，25mg/kg 体重，加入 5%葡萄糖或生理盐水中静脉滴注，或配成 20%溶液皮下注射。

【治疗 3】

二巯基丙醇，3mg/kg，皮下注射，3 次/d。

【治疗 4】

青霉胺，500~1000mg/d，分 4 次口服，7d 为一个疗程。也可以使用硫胺。

【治疗 5】

五醋三胺，500~3000mg，2~3 次/周，有溶铅作用。

【治疗 6】对症治疗

（1）镇静　出现神经症状的犬、猫，可用镇静药，如口服或注射地西泮，犬 2.5~20mg、猫 2.5~5mg。

（2）缓解脑水肿　给予甘露醇，地塞米松，呋塞米等。

（3）控制腹痛　硫酸阿托品，0.015mg/kg 体重，或布托啡诺。

（4）抗休克　出现循环虚脱时，进行输液扩容，强心利尿，防止病情恶化。

【治疗 7】保肝利尿

铅中毒时必然伴发肝脏和肾脏的损伤，因此要实施相应治疗。

【治疗 8】

补充造血物质，促进造血功能，如维生素 C、复合维生素 B、ATP、肌苷、促红细胞生成素等。

（四）预防

主要是使患宠无摄入铅的机会。如钓鱼工具，油毡，地毯垫料，油画，建筑材料，铅管，焊料，电池，汽车轮胎，机油、润滑油，含铅的玩具、油漆、小球和子弹。

六、自身免疫性溶血性贫血

（一）特征

自身免疫性溶血性贫血是由于宠物免疫功能调节紊乱，产生自身抗体和（或）补体吸附于红细胞表面，导致红细胞破坏增速而引起的溶血性贫血。该病临床表现多样，轻重不一。一般起病缓慢，常表现为全身虚弱、精神沉郁，以发热和溶血为特征。

（二）诊断

1. 问诊及主诉

（1）询问感染史，了解是否有传染性因素存在。如钩端螺旋体病，疱疹病毒、锥虫、溶血性链球菌感染，猫白血病病毒感染，犬心丝虫病，利什曼原虫病等均可引起严重的溶血性贫血。

（2）询问中毒史，重金属中毒如铅、铜、砷、汞等；化学药物苯中毒可引起严重的溶血性贫血。

（3）询问是否有野外活动经历，毒蛇咬伤可引起严重的溶血性贫血。

（4）询问治疗用药史，磺胺类药物等可引起严重的溶血性贫血。

（5）警犬是否有搜爆史，警犬在执行任务时吸入 TNT 炸药也可导致溶血性贫血。

（6）是否新生幼仔且吸吮母乳后发生，因新生幼仔的血型和母犬的血型不同，吃入母乳后发生抗原抗体反应而导致幼仔溶血性贫血。

（7）询问输血史，异型输血可导致溶血。

（8）询问猫的病史，猫自身免疫性溶血性贫血常继发于猫白血病病毒、巴尔通体和链球菌等感染，淋巴瘤、淋巴肉瘤和白血病等恶性肿瘤。

2. 视诊

（1）该病临床表现多样，轻重不一。一般起病缓慢，常表现为全身虚弱、沉郁，发热和溶血起病患较少见。

（2）急性型多见于幼龄动物，但有时也见于成年动物，一般均有病毒感染史。起病急骤，寒颤、高热、腰荐痛、呕吐、腹泻，严重者可出现休克，神经系统表现有精神沉郁、烦躁以至昏迷。

（3）皮肤黏膜苍白及黄疸可见于 1/3 患病动物，半数以上患病动物为轻度至中度。

（4）较少见呼吸困难、胃肠道不适、酱油色尿、心绞痛、心衰、水肿等。

（5）抗体型多为继发性，常呈急性经过。视诊明显可见末梢部皮肤发绀和坏死，尤其是鼻端、耳尖和尾端。在寒冷的季节病情加重，可形成坏疽和痈。

3. 听诊

心跳增速，呼吸浅表迫促。

4. 触诊

浅表淋巴结肿大，脾肿大，有时发热。

5. 实验室诊断

（1）血象　贫血或伴有血小板、白细胞数下降，网织红细胞计数升高（再生障碍性贫血危象时可显著减低）（图 3-3）。

（2）骨髓象　多呈增生性贫血（红细胞系以中幼红细胞为主）骨髓象；再生障碍性贫血危象时可呈再生障碍性贫血的骨髓改变。

（3）血浆或血清　高血红蛋白血症和（或）高胆红素血症。

（4）尿检　高尿胆原或高游离血红蛋白或高含铁血黄素。

（5）免疫指标　丙种球蛋白量可升高。

（6）其他　包括心肺肝肾功能等检查，不同原发病可能在不同脏器有不同表现。

（7）特异检查　用于确定被检查宠物是否有自身红细胞抗体及何类型抗体。

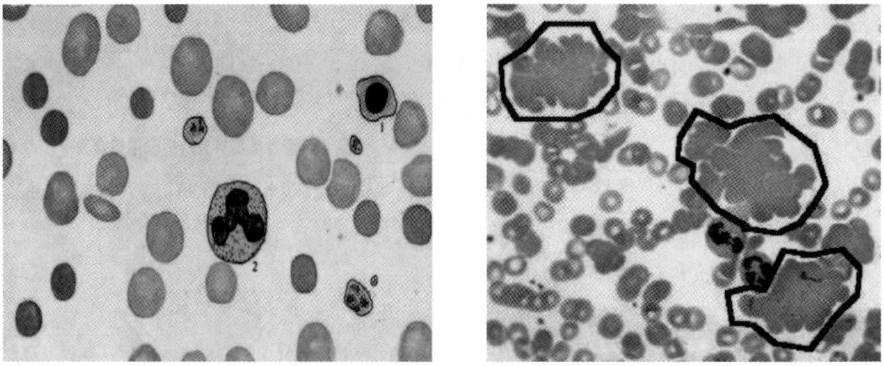

（1）白细胞数下降　　　　（2）红细胞溶解

图 3-3　自身免疫性溶血性贫血

（三）治疗

1. 治疗原则

加强护理，扩充血容量，除去病因，对症治疗。

2. 治疗方法

【治疗 1】

病因明确者，应积极治疗原发病。

【治疗 2】糖皮质激素

氢化可的松 100~300mg/d，静脉输注，3~5d 后改用泼尼松 1mg/(kg·d)，口服，7~10d 内病情改善，血红蛋白接近正常时，每周渐减泼尼松用量 10~15mg，直至泼尼松用量为 20mg/d。

【治疗 3】

定期查血红蛋白及网织红细胞计数 2~3 周，若稳定，每周减泼尼松 2.5mg，至 5~10mg/d，或隔日应用泼尼松 10~20mg，维持治疗 6 个月。

七、血小板减少症

（一）特征

血小板数量低于 10.0×10^4 个/mL 时称为血小板减少。临床上以皮肤、黏膜出现瘀血点和瘀血斑及鼻出血、肠出血、血尿、出血时间延长等为典型症状。

（二）诊断

1. 问诊及主诉

（1）询问或进一步检查是否有传染病史，如犬瘟热、犬细小病毒病、猫白血病、结核病等，这些病可导致血小板生成抑制，血小板破坏增加。

（2）询问或进一步检查是否患有肿瘤性疾病，如骨髓瘤、乳腺癌、血管肉瘤、纤维肉瘤等，此类疾病可引起免疫性血小板破坏。

（3）询问或进一步检查是否使用抗生素或抗肿瘤药物，如硫唑嘌呤、阿糖胞苷、长春新碱、氯霉素等，此类药物能抑制骨髓的造血功能。

（4）询问是否使用非类固醇类药物或雌激素，如阿司匹林及布洛芬，雌激素可抑制血小板生成。

（5）询问或进一步检查是否患有心丝虫病。

2. 视诊

（1）厌食、虚弱、嗜睡、不耐运动、呼吸困难。

（2）皮肤和黏膜的突发性点状出血或斑状出血。

（3）可见眼前房、眼底和鼻出血，出现吐血、便血和血尿及耳廓淤血等症状。

（4）如果过度出血或伴有自身免疫性溶血性贫血，可出现贫血症状。严重贫血的宠物，黏膜苍白，虚弱，甚至浮肿。此外，常因外伤而发生出血。

（5）静脉注射或外伤而发生出血，出血时间延长，需要压迫或经过较长时间后才能止血。

（6）出血点多发生于口腔或生殖器黏膜，下腹部，腋窝，腹股沟摩擦部位。

3. 触诊

大量的出血点聚集称为紫癜，紫癜通常触诊不到（皮肤结构、厚度均正常），出现可触诊的表明存在潜在的全身性血管炎。

4. 实验室诊断

正常犬的血小板循环量为（2.0～6.0）$\times10^5$ 个/mL，正常猫的为（5.0～8.0）$\times10^5$ 个/mL。

血液检查：外周血细胞计数是确定血小板减少症的关键性检查，外周血液中血小板的数量低于 1.0×10^5 个/mL 时，则该宠物患有血小板减少症。血小板的数量低于 2.0×10^4 个/mL 时，临床出现出血症状。

（三）治疗

1. 治疗原则

消除病因，促进血小板生成。

2. 治疗方法

【治疗 1】

血小板明显减少的急性病例，静脉注射 0.02mg/kg 地塞米松和 0.02mg/kg 长春新碱。

【治疗 2】

稳定病例用维持剂量的免疫抑制性药物。

【治疗3】

顽固性病例用罗普司亭5.0~7.0mg/kg，口服，2次/d。配合泼尼松使用。

【治疗4】

输注血小板悬液。

【治疗5】

药物治疗无效时应施行脾切除术。

【治疗6】

丙种球蛋白400mg/（kg·d），10%葡萄糖30mL。

用法：缓慢静脉滴注，连用3~5d。

【治疗7】

丙种球蛋白600mg/（kg·d），10%葡萄糖30mL。

用法：缓慢静脉滴注，连用1~3d。

八、猫白血病

（一）特征

猫白血病是猫最常见的发病率与致死率均较高的致死性疾病。该病潜伏期较长，临床上具有消化道淋巴瘤、胸腺淋巴瘤、淋巴白血病等多种表现形式。主要特点是贫血，黏膜和皮肤上出现出血点。

（二）诊断

1. 问诊及主诉

（1）询问患猫年龄，本病主要发生在4月龄以内的仔猫，随着年龄的增长其易感性降低。

（2）询问母猫是否确诊过白血病，因为垂直传播，母猫可通过子宫将病毒传给胎儿或经病母猫的乳汁传播给小猫。

（3）询问或调查同群猫是否有感染，因为水平传播，跳蚤、唾液、乳汁和鼻分泌物中含有病毒可传播该病。

2. 视诊

（1）食欲减退，体重减轻，嗜睡，渐进性消瘦。

（2）黏膜苍白，贫血，黏膜和皮肤上出现出血点。

（3）有呕吐和腹泻等症状。

（4）临床出现间歇热型。

（5）胸腺型患猫，肿瘤压迫食管、气管和肺，常导致呼吸困难、吞咽困难、胸腔积液等症状。

3. 触诊

（1）消化道淋巴瘤型　主要以肠道淋巴组织或肠系膜淋巴结出现 B 细胞淋巴瘤组织为特征，腹外触压内脏可感觉到有不同形状的肿块，肝、肾、脾肿大。

（2）多发淋巴瘤型　全身多处淋巴结肿大，体表淋巴结均可触及肿大的硬块。

（3）胸腺淋巴瘤型　瘤细胞常具有 T 细胞特征，严重者整个胸腺组织被肿瘤组织所代替。

（4）淋巴白血病　全身多处淋巴结肿大、肝脏肿大，淋巴结轻度至中度肿大，身体浅表的病变淋巴结可以用手触摸到。

4. 病理解剖

病死猫尸检时，在相应脏器上可见到肿瘤，通常根据临床症状和剖检变化可以作出诊断。

5. 实验室检验

实验室中常运用血液学、组织病理学、血清学和其他病毒学研究方法进行诊断，其中较为常用的血清学方法为免疫荧光抗体法，必要时进行核酸检测技术。免疫荧光抗体法是简单、快捷和较为经济的诊断方法，用于对血液抹片进行染色。但是，免疫荧光抗体染色诊断试验阳性并不能说明被检猫携带有病毒。

（三）治疗

本病的潜伏期一般较长，症状多种多样。临床治疗价值不大，加上治疗不易彻底，且患猫在治疗期及表面症状消失后具有散毒危险。因此，应进行淘汰处理。

（四）预防

（1）临床上可以通过血清学疗法治疗猫白血病病毒和猫肉瘤病毒引起的肿瘤。

（2）治疗不易彻底，且患猫在治疗期及临床症状消失后仍有散毒的危险。

（3）目前尚无有效的疫苗可以应用。

（4）最有效的预防措施是建立无猫白血病病毒群。

（5）猫群中引进外源新猫时，必须进行猫白血病检疫，并建议这种检疫最好间隔 1 个月进行 2 次，以证明确实无猫白血病病毒感染。

九、维生素 B_{12} 缺乏症

（一）特征

维生素 B_{12} 是唯一含有矿物质的维生素，主要功能是抗贫血（促进红细胞的

再生与形成），参与蛋白质合成、脂肪与糖类代谢、预防神经受损、维持正常的生长与发育。宠物缺乏维生素 B_{12} 时，表现为红细胞生成功能障碍性贫血，可视黏膜苍白，甚至出现神经症状。

（二）诊断

1. 问诊及主诉

（1）询问营养状况，是否摄入不足或需要增加。

（2）是否患吸收障碍性疾病，胃全部或大部切除及小肠吸收不良综合征可导致内因子缺乏。

（3）询问和了解食物原料的营养构成及加工条件。

（4）询问和了解食物的储存条件，因为维生素很容易受阳光、加热、空气湿度的破坏。

2. 视诊

表现为生长缓慢甚至停止生长，脱毛、皮炎、眼炎、食欲不振、慢性腹泻、体重减轻、消瘦和贫血。严重时则运动失调、惊厥。

3. 实验室检查

多数宠物胃酸缺乏，有轻度贫血或恶性贫血。脑脊液检查正常，血清维生素 B_{12} 浓度降低。

（三）治疗

1. 原则

消除病因，补充维生素 B_{12}。

2. 治疗

【治疗 1】

确诊本病后，首先给予维生素 B_{12} 10~50μg，肌内注射，1 次/d，待症状好转后维持量，以防复发。病程较长或症状严重者，可用大剂量。

【治疗 2】

维生素 B_{12} 并用维生素 C，可加强维生素 B_{12} 在核蛋白生物合成过程中的辅酶作用，提高疗效。

【治疗 3】

服用胃蛋白酶合剂或食前服稀盐酸合剂 2~5 滴，可减少因胃酸缺乏引起的消化道症状。

【治疗 4】

食用新鲜动物肝脏等有助于治疗和预防。

【治疗 5】

补充营养，食物中含维生素 B_{12} 的主要有肝、肾、肉类、牛乳、鸡蛋、大豆。

任务二　以心音异常为主症的疾病

任务描述

学习以心音异常为主症疾病的相关知识，参加相关临床病例的诊疗，分析临床案例。

案例分析

案例 1

丹麦犬，褐色，雌性，3 月龄，体重 13kg。营养状况一般，发育一般，运动易疲劳，气喘，偶有咳嗽。平时心跳急促，P：112 次/min，R：88 次/min，T：38.2℃。触诊左胸壁前方，可感震颤性心跳。听诊左心基部区有震颤性杂音，收缩期杂音高朗呈连续性。叩诊心浊音区稍大。X 射线检查可见肺动脉扩大，肺纹理增强。请诊断该犬得了什么病。

诊治方案：根据患犬发育一般、运动易疲劳、气喘，并有呼吸急促，脉搏、呼吸数明显变化，触诊左侧胸壁震颤性心跳，左心基部有震颤性杂音等临床表现，初步怀疑该犬患有动脉导管未闭，通过 X 射线检查见肺动脉扩大，更进一步确诊。治疗方案是强心利尿，维持心肺功能，必要时进行手术治疗。

案例 2

1 只 4 岁的雄性德国牧羊犬到医院就诊，临床检查表现为呼吸急促，腹围增大，精神沉郁。体温正常，可视黏膜苍白，听诊心音不清，股动脉搏动减弱，腹部下垂，触诊有波动感。当晚进行胸腔和腹腔穿刺，缓慢抽出血性胸腔积液约 400mL、血性腹腔积液约 2500mL。请诊断该犬得了什么病。

诊治方案：根据患犬临床表现，呼吸急促、腹围增大、听诊心音不清、脉搏减弱、腹部下垂，以及胸腹腔穿刺有血性积液等特点，可以初步判断该犬患有右心衰竭。治疗方案是迅速恢复心力，减轻心脏负担，强心、利尿以及对症治疗。

案例 3

德国牧羊犬，8 月龄，雄性，体重 44kg。主诉：约半个月前不食，腹围增大，在其他医院使用白蛋白治疗后腹围减小，食欲正常；最近几天食欲废绝，腹围增大，呼吸困难，卧地不起。临床检查：患犬精神欠佳，皮肤弹性降低，触诊有腹水，肝脏肿大；听诊左右两侧心音区扩大，心音弱；生化检查肝脏功能指标明显升高，丙氨酸氨基转移酶（ALT）为 860U/L（4~66U/L），天冬氨酸氨基转移酶（AST）为 268U/L（8 ~ 38U/L）；血液学检查白细胞总数增多，26.5（6.00~17.00）$\times 10^9$ 个/L，其他指标正常；X 射线检查胸部右侧位 X 射线摄片显示心脏轮廓增大、变圆、似球形；超声检查显示心脏周围有一个环形的液性暗区，心脏声像在暗区中摇摆，各个腔室难以分辨；腹部超声显示腹腔积液，肝脏钝圆。请问该犬得了什么病。

诊治方案： 根据患犬临床表现，腹围增大，呼吸困难，肝脏肿大，有腹水，生化检查肝脏指标明显异常，X 射线检查心脏轮廓增大，超声检查心脏周围有液性暗区等特点，可以初步判定该犬患有心包积液。治疗方案是治疗原发病，患犬适当休息，必要时进行心包穿刺，以及合理利用利尿剂、强心剂等药物。

相关知识

以心音异常为主症的常见内科疾病主要有二尖瓣闭锁不全、三尖瓣闭锁不全、主动脉口狭窄、心内膜炎、心肌炎、心律不齐、心力衰竭、循环虚脱、心包积液及幼犬的法洛四联症。

一、二尖瓣闭锁不全

（一）特征

各种原因引起的二尖瓣闭锁不全可导致收缩部分血液由左心室向左心房反流，表现为咳嗽、呼吸急促和易疲劳等临床症状。

（二）诊断

1. 问诊及主诉

（1）询问是否咳嗽，是持续的还是间断的咳嗽，咳嗽白天严重还是夜间严重，严重程度如何。

（2）询问是否散步、运动和兴奋后，呼吸频数，咳嗽加重，并有口唇发绀症状及咳喘痰鸣。

2. 视诊

（1）夜间轻度、间断性咳嗽，严重时白天也频繁出现。

（2）轻症时轻微活动不表现临床症状，只在散步和兴奋时出现。

（3）重症时运动能力丧失，出现呼吸困难、端坐呼吸、咳喘痰鸣和发绀等。

（4）发展到右心功能不全时，表现为颈静脉充血及阳性颈静脉搏动。

（5）肝大及肝压痛，腹水、胸腔积液、心膜水肿、四肢浮肿。

（6）食欲不振、体重下降，失神、倦怠、嗜睡，少尿。有时可见腹泻、血便等。

（7）可视黏膜从苍白到发绀不等。

（8）毛细血管再充盈时间（CRT）延长（>2s）。

3. 听诊

（1）典型的全收缩期反流性杂音，与第一心音同时出现，并持续到第二心音之前的低音，在反流孔较小时可听到收缩期驱出性杂音（音高）。

（2）杂音的强度不等，左侧心尖部或第 5 肋间的肋骨和肋软骨结合部（二尖瓣口）杂音最强。

（3）杂音随血流传播，在背侧及颈部也能明显听到，更有甚者在头顶部也能听到，极少数情况下可以听到收缩期轰鸣音。

（4）在心杂音出现之前，有时可听到收缩期咔嗒音，有时还可听到心律不齐或奔马律。

4. X 射线检查

严重的病例右心房肥大，伴有不同程度的左心室肥大，左心衰竭时出现肺静脉充血和肺水肿，气管不同程度升高，左心导管造影可见收缩期反流进左心房内的造影剂影像（图 3-4）。

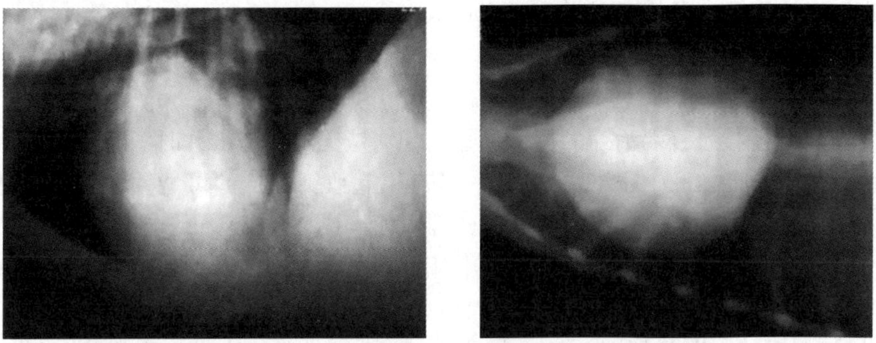

（1）侧位片　　（2）正位片

图 3-4　患二尖瓣闭锁不全的 18 周龄大丹犬的胸部 X 射线片

5. 心电图检查

左心房肥大引起 P 波增高，R 波增高，心室节律不齐，末期有时出现心房纤颤（图 3-5）。

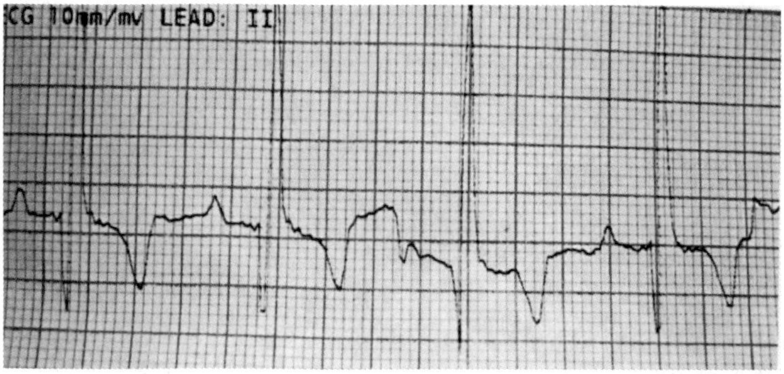

图 3-5 犬二尖瓣闭锁不全

（P 波增高，R 波增高，Q 波降低，提示左心房、左心室扩张）

6. 超声心动图检查

切面超声法可以观察到由黏液变性等引起的瓣前后叶的肥厚或瓣尖部有结节，有时可见伸长了的二尖瓣和腱索的肥厚图像，动态观察到瓣的过度开放运动及收缩期瓣尖向左心房的脱垂，彩色多普勒超声心动检查可证明二尖瓣回流和二尖瓣狭窄的异常流动及紊乱。

（三）治疗

1. 治疗原则

以改善生命质量和延长寿命为目标，通过减少心脏负荷、加强心肌收缩等措施保守治疗，有条件者可做瓣膜修补术。

2. 治疗方法

【治疗 1】 利尿

利尿是心力衰竭治疗的重要步骤，特别是在出现肺水肿时意义重大。口服或注射呋塞米 1~4mg/kg，2~3 次/d，若有引起血钾降低的可能性，需要注意保持电解质平衡，可以合用保钾性利尿药螺内酯，1~2mg/kg，2 次/d。

血管紧张素转化酶抑制剂：继卡托普利之后，现在开始使用新一代血管紧张素转化酶抑制剂，如依那普利，0. 25~0. 5mg/kg，1~2 次/d。盐酸哌唑嗪（扩张动脉和静脉）、盐酸肼苯达嗪（扩张小动脉）、硝酸甘油（扩张静脉）等血管扩张剂供选择。

【治疗 2】 强心

强心目前依然以洋地黄制剂为主，洋地黄片，0. 01mg/kg，2 次/d，根据反应确定维持量。其他可供选用的强心药还有 β 受体激动剂，如多巴胺、多巴酚丁胺、磷酸二酯酶抑制剂类如氨力农等。

（四）饲养管理

适当限制运动，保持安静，给予低盐食物，并发肾功能不全时减少蛋白性食品，并发肝功能下降时少给瘦肉。

二、三尖瓣闭锁不全

（一）特征

三尖瓣闭锁不全分为先天性和后天性两种。宠物后天性三尖瓣闭锁不全主要由细菌性（增殖性）心内膜炎引起。当发生中度以上的三尖瓣闭锁不全时，呈现右心功能不全症状，出现发育不良、易疲劳、腹水和浮肿等。

（二）诊断

根据典型杂音，右心室、右心房增大及体循环淤血的症状和体征，一般不难作出诊断。超声心动图声学造影及多普勒超声检查可确诊，并可帮助作出病因诊断。

1. 问诊及主诉

（1）询问患宠年龄，因本病主要发生于幼龄犬。

（2）询问是否不耐运动，易疲劳。

（3）询问或进一步检查有无水肿的表现，是否患过心内膜炎。

2. 视诊

（1）患宠不耐运动，易疲乏，呼吸急促。

（2）皮下水肿，有大量腹水。

（3）食欲不振、恶心、嗳气及呕吐，部分病例可有轻度黄疸。

（4）病变明显时颈静脉怒张且收缩期搏动，后肢水肿、肝大、腹水。

3. 触诊

（1）部分病例颈、头部静脉搏动敏感。

（2）弥漫的右心室搏动，心界向右扩大。

（3）病变严重时，颈静脉怒张且收缩期搏动。

（4）肝大，右季肋区和右前腹胀痛。

（5）四肢水肿，触诊捏粉样。

4. 听诊

（1）第一心音减弱，肺动脉瓣第二心音亢进。

（2）常可闻及右心室第三心音奔马调心音（奔马律）。

（3）胸骨左缘第3~5肋间全收缩期杂音，在剑突区最响亮，当右心室明显增大致心脏转位时此杂音可位于心尖区。

（4）严重关闭不全时，在胸骨左缘的第三心音之后偶可闻及一短促的舒张期隆隆样杂音。

（5）主要体征为胸骨左下缘全收缩期杂音，吸气及压迫肝脏后杂音可增强。

5. X 射线检查

（1）可见右心室、右心房增大（图 3-6）。

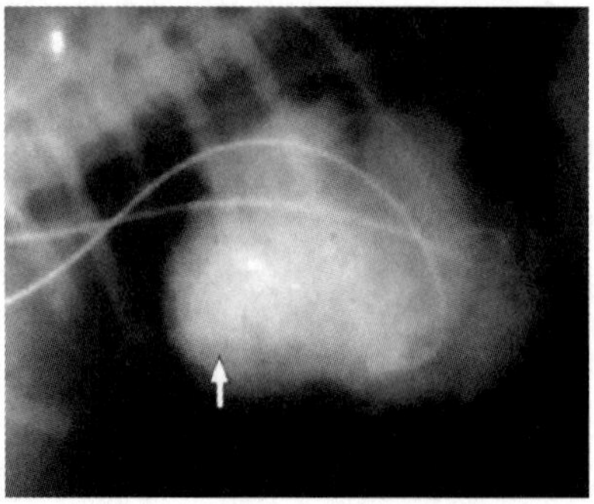

图 3-6　患三尖瓣闭锁不全的罗威纳犬，右心房对比心血管造影显示右心房肥大程度（箭头所指）

（2）右房压升高者，可见奇静脉扩张和胸腔积液。

（3）有腹水者，横隔上抬，透视时可看到右心房收缩期搏动。

6. 心电图检查

右束支阻滞或右心室肥厚症，常有肺性 P 波或心房颤动。

7. 超声心动图检查

可见右心室、右心房增大，上下腔静脉增宽及搏动；畸形的三尖瓣。二维超声心动图声学造影可证实反流，多普勒超声检查可判断反流程度和肺动脉高压。

8. 鉴别诊断

（1）二尖瓣关闭不全　心尖区典型的吹风样收缩期杂音，并有左心房和左心室扩大。

（2）三尖瓣关闭不全　胸骨左缘下端闻及局限性吹风样的全收缩杂音，吸气时因回心血量增加可使杂音增强，呼气时减弱，肝脏肿大，心电图和 X 射线检查可见右心室肥大，超声心动图可明确诊断，两个房室瓣同时出现闭锁不全时，双侧心房和心室的症状同时出现。

（三）治疗

1. 治疗原则

尚无法用外科方法治疗本病，因此，主要采用内科治疗方法。由于本病主要发生于幼龄宠物，应尽量做到早期诊断和及时治疗。

2. 治疗方法

【治疗 1】

口服地高辛，0.01μg/kg，或者每隔 8～12h 内服。

【治疗 2】

静脉注射或肌内注射呋塞米，1～2mg/kg。

【治疗 3】

控制呼吸道感染，每隔 6h 口服氨苄西林，10～20mg/kg，或者每隔 12h 口服头孢噻呋，30mg/kg。

【治疗 4】

有心力衰竭症状时，限制盐和水摄入。

三、主动脉口狭窄

（一）特征

主动脉口狭窄是一种先天性疾病，常与主动脉瓣关闭不全及二尖瓣病变合并存在（图 3-7）。病理变化为瓣膜交界处粘连和纤维化，瓣膜的变形加重了瓣膜的损害，导致钙质沉着和进一步狭窄。瓣膜狭窄在犬、猫最常见，主动脉口狭窄的可能严重程度随年龄的增大而加剧。该病以拳师犬、纽芬兰犬及金毛猎犬较为常见。

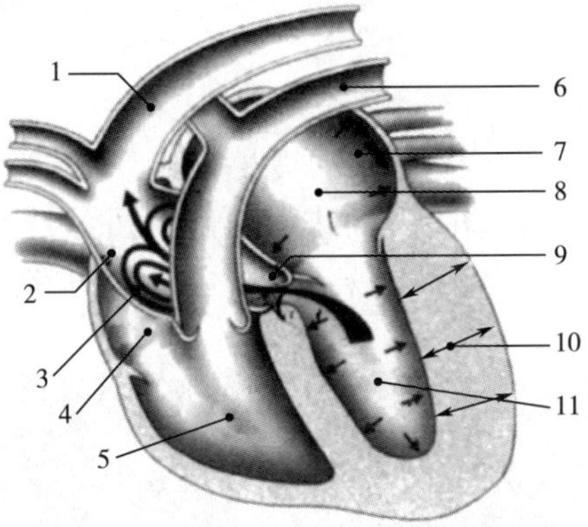

1—主动脉；2—狭窄后部扩张；3—乱流；4—右心房；5—右心室；6—肺动脉；7—血液蓄积引起的扩张；8—左心房；9—狭窄部；10—左心室肥大；11—左心室。

图 3-7　主动脉口狭窄模式图

（二）诊断

1. 视诊

（1）症状轻重决定于狭窄程度，轻度狭窄一般无症状。

（2）随着病程的发展，运动后可出现呼吸困难及端坐呼吸。

（3）当有运动、应激、呼吸道感染等诱因时，可诱发急性肺水肿。

（4）严重狭窄时，不耐运动，晕厥甚至猝死。

2. 听诊

（1）左心基部心脏听诊可听到粗糙、响亮、刺耳的喷射性收缩期杂音。

（2）杂音向右颈部、背部甚至肘部传导。常伴有收缩期震颤。

（3）杂音的程度常与狭窄的严重性有关。

（4）瓣膜活动受限或钙化明显时，主动脉瓣第二心音减弱或消失，也可出现第二心音逆分裂。

3. X 射线检查

心脏外形正常或扩大，以左心室增大为主，透视下收缩强烈，升主动脉影像因狭窄后扩张而增宽（图 3-8）。

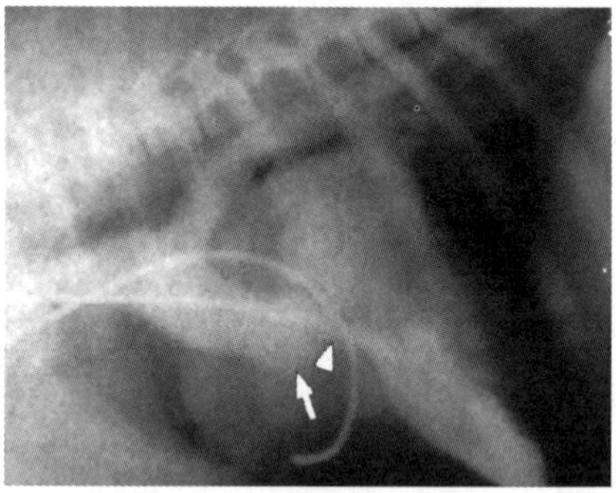

图 3-8 患主动脉口狭窄的 6 月龄罗威纳犬胸部 X 线摄片瓣膜下狭窄和主动脉扩张（箭头所指）

4. 心电图检查

轻度主动脉瓣狭窄者心电图可正常。严重者心电图左心室肥厚与劳损。S-T 段压低和 T 波倒置的加重提示心室肥厚在进展。左心房增大的表现多见。主动脉瓣钙化严重时，可见左前分支阻滞和其他各种程度的房室或束支传导阻滞。

5. 超声心动图检查

M 型超声可见主动脉瓣变厚，活动幅度减小。二维超声心动图上可见主动脉瓣收缩期呈向心性弯转运动，并能明确先天性瓣膜畸形。严重的病例在左心室流出道可见产生回波的纤维环（图 3-9）。多普勒超声可以评价损伤的程度。

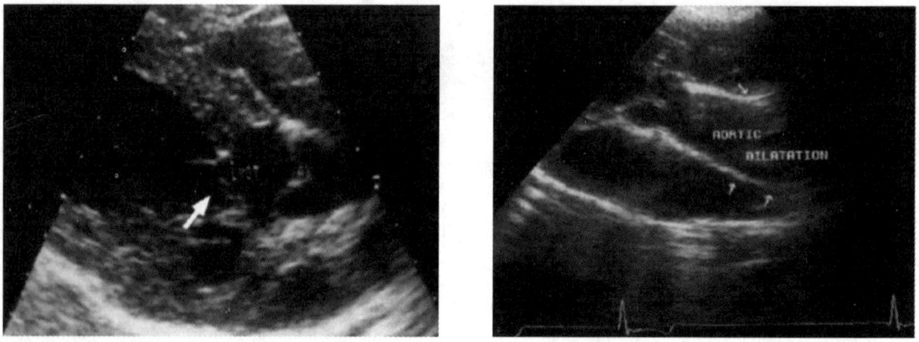

（1）左心室搏出通道的动脉下纤维环　（2）大动脉狭窄后的扩张

图 3-9 患主动脉口狭窄的 2 岁拳师犬

(三) 治疗

1. 治疗原则

一旦确诊为本病后须限制运动以减轻左心负担。若有晕厥、心前区疼痛或心力衰竭等严重症状，应及时作进一步检查；轻度至中度主动脉口狭窄者，可以长期存活，即使未经治疗。

2. 治疗方法

【治疗1】

严重病例，为了减少心肌耗氧并防止心肌缺血性萎缩，推荐使用钙离子通道阻滞剂和肾上腺受体阻断剂。心室节律不齐使用抗心律不齐药加以控制。

【治疗2】手术疗法

用外科手术矫正和环状瓣膜成形术。

四、动脉导管未闭

(一) 特征

宠物出生后，在开始出现肺循环的同时，动脉导管处于没有闭锁的状态时，就会发生动脉导管未闭（图3-10）。有先天因素的犬包括狮子犬、德国牧羊犬、边境柯利犬、爱尔兰塞特犬、骑士查理王猎犬、喜乐蒂牧羊犬、博美犬，而其他纯种和杂种犬也可患此病。

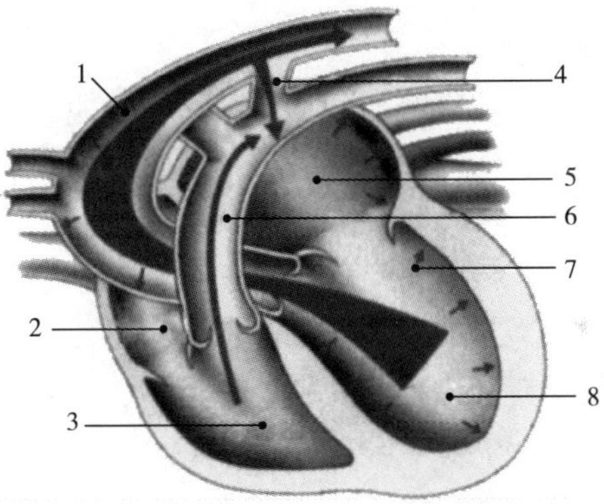

1—主动脉；2—右心房；3—右心室；4—动脉导管；5—左心房；6—肺静脉；7—血液蓄积引起的扩张；8—左心室。

图3-10 动脉导管未闭模式图

(二) 诊断

1. 问诊及主诉

(1) 询问是否有黏膜发绀及呼吸困难症状。

（2）询问是否有运动耐力下降，是否咳嗽、咯血。

2. 听诊

最突出的特点是在胸骨左缘第 2 肋间有响亮的连续性机器声样杂音，占据几乎整个收缩期与舒张期，在收缩末期最响并伴有震颤，向左上胸及背部传播。

3. X 射线检查

X 射线显示左心房和右心室早期即开始肥大（图 3-11）。在分流量较大的病例，可见肺充血、肺动脉影像增粗和搏动强、肺动脉总干弧凸起、主动脉弓影明显、左心室扩大。

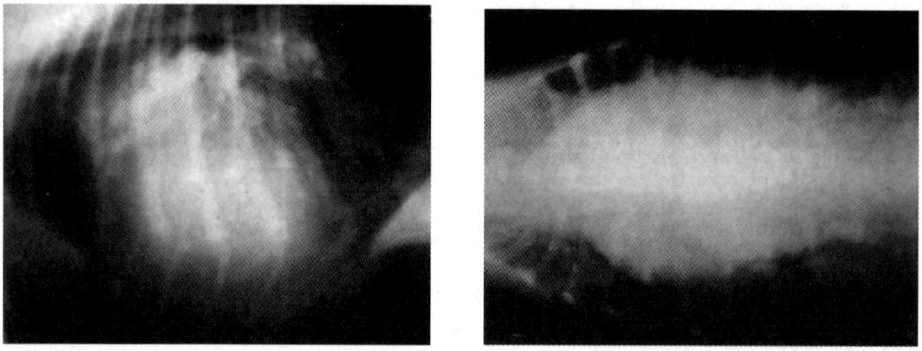

（1）侧位　　（2）腹背位

图 3-11　患有动脉导管未闭的 5 月龄标准雌性狮子犬的胸部 X 射线片

4. 超声心动图检查

可见左心室内径增大、二尖瓣活动幅度及速度增加。二维超声心动图可能显示出未闭的动脉导管。彩色多普勒血流显像可探测到从降主动脉经未闭动脉导管进入肺动脉的血流。

5. 心电图检查

心电图检查可有 4 种类型的变化：正常、左心室肥大、左右心室合并肥大和右心室肥大，后两者均伴有相应程度的肺动脉高压。

（三）治疗

1. 治疗原则

心脏未发生代偿性变化前进行早期手术治疗。

2. 治疗方法

（1）呈现心功能不全的病例，可应用异羟基洋地黄毒苷［5.5~10μg/（kg·d），内服］，此外同时应用利尿剂（呋塞米 1~2mg/kg，每隔 8~12h 内服、静脉或肌内注射）或血管紧缩素转化酶抑制剂。

（2）伴发呼吸器官感染或其他感染时，为了预防细菌性心内膜炎的发生，应用抗生素 3~4 周，如头孢噻呋，10~20mg/kg，每隔 6h 一次内服；头孢氨苄，30mg/kg，每隔 12h 内服一次。

（3）当病情好转后，立即采取外科手术闭合动脉导管。如果伴发肺高血压时，一般预后不良，建议手术越早越好。外科结扎是治疗动脉导管未闭左侧到右侧逆流的一种治疗方法。外科手术前的稳定性是很有必要的，使用利尿剂和血管紧缩素转化酶抑制剂，未经治疗的犬在最初几年的死亡率达 60%~70%。患有右侧到左侧逆流的动脉导管未闭患犬不宜做外科手术。

（4）让患犬多休息，限制运动，并且避免应激。

（5）对诊断为动脉导管未闭的患犬，无论是否进行手术治疗，都不宜作为种犬。其父母也不可用作种犬，同窝犬必须在详细观察后再考虑是否用作种犬。

五、心内膜炎

（一）特征

心内膜炎是心内膜及其瓣膜的炎症，形成赘生物，主要侵害瓣膜，以主动脉瓣和二尖瓣最多见。临床特点为发热、心脏杂音、栓塞、脾肿大、贫血。

（二）诊断

1. 问诊及主诉

（1）询问或进一步检查患宠是否感染全身性细菌，如溶血性与非溶血性链球菌、葡萄球菌、大肠杆菌、铜绿假单胞菌、变形杆菌、沙门菌、心丝虫及原虫感染等。

（2）询问或进一步检查患宠是否患有尿毒症等，其可引起心房壁层心内膜炎。

（3）询问或进一步检查患宠是否有持续性细菌感染、慢性脓血症、乳房炎、子宫炎及前列腺炎等，可引起瓣膜性心内膜炎。

（4）询问患宠是否被滥用肾上腺皮质激素，因为其抑制机体抗感染能力，使细菌进入血液发病。

2. 视诊

（1）患病犬、猫食欲减退，倦怠，不耐运动，运动后气喘，咳嗽。

（2）患宠夜间咳嗽剧烈，间歇时间短。

（3）猫往往突然发生后肢运步困难，气喘明显。

3. 听诊

（1）患宠心律不齐，胸壁出现震动，心脏浊音区扩大，脉搏可达 120~140 次/min，多出现间歇脉，第一心音微弱，第二心音消失，第一心音与第二心音往往融合为一个心音。

（2）患犬疣状心内膜炎时可听到瓣膜性杂音，即在收缩期出现吹风样杂音，偶尔在舒张期也可听到震颤性杂音。

4. 实验室诊断

（1）实验室诊断是确诊感染性心内膜炎的重要方法，标本的采集要在抗生素治疗前或停用抗生素，共 3 次。

（2）血液检查　血常规可见贫血，白细胞数的改变，血沉增快。

（3）其他　免疫检查可见免疫复合物试验阳性、C 反应蛋白阳性、类风湿因子阳性、蛋白电泳异常等。尿液检查有镜下血尿、蛋白尿。

5. X 射线检查

胸部 X 射线检查可见肺淤血、肺水肿、肺脓肿、肺栓塞、主动脉的改变等征象。

6. 心电图检查

可显示心房、心室扩大，心肌劳损，心肌梗死的改变，房颤、传导阻滞等心律失常。

7. 超声心动图检查

探测赘生物、瓣膜结构和功能（图 3-12），可发现先天性畸形，动脉瘤，观察心功能、室腔大小，并可发现有无脓肿。

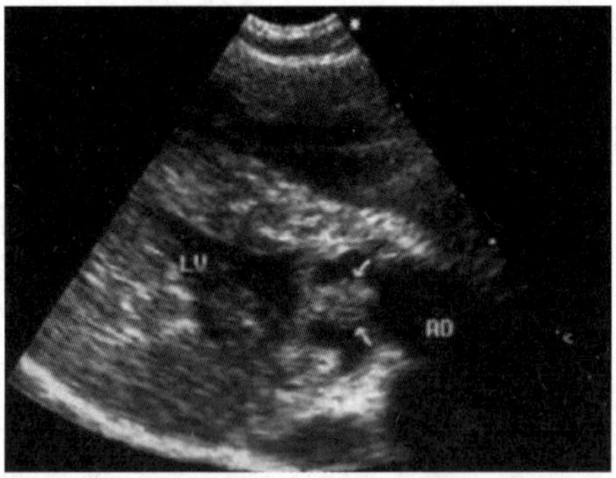

图 3-12　5 岁拳师犬超声波心动描记，心内膜炎波及动脉瓣，注意瓣膜增厚

（三）治疗

1. 治疗原则

早期给予有效的抗生素，足够的剂量和疗程，控制脓毒败血症，防止进一步瓣膜损害和预防心力衰竭、肾衰竭及心律失常等。

2. 治疗方法

【治疗 1】

对细菌感染所致心内膜炎，应根据细菌分离培养及药物敏感试验结果选择有效的抗生素治疗。革兰氏阳性菌感染者可选用青霉素、新霉素、林可霉素、链霉素或卡那霉素等。原则上是应用大剂量和长疗程（6~7 周），一般连续 7d 静脉注射，口服至少 4 周。革兰氏阴性菌感染时常产生耐药性，治疗较困难。原则上用干扰细菌细胞壁合成的抗生素（如青霉素或头孢菌素）和影响细菌细胞蛋白合成的抗生素（如四环素、庆大霉素、妥布霉素、卡那霉素等），疗程 4~6 周。

【治疗 2】

对真菌感染所致心内膜炎，用两性霉素 B，0.15~1mg/kg，1 次/d，连用 6 周，因其毒性较大，应用时注意观察。

【治疗 3】

对寄生虫感染所致的心内膜炎，要驱虫或通过手术摘除虫体。

【治疗 4】

用呋塞米 1~2mg/kg，肌内注射，2 次/d；螺内酯，2mg/kg。乙酰水杨酸 1mg/kg，口服；奎尼丁 2.5mg/kg，口服，1 次/d，对本症有缓解作用。

【治疗 5】

对严重贫血的病例，可少量多次输血，以改善全身状况、增强机体抵抗力。对伴有心力衰竭、心律失常及尿毒症病例，应及时发现和治疗。

【治疗 6】中西医结合治疗

西药皮下注射剂可注入身柱、大椎、三焦、肾俞、百会等穴；内服生脉饮或八珍汤予以调养。

六、心肌炎

（一）特征

心肌炎是指以心肌兴奋性增强和心肌收缩功能减弱为特征的心脏肌肉炎症。临床上常见的为非化脓性心肌炎。在很多国家，心肌炎的发病率为 5%~7.8%。老龄犬发病率较高。

（二）诊断

1. 问诊及主诉

（1）询问及进一步调查传染病史，犬瘟热、犬细小病毒病、钩端螺旋体病等急性期可引起不同程度的心肌炎。

（2）询问及进一步调查寄生虫感染史，弓形体、犬心丝虫可引起心肌炎。

（3）询问及进一步调查有无中毒史，有机磷、麻醉药物等可引起该病。

2. 视诊

（1）慢性心肌炎表现为虚弱、呼吸困难。

（2）严重时黏膜发绀，体表静脉怒张，颌下、四肢末端发生水肿。

（3）食欲废绝、精神沉郁、神志不清、昏迷，最终因心力衰竭而突然死亡。

3. 听诊

（1）心动过速、心跳无力、节律不齐，多伴有收缩期杂音。

（2）心率增快，心浊音区听诊界扩大。

4. 特殊诊断

（1）心功能试验　是诊断心肌炎的一个指标。让犬在安静状态下，测定病犬的心跳次数，当犬运动 5min 后，再测心跳次数。如有心肌炎时，停止运动 2~3min 后，心跳次数仍继续加快，须较长时间后才能恢复原来的心跳次数。

（2）心电图检查　T 波减低或倒置，S-T 间期缩短。

（3）X 射线检查　心脏阴影扩大。

（三）治疗

1. 治疗原则

减轻心脏负担，增强心肌营养，提高心肌收缩功能，治疗原发病。

2. 治疗方法

【治疗 1】减少运动

使发生炎性病变的心肌尽快修复，防止病情进一步恶化。

【治疗 2】防治诱因

心肌炎的诱因为上呼吸道感染，因而要预防感冒，防止病毒侵害机体。因病毒感染往往与细菌感染同时存在或相继发生，且细菌感染常可使病毒活跃，导致机体抵抗力降低，心脏损害加重，故而适当应用抗生素及时控制细菌感染十分必要。对于一些易感染的患犬可注射转移因子、丙种球蛋白等，以增强机体抵抗力，防止复发。

【治疗 3】促进心肌修复

心肌炎患犬可吸入氧气及应用一些改善心肌代谢的药物，以促进心肌的修复，阻止病情进一步发展，减少并发症的发生。常用的药物如下。

（1）大剂量维生素 C　心肌炎患犬可口服维生素 C 200~500mg，3 次/d，此外还可以静脉滴注，5~10g/d，分次应用，连续 10~14d 为一个疗程。维生素 C 具有抗病毒作用，可以增加冠状动脉血流量，促进心肌代谢，增加心肌对葡萄糖的利用，有利于心肌修复。

（2）能量极化液　能量极化液的成分包括 ATP、辅酶 A、氯化钾、胰岛素及葡萄糖，可为心肌提供能量，并促进心肌代谢，从而加速修复过程。一般 10~14d 为一个疗程，可反复静脉输液。

（3）泛醌、肌苷等　这些药物的作用均为改善心肌代谢，对心肌的修复十分有利，临床上常给心肌炎患犬口服，以配合治疗。

【治疗 4】病因治疗

病因治疗即针对引起心肌炎的病因加以治疗。病毒性心肌炎患犬，可口服一些抗病毒药物如病毒灵，中药板蓝根、金银花、连翘等；风湿性心肌炎患犬，在风湿活动期进行抗风湿治疗，如给予甲强龙等，防止病情进一步发展。

【治疗 5】激素治疗

应用激素的目的是减轻心肌的炎性反应，减少心肌瘢痕形成，改善患犬一般状况和心肌微循环，适当应用激素可控制病情的发展，改善患犬的症状。对于病情危重或反复发作的心肌炎患犬及病毒血症明显，或经一般治疗无效的患犬，采取早期、足量、短程应用肾上腺皮质激素的方法可明显缓解病情。但在病毒急性感染的最初 10d 内应避免使用激素，以免造成病毒扩散，使病情恶化。

【治疗 6】并发症的治疗

心肌炎的并发症包括心力衰竭、心律失常甚至休克等，对于这些并发症应及时处理。如出现心力衰竭，可给以强心利尿剂；有心律失常时应针对具体情况加以治疗，出现室性早搏者可给以普萘洛尔（心得安），有严重房室传导阻滞者可给以异丙肾上腺素等；心肌炎患犬一旦有休克发生说明病情十分危急，必须抓紧时机抢救，给以扩充血容量、升压的药物等措施以挽救患犬的生命。

七、心力衰竭

（一）特征

心力衰竭又称心功能不全，简称心衰。心力衰竭以心肌收缩力减弱、心脏排血量减少，进而出现一系列全身功能、代谢障碍等为特征。心力衰竭也是各种心脏疾病中常见的一种症状或并发症。按发病部位可分为左心衰竭、右心衰竭及全心衰竭。

（二）诊断

1. 问诊及主诉

（1）询问是否突然剧烈运动、运动量过大或过快，突然剧烈运动可导致心肌储备能量过多的消耗而发生急性心力衰竭。

（2）询问是否静脉注射速度过快、剂量过大或输液过快、过量等，如刺激性药物钙制剂。

（3）询问或进一步调查传染病史，如犬瘟热、犬细小病毒病等。

（4）询问或进一步调查寄生虫感染史，如犬心丝虫病、弓形体病。

（5）询问或进一步调查内科病史，如心包炎、心肌炎、慢性心内膜炎等；

代谢病史，如硒、铜、维生素 B_1 缺乏所致的营养代谢病等；内分泌性疾病，如糖尿病、甲亢等。

2. 视诊

（1）左心衰竭　临床上最常见，主要表现为肺循环静脉淤血和心排血量降低，呼吸困难，初起为运动性呼吸困难，终而演变为休息时呼吸困难，阵发性呼吸困难是左心衰竭的典型表现。

患犬表现为咳嗽、咳痰与咯血，咳吐含泡沫的黏液痰（典型为粉红色泡沫样痰），并有疲劳、乏力、沉郁、心律失常等表现，以及少尿、肾功能损害、发绀（肺部淤血症状）。

（2）右心衰竭　主要表现为体循环静脉淤血。下肢水肿、颈静脉怒张，水肿是右心衰的典型体征，首先发生在身体下垂部位。

食欲不振，恶心呕吐，由胃肠道及肝淤血所致，并有少尿（肾淤血致尿量减少）症状。

3. 听诊

（1）两肺底听到湿性啰音，随病情加重可遍及全肺。

（2）心脏扩大，心率增快，心尖区可听到舒张期奔马律。

（3）肺动脉瓣区第二心音亢进。

4. 触诊

（1）颈静脉怒张，为右心衰竭的早期表现。

（2）肝大伴压痛。

（3）四肢水肿，以下肢水肿最为明显，晚期可有全身水肿。

5. X 射线检查

左心衰竭以左心室或左心房增大为主；右心衰竭以右心室和（或）右心房肥大为主。

（三）治疗

1. 治疗原则

加强护理，减轻心脏负荷，增强心肌收缩力和排血量，消除水肿，对症治疗。

2. 治疗方法

【治疗 1】迅速恢复心功能

可因缺氧和心源性休克而死亡，因此应争分夺秒，采取积极措施，进行抢救。应采取胸部按压心脏、输氧、心脏内注射肾上腺素或10%氯化钙或葡萄糖酸钙，把舌头拉出口腔外以利于呼吸，必要时进行气管插管。

【治疗 2】减轻心脏负荷

（1）镇静　皮下或肌内注射地西泮注射液 1～2mL，哌替啶 25～50mg 或吗啡

3~5mg。后者有扩张静脉和降低血压作用，从而减轻心脏的前负荷和后负荷。但在患犬休克及严重肺疾病时禁用。

（2）泻血　静脉穿刺或切开放血，10mL/kg 体重，可减轻心脏负荷。

（3）利尿　静脉注射呋塞米 10~20mg（或氢氯噻嗪 0.05~0.1g，肌内注射，1~2 次/d）或利尿酸钠 10~20mg，可减轻心脏负荷。应用血管扩张剂，选用氨苄唑啉 5~10mg 或硝普钠 5~10mg，加在 10%葡萄糖溶液 10mL/kg 体重中，静脉注射；或选用糖皮质激素氢化可的松 5~20mg，加在 10%葡萄糖溶液 50~100mL 中，静脉注射，能改善心肌代谢，并能减轻肺毛细血管的通透性，从而减轻心脏后负荷。

【治疗 3】增强心肌收缩力，改善心脏功能

用毛花强心丙注射液 0.3~0.6mg（或毛花苷丙 0.2~0.4mg），加在 10~20 倍 5%葡萄糖溶液中，缓慢静脉注射，必要时 4~6h 后再用一次。

【治疗 4】改善缺氧状况

用导管给氧，氧流量 4~6L/min，最好用鼻罩加压给氧。

【治疗 5】对症疗法

用 ATP、辅酶 A、细胞色素 C、维生素 B_6 和葡萄糖等能量合剂进行辅助治疗。注意纠正酸碱平衡失调和电解质紊乱，尤其是低钾血症。

【治疗 6】中西医结合治疗

本病发病的基本病理是心气虚，后期兼脾肾阳虚为本，淤血内阻，水湿内停为标志。基础方是六君子汤加黄芪，如有阴虚低热现象则加生脉饮；如有淤血内阻，出现口色发绀、舌体肿大时则加当归、川芎、桃仁、红花等；若呼吸困难，出现体腔积液时则加茯苓、葶苈子、半夏、苏子等；若出现躯体四肢发冷等阴虚症状时，加干姜、附子等。西药皮下注射剂可注入身柱、心俞、三焦、肾俞、脾俞等穴。

【治疗 7】加强护理

饲喂易消化口粮，少量多次，避免过饱，适当限制钠盐摄入。

八、休克

（一）特征

休克是各种强烈致病因素作用于机体，使循环功能急剧减退，组织器官微循环灌流严重不足，以至重要生命器官功能、代谢严重障碍的全身危重病理过程。休克是一种急性综合征，其典型的临床表现是面色苍白、四肢厥冷、血压下降、脉压减小、脉细数、呼吸加速和尿量减少等。

（二）诊断

1. 问诊及主诉

（1）询问患宠是否有剧烈疼痛、严重失液和严重感染的情况。

（2）询问或进一步调查患宠是否发生了过敏性变态反应、心力衰竭及农药中毒的情况。

2. 视诊

（1）食欲废绝，渴欲增进，精神极度沉郁或不安，站立不动。

（2）体温低下，呼吸浅表而促迫，可视黏膜苍白或灰白、干燥而发凉。

（3）末期少尿甚至无尿。

（4）肌肉松弛无力，反应迟钝，站立不稳，倒地不起，严重抽搐。

3. 触诊

脉搏细弱以至不感于手，毛细血管再充盈时间显著延长（至少 3s）。触摸耳、鼻、四肢末端部皮肤冷凉或厥冷。

4. 听诊

心率加快，心音减弱，第二心音明显。

5. 实验室检查

（1）肾功能监测　休克时，应动态监测尿量、尿相对密度、血肌酐、血尿素氮、血电解质等。尿量是反映肾灌注情况的指标，同时也反映其他器官灌注情况，也是反映临床补液及应用利尿、脱水药物是否有效的重要指标。休克时应留置导尿管，尿相对密度主要反映肾血流与肾小管功能，抗休克后血压正常，但尿量少且密度增加，表示肾血管收缩仍存在或仍存在血容量不足。

（2）生化指标的监测　休克时，应监测血电解质、血糖、丙酮酸、乳酸、血清转氨酶、血氨等血液生化指标。血清转氨酶升高提示肝细胞功能受损严重，血氨增加提示出现肝功能衰竭。此外，还应监测弥散性血管内凝血的相关指标。

（三）治疗

1. 治疗原则

积极治疗原发病，纠正酸中毒，扩充血容量，合理应用血管活性药物，防止细胞损伤，防止器官功能障碍及衰竭。

2. 治疗方法

【治疗 1】

对于低血容量性休克，静脉注入林格液，犬在最初 15～20min 内的剂量为 90mL/kg，猫为 50mL/kg，然后缓慢静脉滴注。在静脉注射时，应注意观察患病犬、猫的状况，整个输入量掌握在 200mL/kg 左右，即可消除低血容量性休克，满足循环血量的需要。

【治疗 2】

失血性休克病例，应输注新鲜血液，剂量为 20mL/kg。输血前应作交叉试验，以防发生溶血或凝集现象。在紧急情况下，如找不到供血犬，可给予 6%右旋糖酐注射液 20~100mL 静脉注射。

【治疗 3】

血浆 2~5mL/kg 快速静脉注射，而后缓慢静脉注射，使总量为 5~20mL/kg。也可用血浆增容剂，如小分子质量葡聚糖溶液（葡聚糖-40）10~15mL/kg 静脉注射，24h 内的总量不应超过 20mL/kg，兼有防止弥散性血管内凝血的作用。

【治疗 4】

心源性休克的治疗关键是针对心力衰竭和心律失常进行各种处理，可给予增强心肌收缩力、抗心律失常的药物。

（1）对于心动过速性心律失常，如窦律过速、心房纤颤、阵发性心动过速等，可使用以下药物治疗。

普萘洛尔：0.5~2.0mg/kg 口服，3 次/d，或 0.04~0.06mg/kg 静脉滴注；也可按小型犬 2.5~20mg、大型犬 20~80mg、猫 2.5~10mg 口服，3 次/d。适用于窦律过速、室性早搏、阵发性心动过速、心房纤颤。

利多卡因：犬用 2~4mg/kg，猫用 0.25~0.75mg/kg，按 25~80μg/min 的速度静脉滴注。适用于室性心动过速和纤颤的急救。

硫酸奎尼丁：犬开始用 6~20mg/kg 口服，以后每隔 6~8h 用 6~10mg/kg 口服。适用于室性早搏和阵发性心动过速。

盐酸普鲁卡因酰胺：首次用 2mg/kg 静脉注射，以后每 4~8h 注射一次；或用 11~22mg/kg 肌内注射，3~6h 注射一次；或用 6~20mg/kg 口服，每 4~8h 服一次。适用于室性早搏和阵发性心动过速。

达舒平（双异丙吡胺）：20~50mg，3 次/d。

异搏定（维拉帕米）：犬 1~2mg/kg，2 次/d，对阵发性心动过速有较好效果，用药后 2~3min 即可见效。

地高辛：患犬可采取快速洋地黄化，按 0.02~0.06mg/kg 剂量，分 2 次口服，连用 2d，然后改用 0.008~0.01mg/kg 的维持量，2 次/d，口服，直到心力衰竭症状缓解。对病情不太危急的患犬，可一直口服维持剂量的地高辛。患猫对口服大量地高辛比较敏感，可采用静脉注射快速洋地黄化，将地高辛总剂量（0.02mg/kg）分成 4 份，每 4h 静脉注射一次，或用总剂量缓慢静脉滴注，而后改为维持量（0.005~0.008mg/kg），分 2 次口服。

（2）对心动过缓性心律失常，如窦律过缓、窦性静止、三度房室阻滞等可用以下药物治疗。

硫酸阿托品：0.01~0.01mg/kg，皮下注射或静脉滴注。

异丙基肾上腺素：大型犬用 0.1~0.2mg 肌内注射，3 次/d，或 2~6μg/kg 心内注射，或 2~10μg/kg 缓慢静脉滴注。本药有可能引起心室纤颤，因此要慎重使用。

九、心包积液

（一）特征

心包积液是指由于各种原因引起心包腔内液体的聚集过量。心包积液是一种较常见的临床表现，尤其是在超声心动图成为心血管疾病的常规检查方式之后，检出率提高。

当心包腔内发生过多的液体潴留时，可导致心脏的舒张不充分，引起充血性心功能不全和循环障碍。心包积液的常见病因分为感染性和非感染性两大类。犬心包积液的病因包括传染性疾病、肿瘤、心包囊肿、创伤、血液凝固异常、尿毒症、心包异物等。猫的心包积液多为传染性疾病（如猫传染性腹膜炎、细菌感染）、肿瘤、心肌病、尿毒症、创伤所致。

（二）诊断

1. 问诊及主诉

（1）询问或进一步检查患宠是否发生了充血性心力衰竭及贫血。

（2）询问或进一步检查患宠是否有传染性寄生虫感染，如心丝虫等。

（3）询问或进一步检查患宠是否患有心脏肿瘤、血管肉瘤及心包炎等。

2. 视诊

（1）精神沉郁，疲倦，不耐运动，发热、畏寒。

（2）食欲不振，呕吐。

（3）可视黏膜发绀。

（4）呼吸加快，呼吸困难。

（5）静脉怒张，腹围增大，四肢水肿。

（6）低头伸颈、肘头外展，弓背。

3. 听诊

听诊心率增加，呼吸音减弱，出现心包摩擦音及拍水音等，初期心搏动亢进，随渗出液增加而变微弱，摩擦部位、范围和强度变化较快。当心包积液充盈时摩擦音消失，继之出现拍水音，渗出液吸收后又可出现摩擦音。

4. 触诊

触诊表现为心区敏感、呻吟、呼吸急促等疼痛反应。肝、脾肿大，触诊肝区疼痛。腹水，触诊腹部有波动感。

5. 叩诊

叩诊心浊音区扩大，可随体位改变。

6. X 射线检查

（1）少量积液心影无明显改变或轻度心脏增大，心影向两侧增大（图 3-13），心膈角变成锐角。胸片正常不能排除心包积液。

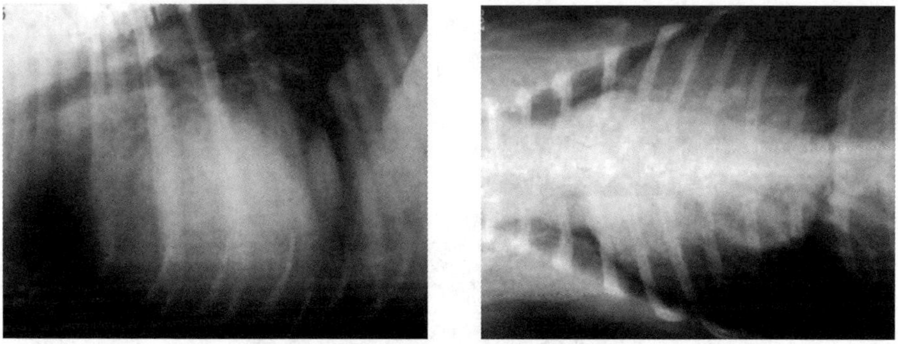

（1）侧位　　　　（2）背腹位

图 3-13　患心包积液的 8 岁拉布拉多猎犬的 X 射线摄片

（2）当心包积液量较大时，心影呈烧瓶状，并随体位改变而移动，心脏搏动减弱或消失。

（3）X 射线摄片中可见变化包括胸腔积液，后腔静脉扩张，气管变位。

7. 超声检查

超声波是检测心包积液最敏感和特异性的方法，准确、安全、简便。患有心包积液的犬、猫显示心包腔内有无回声液性暗区。

8. 血液学检查

（1）血象检查　化脓性心包炎白细胞数增多，核左移。

（2）心包穿刺液检查　化脓性心包炎为脓性渗出液，涂片或培养可找到病原菌；自发性心包炎有血清性到血液性无菌性渗出液。

（三）治疗

1. 治疗原则

治疗原发病，改善症状，解除循环障碍。

2. 治疗方法

【治疗 1】

将患病犬、猫置于安静环境中，给予易消化的食物和充足的饮水，避免运动和兴奋。对因治疗和对症治疗，针对细菌性心包炎，根据细菌培养和药敏试验选择敏感药物。

【治疗 2】

如患病宠物有强烈疼痛，可适当应用镇痛剂。

【治疗3】心包穿刺

心包积液的病例只要出现临床症状都可考虑穿刺放液。通过检查心包液性状，就能查明引起积液的病因。穿刺部位为左侧第4或第5肋间的胸侧下1/3处，首先用X射线摄影或超声波影像确认。穿刺针选用细的静脉用留置针。当穿刺针抵达心动的心包，出现被牵拉的感觉。当进一步插入时，出现抵抗后再变得无阻。在此抽出内针的金属针，就不会伤及心肌。用注射器轻轻地抽取积液，对其进行细胞学和细菌学检查（图3-14）。多次心包穿刺可能会导致心包纤维化，最后导致心包萎缩。

图3-14 心包穿刺术

（在肋软骨关节水平线上将导管刺入心包）

【治疗4】利尿剂的使用

如氢氯噻嗪、速尿（呋塞米）、螺内酯（安体舒通）、氨苯蝶啶（三氨蝶呤）等。

【治疗5】

头孢噻呋，15mg/kg。

用法：肌内注射，2次/d，连用1周。

说明：适用于细菌性心包炎。

【治疗6】

两性霉素B，0.3mg/kg。

用法：静脉注射，1次/d，连用3d。

说明：适用于霉菌性心包炎。

十、法洛四联症

（一）特征

法洛四联症包括肺动脉瓣口狭窄、心室间隔缺损、主动脉右位骑跨于缺损的心室间隔上和右心室肥大 4 种病变的先天性心血管畸形（图 3-15）。犬的发病率占先天性心脏病的 3%~10%。

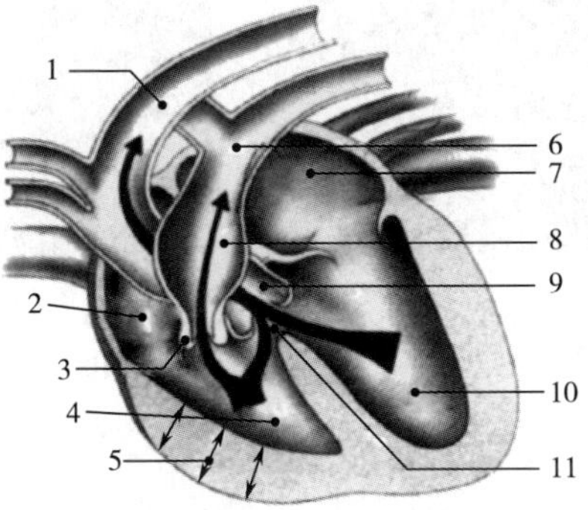

1—主动脉；2—右心房；3—肺动脉狭窄；4—右心室；5—右心室肥大；6—肺动脉；7—左心房；8—狭窄后部扩张；9—主动脉骑跨畸形；10—左心室；11—室间隔缺损孔。

图 3-15　法洛四联症模式图

（二）诊断

1. 问诊及主诉

（1）了解犬的品种，如荷兰狮子犬、查理士猎犬和英国斗牛犬易发该病。

（2）询问患犬的父代或母代是否发生过该病，因为遗传基因会导致其后代的 70%发生本病。

2. 视诊

（1）患犬由于缺氧而引起发育迟滞、发绀和呼吸困难。

（2）患犬易疲乏，有时有阵发性气喘，严重缺氧时可引起晕厥。

3. 听诊

心脏听诊第一心音正常，第二心音亢进，在肺动脉口处有特征性驱出性心杂音。心杂音强度与漏斗部狭窄程度成反比。听不到心杂音的患犬，病情更为严重。

4. 特殊诊断

（1）血常规检查　可显示红细胞、血红蛋白及血细胞比容均显著增高。

（2）心电图　可见电轴右偏、右心室肥厚。

（3）X 射线检查　主要为右心室肥厚表现（图 3-16），肺动脉段凹陷，形成木靴状外形，肺血管纹理减少。

（4）超声心动图　可显示右心室肥厚、室间隔缺损及主动脉骑跨。右心室流出道狭窄及肺动脉瓣的情况也可以显示。

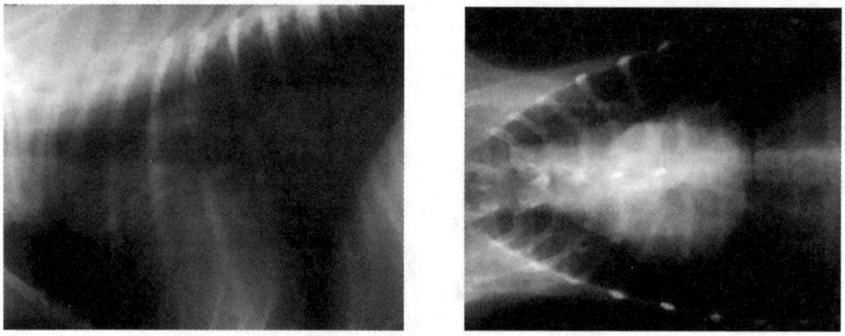

（1）侧位　　　　（2）背腹位

图 3-16　患法洛四联症 14 月龄狮子犬胸部 X 射线摄片

（三）治疗

1. 治疗原则

以治疗低氧血症为重点。

2. 治疗方法

【治疗 1】

急性发作时吸氧。对于反复发作的动物，投予 β 受体阻断剂，盐酸普萘洛尔（心得安），0.5~2mg/kg 体重，口服，分 2~3 次。限制运动，给予低钠食物，补充铁剂，以促进造血功能。此外，还要投予抗生素，防止感染。

【治疗 2】

外科手术目前临床还很难做到，发绀严重的宠物，可采取保守的主-肺动脉造窗短路手术，使左锁下动脉与肺动脉吻合。

情境小结

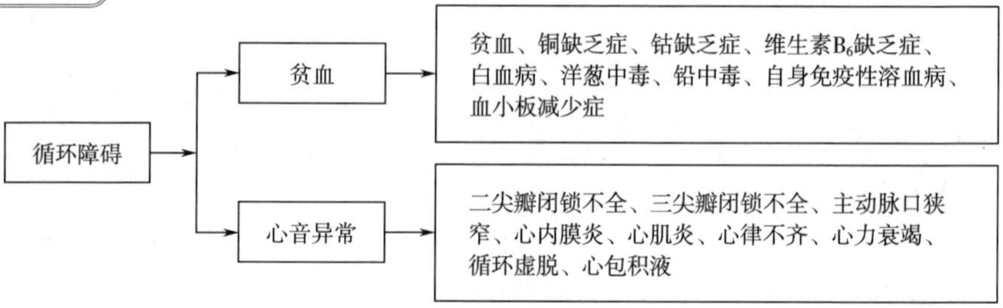

情境测试

情境三测试题

技能训练

技能训练一　昏迷的抢救

（一）技能目标

本技能训练是宠物医疗、动物医学专业学生必会的基本技能。要求学生熟练掌握宠物昏迷的抢救技术，以便更好地为宠物临床实践服务。

（二）教学资源准备

1. 材料与工具

犬或犬模型一只，犬开口器、宠物吸引器、气管插管、液体石蜡、多巴胺、甘露醇、氨基比林、戊巴比妥、氧气机、消毒手术器械、纱布等。

2. 教学场所

校内实验室。

3. 师资配置

实训时每班配备 1 名指导教师，技能考核时配备 2 名教师。

（三）原理与知识

昏迷是由于脑功能发生高度抑制所表现的最严重意识障碍。临床表现为意识完全丧失，对外界刺激无反应，随意运动消失，生理反射减弱或消失，病死率高，是临床上常见的症状之一。

根据意识障碍的程度昏迷可分为以下几种情况。

（1）嗜睡　为早期表现，动物持续处于睡眠状态但能被唤醒，停止呼唤后即又入睡。

（2）昏睡　只能被较痛的痛觉或较响的声音刺激唤醒，意识模糊、不完全。

（3）浅昏迷　意识丧失，对强烈刺激有躲避反应。角膜反射、瞳孔对光反射、吞咽反射、腰反射等无明显异常。

（4）深昏迷　自发性动作完全消失，对任何外界刺激均无反应。角膜反射、瞳孔对光反射及腰反射均消失，生命体征也常有改变。

（四）操作方法

对症及支持疗法如下。

1. 保持呼吸道通畅

应立即检查口腔、喉部和气管有无梗阻，并用吸引器清除呼吸道分泌物。必要时行气管插管或气管切开术。自主呼吸停止时给予人工辅助呼吸。呼吸中枢抑制宠物给予呼吸兴奋剂。

2. 维持循环系统功能

应立即输液以保证循环血量，如血压下降，要及时给予多巴胺和拉明类药物。纠正休克，治疗心律失常，防治心力衰竭。严重心律失常、停搏者应做心肺复苏术。

3. 降低颅内压

可使用甘露醇、甘油果糖等。

4. 处理伤口

开放性伤口应及时止血、缝合、包扎，并注意有无内脏出血。

5. 抗感染

及时做血、尿、伤口或咽拭子培养，选择广谱抗生素，以后再根据培养结果和药物敏感试验予以调整。高热时可用氟尼辛葡甲胺等退热药。

6. 控制抽搐

代谢性脑病或中枢神经系统疾病都可能引起抽搐发作。如果继续抽搐会因呼吸暂停而加重缺氧，引起脑组织进一步损害，所以必须及时处理，可使用乙酰丙嗪注射液。

7. 中西医结合治疗

强刺激山根、水沟、涌泉、六缝等穴，以促进苏醒；西药注射液可选择注入天门、风池、大椎、三焦俞、百会等穴。

（五）技能考核标准

考核标准如表 3-1 所示。

表 3-1　犬昏迷的抢救考核标准

考核内容及分数分配	操作环节与要求	评分标准		考核方法	熟练程度	时限
		分值	扣分依据			
犬昏迷的抢救（100 分）	保证呼吸道畅通	20	提出畅通方法，并能提出用人工呼吸，每项 10 分	单人操作考核	熟练掌握	5min
	维持循环系统功能及降低颅内压	20	说出一种维持循环系统功能用药 10 分，说出一种降低颅内压用药 10 分			
	处理伤口及抗感染	20	熟练止血并清洁创口 10 分，合理应用抗感染用药 10 分			
	控制抽搐	20	判断抽搐的程度 10 分，提出一种用药 10 分			
	中西医结合治疗	20	刺激苏醒方法 10 分，西药注射部位 10 分			

技能训练二 心肺复苏法

（一）技能目标

本技能训练是宠物医疗、动物医学专业学生必会的基本技能。要求学生熟练掌握宠物心肺复苏技术，以便更好地为宠物临床实践服务。

（二）教学资源准备

1. 材料与工具

犬或犬模型一只，犬开口器、宠物吸引器、气管插管、液体石蜡、0.1%肾上腺素、阿托品、尼可刹米、安钠咖、三磷酸腺苷、细胞色素C、碳酸氢钠、乳酸林格液、电击除颤机等。

2. 教学场所

校内实验室。

3. 师资配置

实训时每班配备1名指导教师，技能考核时配备2名教师。

（三）原理与知识

心肺复苏是针对心搏骤停及呼吸停止而采取的抢救措施。心搏骤停为临床上最紧急的状况，主要表现为意识突然丧失、主动脉波动消失及听不到心音，肌肉抽搐，发绀，瞳孔散大，喘息样呼吸乃至呼吸停止。如抢救不及时，机体各组织和器官将发生一系列不可逆的生化与病理性改变，导致迅速死亡。心肺复苏术的适应证：

（1）突发意外事件，如电击伤、严重创伤等；

（2）麻醉，如麻醉过深等；

（3）手术及其他临床诊疗技术操作中的意外事件；

（4）各种原因引起的休克和中毒；

（5）严重酸中毒、高血钾、低血钾。

（四）操作方法

1. 确定宠物的意识状态

轻摇宠物并呼唤其昵称，如无反应，应将宠物仰卧于地上或木板上，立即用手指甲掐压人中、山根穴。如已有心搏停止的可靠证据可省略这一步骤。

2. 畅通气道

首先，将头部伸长，并将舌头拉出口外；其次，清除分泌物或呕吐物，必要时进行气管插管，无气管插管时可使用面罩或用手圈住口鼻，合住嘴部，由鼻孔吹气入肺。

3. 判断呼吸

建立起畅通的呼吸道后，首先要观察宠物的呼吸状况，若已有自然的呼吸，则密切观察动物的情况；若仍无呼吸，则先给予长 1~1.5s 的空气以刺激呼吸，否则需要进行人工呼吸，速率为 25~35 次/min（酸中毒者用较高的速率），长度为吸气与呼气各一半，潮气量为 10~15mL/kg；氧气的来源最好是纯氧，也可是空气（氧仅占 21%）或由人口中呼出的气体（氧仅占 16%）；辅助工具可使用自动呼吸器、气体麻醉机等。

4. 建立循环

适用于没有心跳或脉搏的宠物施行胸外按摩术。体位与按摩处：小于 7kg 的宠物宜采用侧卧，按摩第 3~6 肋胸腔下 1/3 处；大于 7kg 的宠物宜采用背侧卧，按摩胸骨后 1/3 处（深胸犬或无法固定时也可采用侧卧姿势进行按摩）。按摩速率：80~120 次/min（与人工呼吸速率配合约为 3∶1）。按摩方式：采用快而短的按摩，使胸腔直径缩小 25%~30%；增加回心血流的方法包括间断性按压腹部，加压包裹后肢及下腹部，提高后肢等。

胸内按摩术适用于胸外按摩已进行 2~20min 仍无心跳时，超过 20kg 的犬可考虑直接使用；此外，存在下列情况，如气胸、血胸、心包积液、横膈疝、非常肥胖、严重低血容量造成的心搏停止等应考虑直接使用。切开部位：左侧第 5 肋间，心包的心尖部位及心包横膈韧带（小心避开神经）。按摩速率：80~120 次/min。按摩方式：双手或单手握住心脏，手指（掌）均匀放置在左右心室，以指腹或手掌按摩（不要以指尖按摩），压力由心尖至心底施予，不可旋转心脏而阻碍血流；增加脑部血流的方法是压迫下行动脉；复苏成功后用温生理盐水冲洗。放置胸内导管，投予抗生素，监测感染的情况。

5. 除颤

早期除颤在心搏呼吸骤停动物的复苏中占有重要地位。将一次性使用的除颤电极贴在动物胸廓的前外侧，即前电极安放在胸骨右侧锁骨下区，侧电极则安放在躯干的左前胸左乳头外侧腋中线处。连接电极，启动仪器，按压分析按钮，仪器迅即提示正在分析，并示知分析结果，如建议电击除颤，要求所有人员离开宠物身体，按压电击键，电击除颤。

电击除颤的剂量：体重小于 7kg 时，胸外除颤为 2J/kg，胸内除颤为 0.2J/kg；体重介于 8~40kg 时，胸外除颤为 5J/kg，胸内除颤为 0.3J/kg；体重大于 40kg 时，胸外除颤为 5~10J/kg，胸内除颤为 0.4J/kg。

除颤时应注意以下几点：胸内除颤不要超过 50J；除颤器上涂传导胶或生理盐水（不可涂酒精或超声波用传导胶）；在呼气时除颤；除颤时确定所有人员没有接触宠物，除颤后心脏的收缩力会减弱，因此需要给予按摩至收缩力恢复；第一次除颤无效时，将能量提高2倍，并给予连续两次除颤；若仍然无效，先进行人工呼吸与按摩，稍后再进行除颤；恢复正常心电图后可给予利多卡因，按1~2mg/kg，提高心室震颤发生的阈值。

6. 药物治疗

（1）强心剂　提高心输出量与血压。如肾上腺素，在心搏停止时可按0.2mg/kg静脉注射，每5min补充1次；在已知可能会产生心律不齐时可按0.01mg/kg静脉注射。多巴胺，在休克、心跳迟缓、低血压时可按每分钟5~10μg/kg定速输液，用此药时应注意心跳过速、高血压等副作用。

（2）抗心律不齐药　在评估心电图后再视需要给予。如阿托品，在副交感神经作用使心跳迟缓时按0.04mg/kg静脉注射。利多卡因，在心室搏动过速或心室早搏时犬按2~4mg/kg缓慢静脉注射（每分钟25~50μg/kg定速输液），可重复使用，但在30~45mim内总量不能超过8mg/kg；猫按0.25~0.75mg/kg缓慢静脉注射（注意猫对利多卡因敏感，容易中毒）。

（3）用药途径　采取静脉内给药，初期复苏期间一般多用，经气管、支气管给药，也可快速有效吸收，可将必要的药物适当稀释至10mL左右，注入气管内。此外，还可采用骨髓内注射、外周静脉给药，在开胸时可采用心内注射。

（五）技能考核标准

考核标准如表3-2所示。

表3-2　犬的心肺复苏法考核标准

考核内容及分数分配	操作环节与要求	评分标准		考核方法	熟练程度	时限
		分值	扣分依据			
犬的心肺复苏法（100分）	确定宠物意识状态，适当的体位和保定	20	说出意识状态，安放适当体位，每项10分	单人操作考核	熟练掌握	5min
	畅通气道和判断呼吸	20	能拉出舌头并进行气管插管10分，判断正确呼吸状态10分			
	胸外按摩术及胸内按摩术	20	能进行胸外按摩术操作10分，能进行胸内按摩术10分			
	早期除颤和电击除颤	20	早期除颤10分，电击除颤10分			
	药物治疗	20	药物名称及剂量10分，给药途径10分			

情境四 泌尿障碍性疾病

◆ **学习目标**

1. 思政目标

适应宠物内科疾病临床诊疗的工作环境，接受与患病宠物尿液、血液及分泌物接触的工作性质职业能力；宠物泌尿障碍性疾病诊治诊疗操作过程中，培养对诊疗设备、兽药、医疗耗材等成本核算的管理态度；通过分小组合作完成宠物泌尿障碍性疾病诊治接诊、诊断、治疗、预防，培养诊治的职业责任心；培养诊治中遇到诊疗问题，积极查找资料、有效进行团队沟通、讨论、研究，解决问题和承担责任的职业素养。

2. 知识及能力目标

知道泌尿障碍性疾病涵盖的主要症状，了解各主要症状涵盖的疾病，理解泌尿障碍性疾病鉴别诊断，掌握泌尿障碍性疾病的诊断与治疗；用到的技术操作有导尿技术、膀胱穿刺技术、尿道及膀胱内窥镜技术、膀胱及尿道冲洗技术、肾切开及摘除术、输尿管异位整复术、输尿管支架、尿道造口术、前列腺摘除术、膀胱破裂修补术。

◆ **必备知识**

频尿、多尿、尿失禁、少尿、无尿、尿闭、血尿。

◆ **选修知识**

犬、猫的泌尿系统解剖位置及生理特点；水肿的病理特点；泌尿系统疾病常用药物。

◆ **课前思考题**

1. 以频尿、多尿、尿失禁和以排尿困难、少尿、无尿、尿闭、血尿为主症的内科疾病各包括哪些？

2. 治疗水肿常用哪些药物？

3. 治疗泌尿障碍性疾病常用到哪些技能操作？

任务一　以频尿、多尿、尿失禁为主症的疾病

任务描述

学习以频尿、多尿、尿失禁为主症疾病的相关知识，参加相关临床病例的诊疗，分析临床案例。

案例分析

案例 1

大丹犬，4 岁，雌性。主诉近期犬排尿次数增多，尿量少，近 3d 加重，尿呈红色。食欲减退。T：39.2℃，P：114 次/min，R：23 次/min。体格大，营养中等，被毛蓬乱、无光泽。精神沉郁，倦怠无力，结膜及口腔黏膜苍白，无眼眵，鼻镜干燥。屡做排尿姿势，表现不安，呻吟，尿少呈淡红色。腹部触诊膀胱患犬呻吟、回视。听诊心音与呼吸音无异常。B 超检查膀胱壁增厚。血液学检查白细胞 18.6×10^9 个/L [正常（6~17）$\times10^9$ 个/L]，淋巴细胞百分率 17%（正常 12%~30%），中性粒细胞百分率 77%（正常 60%~75%），红细胞 5.1×10^{12} 个/L [正常（5.5~8.5）$\times10^{12}$ 个/L]，血红蛋白 7.3g/100mL（正常 11~19g/100mL）。尿液检查，尿液浑浊，混有黏液絮片、脓汁絮片、坏死组织碎片和血凝块，并有强烈的氨臭味。尿沉渣镜检，可见多量膀胱上皮细胞、白细胞、红细胞、脓细胞和盐类结晶等。请诊断该犬得了什么病。

诊治方案：根据患犬临床症状，排尿次数增多，尿呈红色，B 超检查膀胱壁增厚，血液检查白细胞数及中性粒细胞数增多，尿液检查尿液浑浊有碎片，尿沉渣检查可见大量上皮细胞等，初步怀疑该犬患有膀胱炎。治疗方案是冲洗膀胱，抗菌消炎，酸化尿液，对症治疗。

案例 2

腊肠犬，6 岁，雌性。发病已有 3d。排红色尿，不愿活动，饮食欲废绝，呕

吐。患犬平日饲喂犬粮，每年定期免疫和驱虫。T：40.5℃，P：134 次/min，R：33 次/min。体格中等，消瘦，被毛蓬乱、无光泽，精神沉郁，可视黏膜苍白，眼窝凹陷，皮肤弹性降低。呻吟、频频排尿。触诊肾区敏感。患犬不愿活动。站立时，弓腰收腹，四肢缩收于腹下。血液学检查白细胞 17.9×10^{9} 个/L，淋巴细胞百分率 14%，中性粒细胞百分率 78%，红细胞 5.9×10^{12} 个/L，血红蛋白 11.4g/100mL。尿沉渣出现大量脓细胞、肾盂上皮细胞、白细胞等，尿相对密度偏低。请诊断该犬得了什么病。

诊治方案：根据患犬排红尿、消瘦、频频排尿，触诊肾区敏感，弓腰收腹，血液检查白细胞数、中性粒细胞数均有明显变化，尿沉渣检查发现有肾盂上皮细胞及尿相对密度降低等变化，可以初步判定该犬患有肾盂肾炎。治疗方案是采取抗菌消炎、抗菌消炎、利尿、尿路消毒等措施，并进行对症治疗。

案例 3

拳师犬，7 岁，雄性，体重 21.9kg。主诉近日发现患犬常做排尿姿势，但每次排尿少，肚子变大，开始吃喝正常，前一天开始不吃不喝。平日饲喂犬粮，每年定期防疫和驱虫。T：38.3℃，P：143 次/min，R：52 次/min。精神萎靡，营养一般，被毛无光泽、蓬乱，结膜发绀，巩膜多量血丝，无眼眵，鼻镜干燥，口腔黏膜发绀。患犬回视腹部。腹围膨大，冲击触诊无震荡感，双手触诊腹壁紧张，无痛感，用力按压有尿液排出，尿液排出后腹围正常。心率快，心音无异常。超声检查，腹腔内梨形液性暗区达脐前 5cm。尿液检查结果为细菌涂片（-）、蛋白（-）、尿胆原（+）、胆红原素（+）、白细胞（-）、尿红细胞（-）。请诊断该犬得了什么病。

诊治方案：根据患犬频做排尿姿势、尿量小、腹部明显膨隆，触诊无震荡感，腹壁紧张，按压有尿液排出，超声检查腹腔内有梨型液性暗区，尿液检查等，判定该犬患有膀胱炎。治疗方案是冲洗膀胱、抗菌消炎，以及对症治疗。

案例 4

麦町犬，8 岁，雄性，体重 25kg。主诉半月前出现饮水增多，尿量大，消瘦。2d 前开始不吃食物。平日饲喂犬粮，每年定期防疫和驱虫。T：38.6℃，P：87 次/min，R：29 次/min。体格中等，消瘦，精神状态尚可，鼻镜干燥，结膜潮红，眼窝凹陷，无眼眵，皮肤弹性降低。心音与呼吸音无异常，尿量多，尿色清亮。X 射线检查腹部未发现子宫等脏器异常。尿液分析：尿相对密度 1.002，尿 pH 6.8，尿蛋白（-），尿葡萄糖（-），尿酮体（-），尿胆红素（-），尿胆素原（-），尿亚硝酸盐（-），尿白细胞微量。尿沉渣管型阴性，结晶体阴性。禁水试验尿相对密度不变，而患犬体重急剧下降。请诊断该犬得了什么病。

诊治方案：根据患犬出现饮水增多、尿量大，身体消瘦，其他症状不明显。X 射线及血液检查异常不明显，尿液分析尿相对密度降低等特点，初步怀疑该犬患有尿崩症。治疗方案是利用抗利尿激素以及治疗原发病。

案例 5

京巴犬，8 岁，雄性。主诉近 3 个月逐渐变瘦，体重由 8.9kg 变为 5.7kg，但饮食没有减少，而且有吃喝增多现象，尿多，右眼变白，曾用滴眼液未见好转。患犬平日以犬粮为主食，吃水果，每年驱虫 1 次，5 岁前每年按时防疫。T：38.3℃，P：123 次/min，R：32 次/min。消瘦，精神沉郁，被毛稀疏、蓬乱无光泽，行走无力。右眼角膜云絮状，有轻度溃疡，巩膜布满血丝，脓性眼眵。心音节律不齐，腹部触诊无异常。尿糖（+++），尿酮体（+++），尿白细胞（-），尿红细胞（-），血糖 18.7mmol/L（正常值为 3.3～6.7mmol/L）。请诊断该犬得了什么病。

诊治方案：根据患犬近期变瘦、食欲增加、饮水增加、尿量增加、肉眼变白以及代谢异常、尿糖升高、尿酮体升高、血糖含量明显升高等特点，初步怀疑该犬患有糖尿病。治疗方案是利用胰岛素、利用降糖药以及对症治疗。

相关知识

以频尿、多尿、尿失禁为主症的常见内科疾病主要有肾盂肾炎、膀胱炎、膀胱麻痹、尿崩症及糖尿病，此外，甲状旁腺功能亢进、肾上腺皮质功能亢进、腰荐部脊髓挫伤及脑炎等疾病也可出现频尿、多尿、尿失禁的症状。

一、肾盂肾炎

（一）特征

肾盂肾炎是指病原微生物侵入肾盂和肾实质所引起的化脓性炎症。临床上以体温升高、肾区敏感、脓尿和尿沉渣中见有肾盂上皮和肾上皮细胞等为特征。单纯的肾盂黏膜炎是很少见的，临床上常是肾盂黏膜与肾实质并发炎症。多发生于雌性犬、猫。

（二）诊断

1. 问诊及主诉

（1）询问或检查患犬是否发生病原微生物感染（如大肠杆菌、链球菌、葡萄球菌、铜绿假单胞菌等），经尿道的上行性感染而达肾脏引起肾盂肾炎。

（2）询问患犬是否出现败血症以及体内感染病灶引起的菌血症，病原微生物由血液循环侵入肾脏而造成感染。

（3）询问或检查患犬是否发生相邻脏器的炎症，如膀胱炎、结肠炎等疾病，病原微生物由输尿管周围淋巴管到达肾脏，引起肾盂肾炎。

2. 视诊

（1）患病雌犬、雌猫表现为精神沉郁、食欲减退、发热等全身症状。热型多呈弛张热或间歇热。

（2）弓背，步态强拘。

（3）频频排尿，病初尿量减少，排尿困难。尿液浑浊，并混有黏液和大量脓液。

（4）严重者可见急性肾衰竭症状。

（5）慢性肾盂肾炎常无明显症状，有时表现为食欲减退、嗜睡、不喜运动、体重下降；烦渴、多尿。当两侧肾盂均被感染，严重时常表现为慢性肾衰竭症状。

3. 触诊

触诊腰部肾区有痛感。

4. 叩诊

叩诊肾区有疼痛反应。

5. 其他诊断

（1）尿液检查　出现大量脓细胞、肾盂上皮细胞、白细胞等，尿相对密度偏低。

（2）血液检查　中性粒细胞增多，并有核左移现象。

（3）超声检查　肾盂和临近输尿管扩张，黏膜隆凸增加，肾实质超声波回声改变。

（三）治疗

1. 治疗原则

以消除感染，增强肾盂的功能，促进尿液和炎性产物的排出，加速恢复过程为治疗原则。

2. 治疗方法

【治疗 1】抗菌消炎

头孢噻呋，11~33mg/kg。

用法：内服，2 次/d。也可皮下注射、肌内注射、静脉注射，15mg/kg，1 次/d。

说明：也可用阿莫西林克拉维酸钾、恩诺沙星等抗生素静脉或肌内注射。不应用对肾脏有损害的抗生素如庆大霉素和卡那霉素等。有条件时，根据尿液原微生物培养和药物敏感试验结果，选用敏感的抗生素。一个疗程最少为 4 周。给予 3~5d 后进行尿液细菌培养，评价用药的效果。尿液中细菌转为阴性后，应继续治疗 8~10d，以防感染复发。

【治疗 2】利尿

氢氯噻嗪，2~4mg/kg。

用法：口服，2 次/d。

说明：促进炎性产物的排出。也可用呋塞米 2~6mg/kg，静脉注射，2 次/d。

【治疗 3】 尿路消毒

乌洛托品，0.5~2g/次。

用法：内服，2 次/d；或静脉注射，1 次/d，连续 3d。

（四）预防

加强饲养管理，增强机体防御功能，消除各种诱发因素或原发病等，是预防或减少本病发生的主要方面。保持犬、猫尿道及会阴部等的清洁，可避免本病的发生。

二、膀胱炎

（一）特征

膀胱炎是指膀胱黏膜或黏膜下层的炎症。临床上以尿频、尿痛、膀胱压痛、尿沉渣中出现较多的膀胱上皮细胞、白细胞、红细胞等为特征。尤以雌性和老龄犬、猫多发。

（二）诊断

1. 问诊及主诉

（1）询问或检查患宠是否发生病原微生物感染（如化脓杆菌、葡萄球菌、大肠杆菌、变异杆菌、铜绿假单胞菌、链球菌等），经血液循环、肾脏的下行性感染或尿道的上行性感染而侵入膀胱。

（2）询问患宠是否进行过导尿或膀胱穿刺，由于导尿和穿刺消毒不彻底或导尿管过于粗硬，插入粗暴损伤尿道，而造成感染。

（3）询问或检查患宠是否发生肾炎、输尿管炎、前列腺炎、尿道炎、阴道炎、子宫内膜炎等疾病，从而蔓延至膀胱而发病。

（4）询问或检查患宠是否发生膀胱镜使用不当，或患有膀胱结石，由于结石的机械性刺激，从而损伤膀胱黏膜。

（5）询问或检查患宠是否发生膀胱内新生物、膀胱外伤的刺激、膀胱尿潴留产生的氨及其他有害产物、长期使用排泄刺激性药物（如环磷酰胺）等，强烈刺激膀胱黏膜而引起炎症发生。

2. 视诊

（1）由于膀胱黏膜敏感性增高，患病犬、猫频繁排尿或屡作排尿姿势，但每次排出尿量较少或呈点滴状断续流出。

（2）排尿时疼痛不安，出现终末血尿。

（3）严重者由于膀胱颈部黏膜肿胀或膀胱括约肌痉挛收缩，引起尿闭。此时，表现为极度疼痛不安（肾性腹痛），呻吟。

（4）当膀胱颈组织增厚或括约肌痉挛时，由于尿液潴留致使膀胱高度充盈，犬、猫发生尿闭时，腹围明显增大，并且随着病程的延长出现尿毒症。

（5）慢性膀胱炎症状与急性膀胱炎基本相似，只是程度较轻，当伴有尿路阻塞时，则出现排尿困难，但病程较长。

（6）若炎症波及深部组织或同时伴有肾炎、输尿管炎时，可有体温升高，精神沉郁，食欲减退或废绝等不同程度的全身症状。严重的出血性膀胱炎也可有贫血现象。

3. 触诊

腹壁触压膀胱时，腹部敏感紧张，膀胱多呈空虚状态。

4. 嗅诊

尿液混浊，有强烈的氨臭味。

5. 其他诊断

（1）尿液检查　尿液检查在诊断上最为重要。采取自然排尿或穿刺、导尿在光镜下检查。尿沉渣中见有大量白细胞、脓细胞、红细胞、膀胱上皮细胞、组织碎片，有时可见病原菌。在碱性尿中，可发现有磷酸铵镁及尿酸铵结晶。尿中混有多量白细胞并呈现混浊时为脓尿，呈褐色时为血尿，有氨臭味。尿中查到细菌时，说明膀胱已发生感染。若同时查到脓尿、血尿、蛋白尿和细菌尿，说明是尿路发生感染。

（2）血液检查　发现白细胞增加又有核左移现象，常提示伴有肾盂肾炎、前列腺炎。

（3）X射线检查和B超检查　可发现尿结石、肿瘤、尿道异常和慢性膀胱炎等并发症（图4-1~图4-4）。

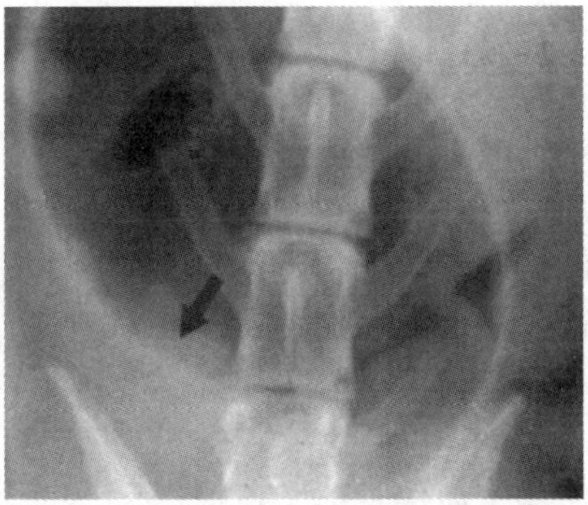

图4-1　患细菌性膀胱炎的膀胱X射线摄片

（箭头所指膀胱壁增厚）

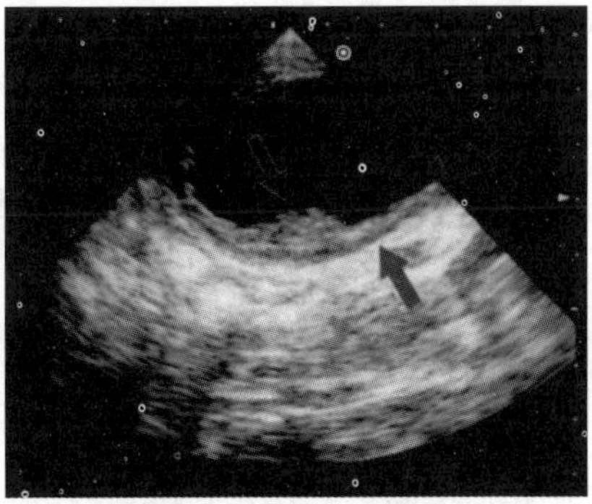

图4-2　膀胱超声波图像

（箭头所指膀胱壁增厚）

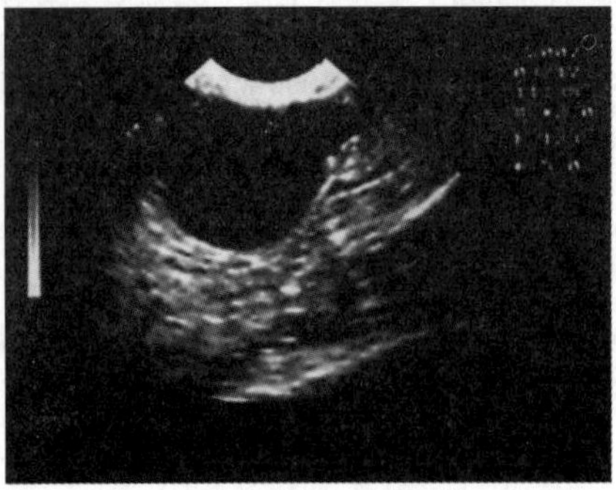

图 4-3　犬膀胱炎，B 超显示膀胱内见低回声点，似漂浮絮状物

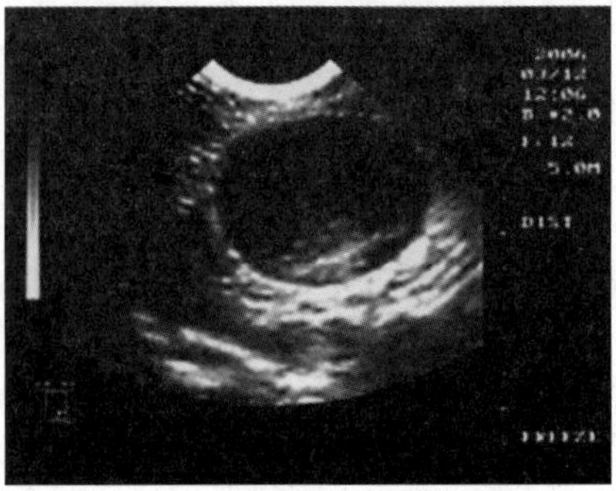

图 4-4　犬膀胱炎，膀胱内大量中等回声光点

（三）治疗

1. 治疗原则

以改善饲养管理，抗菌消炎和对症治疗为原则。

2. 治疗方法

【治疗 1】冲洗膀胱

（1）0.1%高锰酸钾、0.05%~0.1%雷佛奴尔溶液、2%硼酸溶液适量。

用法：先用导尿管将膀胱内积尿排出，然后向膀胱内注入温生理盐水，反复冲洗膀胱后，再用药液冲洗，达到消毒的目的。

说明：如以收敛为目的，可用 0.5%鞣酸溶液或 1%~2%明矾溶液冲洗。慢性膀胱炎可用 0.02%~0.1%硝酸银溶液。膀胱冲洗干净后，可直接注入甲硝唑溶液 50mL。

（2）给予充足的清洁饮水或在其饮食中添加适量的食盐，造成生理性利尿，有利于膀胱得到净化和冲洗。

【治疗 2】抗菌、消炎

（1）阿莫西林克拉维酸钾，犬 15mg/kg。

用法：2~3 次/d，肌内注射或口服。

说明：根据药敏试验结果，选择对细菌敏感的药物，对患病宠物进行治疗。若无条件进行药敏试验，可选用在尿道能获得高浓度的广谱抗生素，如阿莫西林克拉维酸钾或三甲氧嘧啶-磺胺，因大多数尿道病原菌对这两种药敏感。

（2）乌洛托品，0.5~2g/次。

用法：内服，2 次/d；或静脉注射，1 次/d，连续 3 次。

说明：尿路消毒。

【治疗 3】酸化尿液

氯化铵，犬 100mg/kg，猫 20mg/kg。

用法：口服，2 次/d。

说明：能使尿液酸化，起到净化作用并增强抗菌药物的效果。

【治疗 4】 止血

卡巴克络，0.1~0.3mg/kg；或酚磺乙胺，5~15mg/kg。

用法：皮下或肌内注射，2 次/d。

说明：出血严重的病例可选用全身止血药。

【治疗 5】 中药疗法

金钱草 30~50g，车前子 5~10g，猪苓 15~20g，泽泻 10~15g，黄柏 20~25g，赤芍 15~20g，木通 10~15g，海金砂 15~20g，大蓟 15~20g，小蓟 15~20g，甘草 6~10g。

用法：煎水灌服，3 次/d，3d 一剂，连服 2~3 剂。

（四）预防

加强饲养管理，防止病原微生物的侵袭和感染。导尿及膀胱穿刺时，应严格遵守操作规程和无菌原则，避免造成感染和机械性损伤。患有其他泌尿生殖器官疾病时，应及时采取有效的防治措施，以防转移蔓延。

三、膀胱麻痹

（一）特征

膀胱麻痹是指膀胱肌暂时性或永久性地丧失收缩力导致膀胱尿液潴留，膀胱极度扩张和弛缓的一种疾病。临床上以不自主排尿、触诊膀胱充盈及无疼痛感等为主要特征。以雄犬、雄猫多见。

（二）诊断

1. 问诊及主诉

（1）询问或检查患宠是否发生腰荐部脊髓的炎症、挫伤、创伤、出血或肿瘤以及脑膜炎、脑震荡、脑肿瘤、中暑、电击等从而引起中枢性麻痹。

（2）询问或检查患宠是否发生尿道阻塞及膀胱括约肌痉挛，或宠物长时间得不到排尿机会，大量尿液潴留在膀胱内，而使膀胱长时间膨满，致膀胱平滑肌过度伸展而变为弛缓，最终导致麻痹。

（3）询问或检查患宠是否发生膀胱或邻近器官炎症，从而波及膀胱深层组织，使膀胱平滑肌收缩力减退，导致膀胱麻痹。

2. 视诊

（1）因尿道阻塞和膀胱括约肌痉挛引起的膀胱麻痹初期或膀胱不全麻痹时，患病犬、猫频作排尿姿势，但只有少量尿液呈滴状或线状排出或无尿排出。膀胱膨满，但并无疼痛的表现。

（2）脊髓性麻痹时，患病犬、猫排尿反射减弱或消失，排尿间隔时间延长，直至膀胱高度膨满时，才被动地排出少量尿液，宠物腹围膨大。

（3）脑性麻痹时，由于脑的抑制而丧失调节排尿作用，只有在膀胱内压超过膀胱括约肌紧张度时，才能排出少量尿液，宠物腹围膨大。

（4）当同时伴有膀胱括约肌麻痹时，则尿液不断地或间歇地呈细流状或点滴状排出。

3. 触诊

因尿道阻塞和膀胱括约肌痉挛引起的膀胱麻痹，触压膀胱时可被动地排出尿液。脊髓性麻痹时，以手触压，排尿量增多。脑性麻痹时，用手指伸入直肠，并用力压迫膀胱或引入导尿管，如括约肌紧张力尚未丧失，导管虽有阻力，但因膀胱内压增高，排出尿液时呈喷射状，并维持较长时间。但停止按压时，排尿亦停止。当同时伴有膀胱括约肌麻痹时，触诊膀胱少尿或空虚。

（三）治疗

1. 治疗原则

消除发病原因，及时治疗原发病，对症治疗。

2. 治疗方法

【治疗1】促进尿液排出

（1）膀胱按摩　隔着腹壁按摩膀胱，是膀胱排空和恢复其收缩力的简易可行措施。

用法：2~3 次/d，每次 10~15min。

说明：按摩无效方能用导尿管和穿刺针导尿，操作必须温和谨慎，切勿损伤尿道或膀胱，更应严密消毒，谨防感染。

（2）导尿

用法：为防止尿潴留，应根据病情进行导尿，尿道阻塞的犬、猫，当膀胱高度膨满时，为防止膀胱破裂，可通过腹下壁或侧壁进行膀胱穿刺导尿。操作参见技能训练导尿技术及膀胱穿刺术。

说明：必要时可将导尿管留置在膀胱 2~3d，用缝线固定于包皮口或阴户上。膀胱穿刺不能多次重复进行，否则易引起腹膜炎、膀胱出血、膀胱炎或直肠粘连等并发症。

【治疗2】恢复膀胱肌收缩力

酚苄明，犬 0.2~0.8mg/(kg·次)，猫 0.2~0.5mg/(kg·次)。

用法：皮下注射，隔日一次。

说明：也可用硫酸甲基新斯的明，犬 0.25~1mg/次、猫 0.2~0.5mg/次，2 次/d，皮下注射；或口服乌拉胆碱（氨甲酰胆碱）2.5~20mg/次，2~3 次/d，连用 10d。以促进肌肉张力充分恢复。

【治疗 3】抗菌、消炎

阿莫西林克拉维酸钾，犬 15mg/kg。

用法：2~3 次/d，肌内注射或口服。

说明：用于预防尿路感染，也可配合应用 40%乌洛托品注射液，静脉注射，1 次/d，连续 3 次。

（四）预防

加强饲养管理，避免腰荐部脊髓损伤，患有其他泌尿生殖器官疾病时，应及时采取有效的防治措施，以防转移蔓延，而导致膀胱麻痹。

四、尿崩症

（一）特征

尿崩症是作用于肾脏远曲小管和集合管的抗利尿激素（ADH）分泌和释放减少，或肾小管对抗利尿激素的反应性降低，导致原尿在肾小管中不能被浓缩，排尿量增多的一种疾病。临床上以多饮、多尿和尿相对密度降低及渗透压降低为特征。根据本病的发生原因，可分为丘脑-垂体后叶性尿崩症、肾性尿崩症和原发性多饮症三种。临床上多见于老龄犬、猫，与品种、性别无关。

（二）诊断

1. 问诊及主诉

（1）询问或检查患宠是否发生脑部的垂体神经部、漏斗柄、下丘脑、视神经核受到压迫或破坏，可使抗利尿激素分泌和释放减少而引起本病的发生。

（2）询问或检查患宠是否发生肾髓质纤维化疾病而引起本病。

（3）询问或检查患宠是否发生渴欲调节机制缺陷或是行为异常而出现多饮、多尿。

2. 视诊

（1）主要表现为多饮、多尿。

（2）由肿瘤引起的呈现渐进性的症状，由外伤或脑脊髓膜炎引起的表现为突发性的症状。

（3）患病的犬和猫一般表现出频尿和夜间排尿。

（4）日饮水量大于 100mL/kg，日排尿量大于 50mL/kg 体重。

（5）限制饮水，尿量不减，尿呈水样，清亮透明。病初肥胖，后期消瘦，生殖器官萎缩。

3. 其他诊断

（1）鉴别诊断　要与肾上腺皮质功能亢进症和糖尿病相鉴别。肾上腺皮质功能亢进症表现多尿继发性多饮，伴有多数犬出现食欲增强，皮肤呈纤细的砂纸样及无瘙痒的两侧对称性脱毛及肌肉萎缩。糖尿病以多尿多饮，体重减轻，高血糖及糖尿为特征。与其他疾病相比，尿崩症的多饮多尿非常明显，尿相对密度明显降低，多为 1.010 以下，且没有皮肤病变及血糖的改变。

（2）鉴别诊断方法　有禁水试验和注射抗利尿激素两种。

①禁水试验：使患病犬、猫的膀胱排空后，测定体重，停止给水和饲料 3～8h，每隔 1h 称量犬、猫体重，并测定排泄的尿和膀胱内潴留尿的相对密度（渗透压），当体重减少 3%～6%时停止试验。尿崩症患犬禁水试验尿不浓缩而体重急剧下降。

②抗利尿激素试验：体重 15kg 的犬给予垂体后叶加压素 1.3μg，体重 15kg 以上的犬给予 2.7μg，猫的用量为 0.15μg，肌内注射。停止给水和饲料，然后每隔 60～90min 测定犬、猫的体重和尿量（排泄尿和膀胱尿），给予前后称量体重减少量的水，再测尿量和尿相对密度。本试验至少要进行 7h。可用于区分丘脑-垂体后叶性尿崩症和肾性尿崩症。丘脑-垂体后叶性尿崩症用垂体后叶加压素后数小时内尿量迅速减少，尿相对密度增高至 1.040 以上。肾性尿崩症禁水后尿液不浓缩，注射垂体加压素后尿量及尿相对密度无变化。

（三）治疗

1. 治疗原则

治疗原发病和抗利尿激素替代疗法。

2. 治疗方法

【治疗 1】下丘脑-垂体后叶性尿崩症

单宁酸后叶加压素，0.02～0.1IU/kg。

用法：肌内注射，间隔 2～3d 一次。

说明：此药对肾性尿崩症无效。若摄水量不减少，可增加药量。

【治疗 2】肾性尿崩症

双氢氯噻嗪，2～4mg/kg。

用法：口服，2～3 次/d。

说明：为提高疗效，可与氯磺丙脲交替应用，按 5～10mg/kg 口服，1 次/d。

（四）预防

预防出现脑损伤、肾功能衰竭，控制饮水。

五、糖尿病

（一）特征

糖尿病是指由各种原因造成胰岛素相对或绝对缺乏以及不同程度的抵抗，致使机体内糖代谢发生紊乱的一种内分泌疾病。以多饮、多食、多尿，体重减轻，高血糖及糖尿为特征。糖尿病是犬、猫的常见内分泌疾病。中老年犬、猫最易发病。公猫发病多于母猫，9 岁以上多发。母犬发病是公犬的 4 倍，多见于腊肠犬、狮子犬、苏格兰品种等小型犬。

（二）诊断

1. 问诊及主诉

（1）询问或检查患宠是否患有慢性胰腺炎、胰腺萎缩、胰腺肿瘤、胰腺损伤等，引起胰岛的 B 细胞分泌胰岛素相对或绝对缺乏。

（2）询问或检查患宠是否患有促肾上腺皮质激素、生长激素等过多，以及脑震荡、脑出血、脑肿瘤等内分泌系统异常及神经系统损伤，也可引起糖尿病。

（3）询问或了解患宠是否具有先天遗传性因素以及环境因素影响如高糖类饮食而引起糖尿病。

2. 视诊

（1）主要表现为“三多一少”，即多饮、多食、多尿、体重减少。

（2）早期特征性症状为多尿、尿频。

（3）多尿引起脱水后，发生代偿性摄水增加。

（4）随着病情的发展，进入酮体期时，葡萄糖不能被充分利用，而引起食欲亢进，进食增加。

（5）由于体内糖代谢障碍，脂肪和蛋白质分解代谢亢进，病犬体重逐渐减轻（图 4-5），日趋消瘦，常常伴有倦怠、喜卧、不耐运动。

图 4-5 12 岁拉布拉多猎犬因患糖尿病表现体重减轻

（6）进一步发展，出现顽固性呕吐和黏液性腹泻，发生酸中毒，最后陷入糖尿病性昏迷（图4-6）。

（7）约有50%患犬早期即开始出现白内障，并逐渐失明，猫很少发生白内障，有25%~50%雌性患犬发生尿路感染，有的患犬尾尖发生坏死。

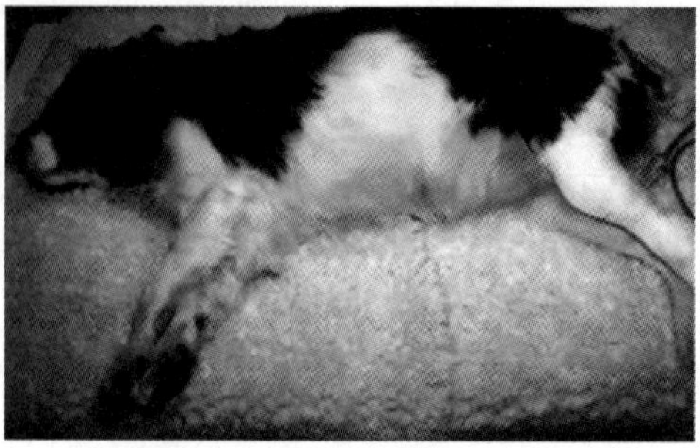

图4-6　3岁骑士查理士王猎犬因糖尿病酮症酸中毒而昏迷

3. 嗅诊

病情严重时尿液和呼出气带有特殊的芳香甜味，似烂苹果味（丙酮味）。

4. 其他诊断

（1）鉴别诊断　应注意与遗传性肾性糖尿、尿崩症和肾上腺皮质功能亢进进行鉴别。遗传性肾性糖尿是先天性酶缺乏而引起肾小管重吸收糖的功能减退，表现为尿糖、多尿、蛋白尿、多食，但血糖正常。尿崩症的犬临床表现为多饮、多尿、消瘦、烦渴、失水等症，与糖尿病相似，但尿相对密度降低，无尿糖。肾上腺皮质功能亢进症，表现为多尿继发性多饮，伴有多数犬出现食欲增强，皮肤呈纤细的砂纸样及无瘙痒的两侧对称性脱毛及肌肉萎缩等症状，确诊可肌内注射20IU促肾上腺皮质激素，根据皮质类固醇的消长情况来判断，肾上腺皮质功能亢进症患犬出现皮质类固醇显著增高，可以确诊。

（2）确诊应依据血糖、尿糖检测结果，并参考葡萄糖耐量试验。重复检测空腹血糖含量超过140mg/100mL，空腹或食后血糖含量超过200mg/mL，可诊断为糖尿病。但对尿糖和血糖值变化不明显或有家族性尿糖的犬，可作葡萄糖耐量试验。

（3）葡萄糖耐量试验　方法为禁食12h后，以2.2g/kg的葡萄糖溶解在肉汤中投服，在投服前和投服后30min、1h、2h、3h分别采血，测定血糖浓度。患病的犬在投服葡萄糖1h后，血糖值通常超过150mg/100mL，并持续不降低；正常犬投服后30min至1h之间出现血糖值高峰，2h后血糖值即恢复到空腹水平。此试验也可用50%葡萄糖液1mL/kg静脉注射，以30min间隔采血至注射后3h，健康犬在注射后60~90min血糖值即可恢复到空腹水平；患病犬则需要90min以上。

（三）治疗

1. 治疗原则

改善饮食，降糖和对症治疗。

2. 治疗方法

【治疗 1】改善饮食

饲喂高蛋白低脂肪类食物，限制糖类的摄入。同时，要尽量固定饲料的种类和定时、定量饲喂。

【治疗 2】降低血糖

（1）鱼精蛋白锌胰岛素（PZI），犬 0.5～1IU/kg，猫 3～5IU。

用法：皮下注射，1 次/d。

说明：长效胰岛素，可降低血糖。也可用中效胰岛素中性鱼精蛋白锌胰岛素（NPH），降低血糖，犬 0.5～1IU/kg，猫 3～5IU/kg，皮下注射，1 次/d。适用于重型糖尿病、糖尿病性昏迷或并发感染者。使用降糖药时要进行清晨尿糖检测，药物用量可由少到多逐渐加量至尿糖阴性。

（2）苯乙双胍（降糖灵），20～30mg/d。

用法：分 1~2 次口服。

说明：促进周围组织对葡萄糖的利用，降低血糖，与磺脲类药物联合应用有协同作用。休克、心肝肾功能不全宠物禁用。

（3）氯磺丙脲，2～5mg/kg。

用法：口服，1 次/d。

说明：降血糖药，刺激胰岛 B 细胞释放胰岛素，但不适用于胰岛素依赖型糖尿病、酮症酸中毒或有严重感染、应激状态及伴有心肝肾功能不全者。单纯用食饵疗法不能控制的轻、中型糖尿病可选择口服降糖药。

【治疗 3】对症治疗

（1）等渗溶液　包括生理盐水、林格液和 5%葡萄糖生理盐水等。

说明：患病宠物可能由于多尿而出现失水现象，应适当补充等渗溶液。

（2）5%碳酸氢钠溶液，1.5mg/kg。

用法：静脉注射。

说明：当宠物出现酮症酸中毒时，应静脉滴注以缓解酸中毒。

（3）10%氯化钾。

说明：用于低血钾，根据血钾的测定情况在补充体液时适当添加氯化钾，以维持正常血钾水平。

（四）预防

加强宠物的饲养管理，避免过多的饮食及运动量过大，避免肥胖，并积极治疗引起糖尿病的原发病。

任务二　以排尿困难、少尿、无尿、尿闭、血尿为主症的疾病

任务描述

学习以排尿困难、少尿、无尿、尿闭、血尿为主症疾病的相关知识，参加相关临床病例的诊疗，分析临床案例。

案例分析

案例 1

6 岁雄性德国狼犬，体重 45kg，发病 5d，开始饮食减少，渴欲增加，排少量红尿，3d 后病情恶化，饮食欲废绝。T：40.2℃，P：158 次/min，R：42 次/min。精神沉郁，消瘦，被毛蓬乱、无光泽，鼻镜干燥皲裂。眼结膜潮红，有脓性分泌物，眼球凹陷。不愿站立，站立时收腹弓背，后肢叉开或收于腹下，强迫行走时小心谨慎，背腰僵硬，运步强拘。腹下阴囊部皮下浮肿，指压有面团感，留压痕，触压肾区敏感，听诊第二心音增强，呼吸音粗粝。取尿沉渣镜检，可见红细胞及红细胞管型、透明管型、上皮管型，以及散在的红细胞、白细胞、脓细胞和肾上皮细胞。血液学检查可见白细胞 17.7×10^9 个/L [正常 (6~17) $\times10^9$ 个/L]，淋巴细胞百分率 18%（正常 12%~30%），中性粒细胞百分率 76%（正常 60%~75%），红细胞 4.8×10^{12} 个/L [正常 (5.5~8.5) $\times10^{12}$ 个/L]，血红蛋白 8.2g/100mL（正常 11~19g/100mL）。请诊断该犬得了什么病。

诊治方案：根据患犬排红尿，体温升高，脉搏、呼吸数均有明显的变化，后肢叉开站立，步态强拘，皮下浮肿，触诊肾区敏感，第二心音增强，以及血常规、尿常规的明显变化，可初步判定该犬患有肾小球肾炎。治疗方案为抗菌消炎、消炎、利尿消肿，抑制免疫反应，防止尿毒症的发生。

案例 2

博美犬，5 岁。昨日下午 5 点遛犬时被汽车刮倒，事发后无眼观外伤，行走正常，晚上饮食如常，今晨发现患犬肚腹变大，呻吟，未见排尿，不吃不喝。T：39.3℃，P：163 次/min，R：72 次/min，营养良好，被毛光亮滑顺，鼻镜干燥，结膜潮红，呼吸急促，喘息，下腹围增大，冲击触诊有震荡感，结合听诊有击水音，心音较弱，支气管呼吸音粗粝。超声检查腹腔内有大范围液性暗区，膀胱结构不清晰，肝脏、脾脏和肾脏结构清楚，右侧肾脏出现轻微肿大。腹腔穿刺有淡红色带有尿臭味的液体流出，相对密度 1.041，李凡他试验（-）。请诊断该犬得了什么病。

诊治方案：根据患犬的临床表现，肚腹突然变大，不排尿，后腹膨隆，冲击触诊有震荡感，有击水音。超声检查膀胱结构不清晰，腹腔穿刺有带有尿臭味的液体，初步诊断该犬患有膀胱破裂。治疗方案是冲洗腹腔，必要时进行紧急的腹腔切开手术。

案例 3

京巴犬，6 岁，体重 6.7kg。主诉近日开始出现红尿，尿频，昨日开始不吃东西。患犬平日饲喂犬粮，每年定期免疫和驱虫。T：39.2℃，P：137 次/min，R：32 次/min。体格中等，营养中等，被毛无光泽。可视黏膜潮红，无眼眵，鼻镜干燥。不安，频频作排尿状，弓背努责，表现痛苦，呻吟，少量红尿。触诊时腹壁紧张，膀胱充盈。心音与呼吸音无异常。X 射线检查可见膀胱和尿道内有多量大小不等的阴影。B 超检查膀胱膨大，在大的液性暗区中有大量的小亮点。尿道探诊导尿管前进受阻。血液学检查可见白细胞 15.6×10^{9} 个/L，淋巴细胞百分率 22%，中性粒细胞百分率 66%，红细胞 5.1×10^{12} 个/L，血红蛋白 10.3g/100mL。尿沉渣镜检可见大量红细胞，少量白细胞和晶状物。请诊断该犬得了什么病。

诊治方案：根据患犬出现红尿、尿频，弓背努责，触诊时腹壁紧张，膀胱充盈，拍片膀胱内有阴影，B 超膀胱增大、液性暗区内有小亮点，以及血常规和尿常规的变化，可初步判断该犬患有膀胱结石。治疗方案是溶石、抗菌消炎，必要时进行手术取出结石以及全身对症治疗。

相关知识

以排尿困难、少尿、无尿、尿闭、血尿为主症的常见内科疾病主要有肾炎、急性肾功能衰竭、慢性肾功能衰竭、尿毒症、膀胱破裂、尿结石、尿道炎、尿道损伤、尿道狭窄及前列腺肥大，此外，中暑、休克等也可出现少尿、无尿的异常症状。

一、肾小球性肾炎

（一）特征

肾小球性肾炎是指主要侵害肾小球的急性炎症病变，简称肾炎。是一种由感染后或中毒后引起的肾脏弥漫性肾小球损害为主的疾病。本病的主要特征是肾区敏感和疼痛、水肿、高血压、血尿和蛋白尿等。犬、猫均可发生，可分为急性和慢性两种。

（二）诊断

1. 问诊及主诉

（1）询问或检查患宠是否发生感染，如细菌（链球菌、双球菌、葡萄球菌、结核杆菌和钩端螺旋体等）、病毒（犬瘟热病毒、传染性肝炎病毒等）、寄生虫（弓形虫等）等的感染。

（2）询问或检查患犬是否发生某些中毒，包括内源性毒物如胃肠道炎症、代谢性疾病、严重皮肤病、大面积烧伤时所产生的毒素和组织分解产物，外源性毒物如有毒物质（汞、砷、磷等）或霉败食物，经肾脏排出时而致病。

2. 视诊

（1）急性肾炎　患病犬、猫精神沉郁，食欲减退，有时发生呕吐、腹泻或便秘，体温升高，站立时背腰弓起，后肢集拢于腹下，运步困难，步态强拘。频尿，但尿量少，有的病例有血尿或无尿。随病程延长，可见眼睑、胸腹下水肿。当发展为尿毒症时，则出现呼吸困难、衰竭无力、肌肉痉挛、昏睡、体温低下。

（2）慢性肾炎　多由急性肾炎发展而来，患病犬、猫逐渐消瘦，表现倦怠、消瘦、贫血、体温正常或偏低。有的出现明显水肿、高血压、血尿或尿毒症。患病初期多尿后期少尿，发展为尿毒症时意识丧失，肌肉痉挛、昏睡。病程长短不一，轻者数月痊愈，重者可延长 1~2 年不定，有的反复发作。

3. 触诊

急性肾炎肾区触诊肾脏肿大、敏感、疼痛。脉搏强硬。

4. 听诊

急、慢性肾炎均表现出第二心音增强。

5. 嗅诊

发展为尿毒症时，呼出气中有尿臭味。

6. 其他诊断

（1）鉴别诊断　应注意和肾病进行鉴别。肾病是由于细菌或毒物直接刺激肾脏，而引起肾小管上皮变性的一种非炎性疾病，通常肾小球损害轻微。临床上见有明显水肿、大量蛋白尿及低蛋白血症，但不见有肾炎发生时的血尿和肾性高血压现象。

(2) 实验室诊断　急性肾小球肾炎，尿检为尿量减少，尿相对密度增高，蛋白质含量增多，尿沉渣中可见透明颗粒、红细胞管型，有的可见上皮管型及散在红细胞、肾上皮细胞、白细胞和病原菌等。血常规检查为红细胞数轻度减少，白细胞正常或偏高，血沉加快，严重病例血中非蛋白氮升高。肾功能测定多数病例有程度不同的功能障碍，以肾小球滤过率的改变最为明显，内生肌酐清除率或尿素清除率均显著降低。

慢性肾小球肾炎的潜伏期尿蛋白较少，活动期常增多，晚期反而减少。尿沉渣中可见大量颗粒和透明管型，晚期病例可见粗大的颗粒蜡样管型，当出现红细胞和管型时，则提示肾小球肾炎的急性发作。

(三) 治疗

1. 治疗原则

抗菌消炎，利尿消肿，抑制免疫反应和防止尿毒症的发生。

2. 治疗方法

【治疗 1】 利尿消肿

呋塞米，2~6mg/kg。

用法：3 次/d，口服。

说明：也可用氢氯噻嗪，2~4mg/kg，口服，2 次/d，必要时可静脉注射利尿合剂（普鲁卡因 0.1~0.2g，10%~25%葡萄糖 200mL），或用脱水剂 20%甘露醇注射液 0.25~0.5mL/kg 静脉注射。

【治疗 2】 抗菌消炎

头孢噻呋，11~33mg/kg。

用法：内服，3 次/d。也可皮下注射、肌内注射、静脉注射，35mg/kg，3 次/d。

说明：也可用阿莫西林克拉维酸钾、恩诺沙星等抗生素静脉或肌内注射。不应使用对肾脏有损害的抗生素，如庆大霉素和卡那霉素等；严重肾脏功能障碍时，禁用磺胺类药物，以免形成肾结石。

【治疗 3】 抑制免疫反应

地塞米松，0.25~1.0mg/kg。

用法：肌内注射，1 次/d，猫剂量减半。

说明：也可应用甲强龙。并发急性心力衰竭、高血压、血尿或尿毒症时，则进行对症治疗。

(四) 预防

加强饲养管理，以减少病原微生物的感染；禁止饲喂有刺激性或发霉、腐败、变质的食物，以免中毒；对急性肾炎的患病犬、猫，应及时采取有效的治疗措施，彻底消除病因以防复发或转为慢性肾炎。

二、急性肾功能衰竭

（一）特征

肾功能衰竭是一种危重综合征，是由于各种致病因素引起肾组织受到损害而出现的肾功能抑制，临床上以少尿、无尿、尿毒症以及血钾含量升高等代谢紊乱为特征，可分为急性肾功能衰竭和慢性肾功能衰竭。急性肾衰竭是指由于局部缺血或毒素危害而导致肾小球滤过率突然下降，肾功能障碍为主的、危及生命的临床综合征（图 4-7、图 4-8）。

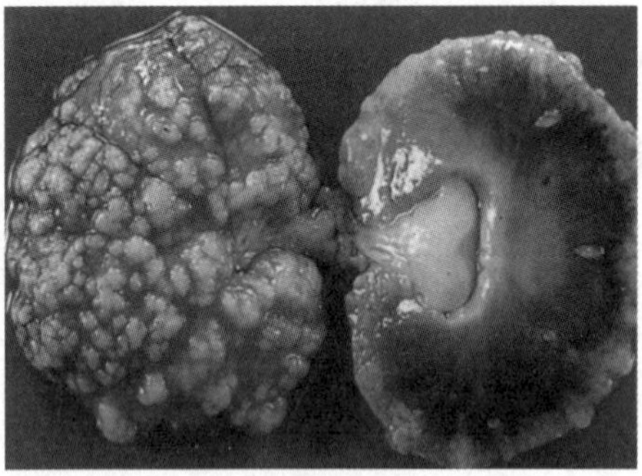

图 4-7　肾衰竭的肾脏显著萎缩，表面凸凹不平

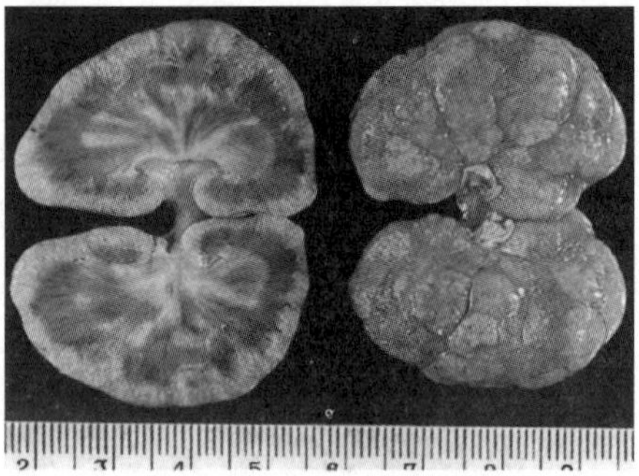

图 4-8　呈肾衰竭的肾脏，伴有病毒感染，肾脏萎缩且黄染

（二）诊断

1. 问诊及主诉

（1）询问或了解患宠是否发生外伤或手术造成的大出血，而导致急性肾功能衰竭。

（2）询问或了解患宠是否发生伴有严重呕吐、腹泻的疾病，而导致大量水分丧失。

（3）询问或了解患宠是否服用某些药物如四氯化碳、磺胺类和生物毒素（如蛇毒、生鱼胆）等引起肾脏中毒而出现肾功能衰竭。

（4）询问或了解患宠是否患有尿路阻塞（损伤、结石等）引起肾小球滤过受阻，而导致本病。

2. 视诊

（1）少（无）尿期　少尿或无尿，临床常表现为水肿、心力衰竭、高血压、高钾血症、低钠血症、酸中毒和尿毒症等，极易继发感染。此期延续不定，短者约 1 周，长者 2~3 周。如长期无尿，则有肾上皮坏死的可能。

（2）多尿期　患病犬、猫尿量开始增多，水肿开始消退，血压逐渐下降，但血尿素氮在多尿期的初期反而上升，同时出现水、钾、钠的丧失，临床表现为四肢无力，甚至卧地不起，心律失常甚至休克。患病犬、猫多死于此期，因此又称危险期。一般可持续1~2周，宠物若能耐过此期可转入恢复期。

（3）恢复期　耐过危险期的患病犬、猫，排尿量逐渐恢复，各种症状逐渐减轻或消除。但由于机体在前两期蛋白质消耗量大、体力耗损甚巨，因此在恢复期仍表现为四肢无力、肌肉萎缩、身瘦体虚等。重症病例，若肾小球功能迟迟不能恢复，可转为慢性肾功能衰竭。

3. 其他诊断

（1）尿液检查　少尿期的尿量少，而相对密度低。尿钠浓度偏高，尿中可见红细胞、白细胞、多种管型和蛋白质。多尿期的尿量多而尿相对密度偏低，尿中可见白细胞。

（2）血液检查　血象和血清检查发现，白细胞总数和中性粒细胞比例增高；肌酐、尿素氮、血清磷、钾含量升高；钠、氯、二氧化碳结合率降低。

（3）肾功能试验　试验结果发现肾小球滤过率明显下降，甚至几乎停止。

（4）补液试验　给少尿期的动物补液250~500mL后，静脉注射呋塞米5~10mg。若仍无尿或少尿，尿相对密度低者，即可认为是急性肾功能衰竭。

（5）B超检查　可确定肾后性梗塞。

（三）治疗

1. 治疗原则

及时祛除病因，加强护理，防止脱水和休克，纠正酸中毒和减缓氮血症。

2. 治疗方法

【治疗1】原发病的治疗

创伤、烧伤和严重感染时，投以对肾脏毒性较小的抗生素，如氨苄西林。中毒时，应切断毒源，适度补液，及早选择适宜的解毒药，以缓解机体中毒反应。尿路阻塞时，应尽快排尿，可考虑留置导尿管或膀胱穿刺方法，排除滞留尿后，再适当补液。

【治疗2】少（无）尿期治疗

（1）利尿　呋塞米，2~6mg/kg。

用法：口服，每8~12h一次。

说明：无尿是濒死的预兆，必须尽快利尿。

（2）纠正酸中毒　5%碳酸氢钠溶液，100mg/kg。

用法：缓慢静脉注射。

说明：纠正酸中毒时应用，但高血压及心力衰竭时禁用。高钾血症时可用生理盐水或乳酸林格液，10~20mL/kg静脉注射。

（3）25%~50%葡萄糖溶液 1~3mL/kg。

用法：静脉注射。

说明：高氮血症时应用，可在脱水纠正后静脉注射，也可应用20%甘露醇 0.5~2.0g/kg，静脉注射，同时必须限制蛋白质的摄入，补充高能量和富含维生素的食物。

【治疗 3】多尿期治疗

多尿期间，常为尿毒症高峰，仍需按少尿期治疗。多尿期主要应适当补钾。血浆非蛋白氮下降后，应增加食饵中的蛋白质含量。

钾盐，20~100mg/kg。

用法：口服。

【治疗 4】恢复期治疗

补充营养，给予高蛋白、高糖类和维生素丰富的食物。

（四）预防

加强饲养管理，避免严重创伤、感染或中毒的发生。一旦发生严重创伤、感染或中毒，必须及时送宠物医院诊治，以便及时发现肾衰竭，并及时抢救。

三、慢性肾功能衰竭

（一）特征

慢性肾功能衰竭是多种慢性肾脏病晚期的严重综合征。因肾脏排泄和调节功能失常（图 4-9），临床出现许多代谢严重紊乱和水、电解质与酸碱平衡失调的表现，常危及患病犬、猫的生命，需要积极救治。

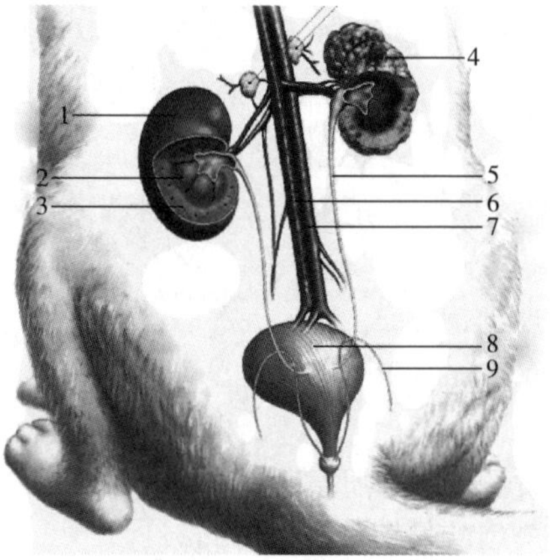

1—正常肾脏；2—髓质；3—皮质；4—呈现肾衰竭的肾；5—输尿管；
6—腹大动脉；7—腹大静脉；8—膀胱；9—输精管。

图 4-9 肾衰竭模式图

（二）诊断

1. 问诊及主诉

（1）询问或检查患宠是否发生急性肾功能衰竭而转化为慢性肾功能衰竭。

（2）询问或检查患宠是否患有多种肾病，如肾小球肾炎、肾盂肾炎、肾性糖尿病等的晚期，或因尿道结石所致。

2. 视诊

根据本病的发展过程和症状表现程度，可分为以下 4 个时期。

（1）肾储备能力下降阶段　肾排泄和调节功能尚好。患病宠物通常不表现临床症状。

（2）肾功能不全代偿阶段　肾排泄和调节功能下降，肾浓缩功能稍差，临床常表现为多尿、贫血、呕吐、腹泻、脱水、乏力和心力衰竭。

（3）肾功能衰竭代偿丧失阶段　临床常见贫血甚至黏膜溃疡（图 4-10），血尿素氮升高，提示尿毒症开始。

（4）肾衰竭终末期尿毒症阶段　出现全身性严重尿毒症症状，包括消化、心血管、造血、神经系统疾病，并出现继发性甲状旁腺功能亢进症以及明显的骨骼变形和皮肤色素沉着（图 4-11）。需做血透或腹透，或做肾移植以维持生命。

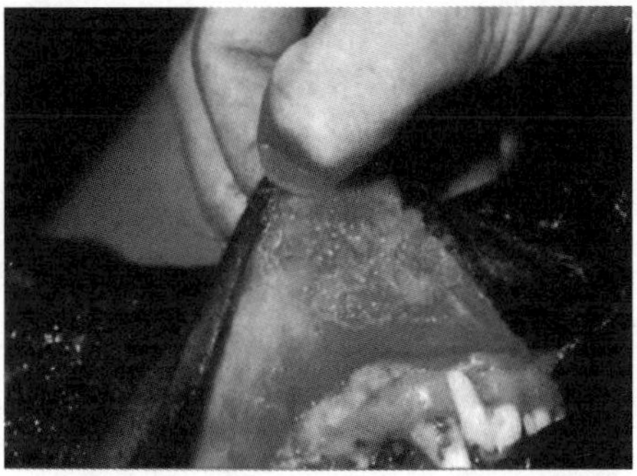

图 4-10　慢性肾衰患犬的口腔黏膜溃疡

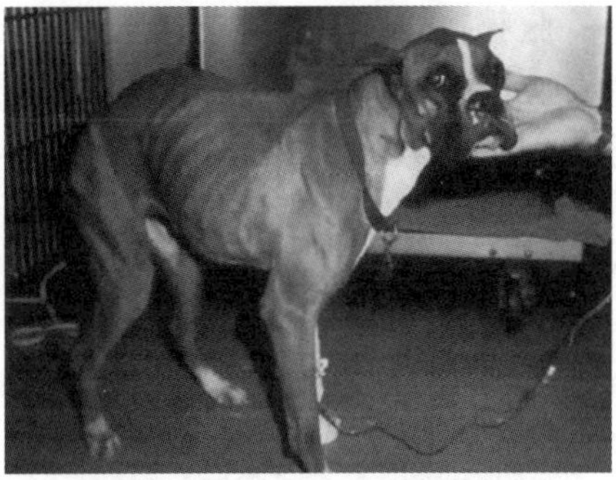

图 4-11　患有慢性肾衰的拳师犬

（毛发枯燥、消瘦、鼻孔流出呕吐物）

3. 其他诊断

（1）鉴别诊断　根据病史和典型症状不难诊断。但应注意与同等程度的急性肾衰竭相鉴别。本病的病情发展缓慢，症状较轻，但贫血、营养障碍、皮肤色素沉着、身形骨骼变形较为突出。

（2）实验室检查　红细胞正常、血色素正常，X 射线或超声检查显示肾脏变小、不规则，血清生化变化包括低血钙、血磷浓度升高、血钾浓度异常（图 4-12），常有代谢性酸中毒。

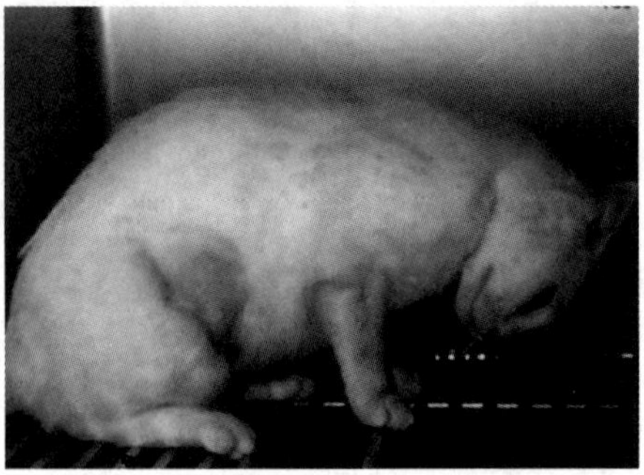

图 4-12　慢性肾衰的猫

（患有严重低钾血症，头向腹部弯曲）

（三）治疗

1. 治疗原则

及时祛除病因，加强护理，防脱水和休克，纠正酸中毒和减缓氮血症。

2. 治疗方法

【治疗 1】 腹膜透析疗法

腹膜透析疗法是治疗急、慢性肾衰的主要肾脏替代疗法。在进行腹膜透析前，应采取导尿、排尿及灌肠等操作，以便于顺利放置透析管。腹膜透析可以采用专用透析装置，也可以采用硅橡胶管。在脐后 5～15cm 腹中线略旁开的皮肤上局部浸润麻醉，采用专用透析器械或注射针穿刺，如需反复透析可将透析管插管置于直肠隐窝处，并固定于皮肤上。将温的透析液缓缓注入腹腔，透析过程中血液中的废物（指尿毒症时尿素氮、钾、钠等高浓度的物质）通过腹膜透入腹腔，而透析液中的高浓度物质又可透入血中，以达到排除废物、维持血液中电解质平衡的目的。

根据病情需要可以选用不同的透析方法。间歇性腹膜透析，每次腹腔保留透析液 1h，每日交换 10～20 次，每周透析时间不少于 36～42h。适用于急性肾功能衰竭、慢性肾功能衰竭的初始阶段。持续性腹膜透析，每日 24h 持续透析，每次注入透析液 30～50mL/kg 体重，腹腔保留 4～8h 后放出，每日交换 4 次，是临床应用最广泛的腹膜透析方法，主要用于慢性肾功能衰竭。

【治疗 2】 促进蛋白质合成

苯丙酸诺龙，10～30mg/次。

用法：肌内注射，隔日或每周 2 次。

说明：也可用丙酸睾丸酮代替。促进机体蛋白质合成，抑制蛋白质分解和缓解高氮血症。

四、尿毒症

（一）特征

尿毒症是由于肾功能衰竭，致使代谢产物和其他有毒物质在体内蓄积而引起的一种自身中毒综合征，是肾功能衰竭的最严重表现。

（二）诊断

1. 问诊及主诉

（1）询问患宠是否曾患有肾脏疾病。

（2）询问或检查患宠是否有肾衰的表现。

（3）询问或检查患宠是否患有膀胱破裂，输尿管或尿道完全阻塞等引起肾功能不全的疾病。

2. 视诊

（1）神经系统　主要表现为精神极度沉郁、意识紊乱、昏迷和抽搐等症状。

（2）循环系统　往往出现高血压、左心室肥大和心力衰竭，晚期可引起心包炎。

（3）消化系统　主要表现为消化不良和肠炎症状。

（4）呼吸系统　由于酸中毒，可使呼吸加快、加深，呈现周期性呼吸困难（陈施二氏呼吸或库斯莫尔呼吸等）；由于代谢产物蓄积，可引起尿毒症性支气管炎、肺炎和胸膜炎，并呈现相应的症状。

（5）血液系统　有不同程度的贫血，晚期可见鼻、齿龈和消化道出血，皮下有瘀斑等。

（6）电解质平衡失调　可伴发高钾低钠血症、高磷低钙血症和高镁低氯血症。

（7）皮肤　干皱，弹性减退，有脱屑、瘙痒症状，皮下往往发生水肿。

3. 听诊

晚期可听到心包摩擦音。

4. 其他诊断

（1）血液学检查　血浆中尿素氮、肌酐值增高。二氧化碳结合力下降。

（2）尿液检查　尿相对密度降低，有少量蛋白质、红细胞及尿管型。

（3）肾功能检查　尿酚红排泄率下降，尿浓缩功能减退，内生肌酐消除率降低。

（三）治疗

1. 治疗原则

消除病因，调节体液平衡及对症治疗。

2. 治疗方法

【治疗 1】消除病因

积极治疗引起尿毒症的原发病，如及时治疗肾功能衰竭、改善肾微循环、解除尿道阻塞等。

【治疗 2】纠正水、电解质和酸碱平衡紊乱

（1）生理盐水或葡萄糖溶液。

用法：静脉注射。

说明：用于出现脱水现象和尿量减少的宠物。但如有严重水肿和无尿，应停止输注。

（2）5%碳酸氢钠溶液，100mg/kg。

用法：缓慢静脉注射。

说明：纠正酸中毒时应用，也可用 11.2%乳酸钠溶液静脉注射。

【治疗 3】对症治疗

（1）甲氧氯普胺，0.2mg/kg。

用法：口服或皮下注射，3~4 次/d。

说明：出现呕吐时应用，也可肌内注射柠檬酸马罗匹坦。

（2）地西泮（安定），0.2mg/kg。

用法：静脉注射。

说明：用于出现抽搐的宠物，也可应用苯妥英钠或苯巴比妥钠。

（3）新鲜全血，2mL/kg。

用法：静脉注射。

说明：贫血或出血时应用，以扩充血容量，抗贫血。

【治疗 4】饲养管理

应给予含优质蛋白质、高能量和富含维生素的食物，给予充足饮水，若无水肿可适当补给食盐。若不能进食可由静脉供给营养。

（四）预防

对各种已知肾脏及尿路疾病进行积极治疗。适当控制饮食，当肾功能降至70%以下时，应采取低蛋白饮食，蛋白质的摄取量宜控制在每天 0.8~1.1g/kg。

五、膀胱破裂

（一）特征

膀胱破裂是指膀胱壁发生裂伤，尿液和血液流入腹腔所引起的一种膀胱疾病。临床上以排尿障碍、腹膜炎、尿毒症和休克为特征。本病以雄犬多发。

（二）诊断

1. 问诊及主诉

（1）询问或检查患犬是否受到腹部击打，异物刺入，冲撞，从高处堕落，骨盆骨折的断端、子弹、刀片或其他尖锐物的刺入，而引起膀胱壁贯通性损伤。

（2）询问或检查患犬是否出现膀胱尿液过度充满，使膀胱内压急剧升高，膀胱壁张力过度增大而破裂。

（3）询问或检查患犬是否进行过导尿操作，并详细询问是否存在能够引起膀胱壁穿孔性损伤的操作，如导尿时插入过深或操作过于粗暴，以及膀胱内留置管过长等。

（4）询问或检查患犬是否发生膀胱结石、溃疡和肿瘤等易诱发本病的疾病。

2. 视诊

（1）发病初期表现为膨满的膀胱抵抗感突然消失。

（2）因大量尿液积聚于腹腔内，可引起严重腹膜炎，宠物表现为腹痛和不安。

（3）无尿或排出少量血尿。

（4）插导尿管时尿量骤减。

（5）随着病程的发展，患病犬、猫出现腹痛、体温升高、呕吐、脉搏和呼吸加快、血压降低、精神沉郁、昏睡等尿毒症和休克症状。

3. 触诊

触诊腹壁紧张，且有压痛。

4. 其他诊断

如导尿时发现膀胱空虚或仅有少量尿液，或腹腔穿刺时有尿液流出，即可确诊为膀胱破裂。通过膀胱造影检查确诊更为可靠。

（三）治疗

1. 治疗原则

手术切开腹腔，清除腹腔内积液，修补破裂膀胱处，控制腹膜炎，防止尿毒症和休克的发生，治疗原发病。

2. 治疗方法

【治疗 1】清除腹腔内积液

自耻骨前缘，沿腹中线向脐部切开腹部，打开腹腔后先吸收腹腔内积液，检查破裂膀胱；清除膀胱内血凝块，处理受损伤的脏器或插管冲洗尿路结石，再用温的灭菌生理盐水冲洗，然后修复缝合膀胱壁破裂口。

【治疗 2】膀胱壁破裂口修复术

膀胱壁破裂口修复缝合时，为了避免输尿管与膀胱接合处阻塞，选用细肠线，进行两道浆膜、肌层缝合（缝线不要露出黏膜面）。缝合腹壁之前用灭菌温生理盐水或林格液清洗腹腔内层脏器，吸净腹腔内的冲洗液，然后使用100~200mL甲硝唑冲洗，最后分层缝合腹壁切口。

术后加强护理，每天腹腔内注射抗生素，连用1周，以控制感染。大量输液，以促进肾功能恢复和纠正尿毒症。此外，根据病情采取相应的对症疗法。

（四）预防

加强饲养管理，避免膀胱部位损伤，患有其他泌尿生殖器官疾病时，应及时采取有效的防治措施，以防尿液过度充满而导致膀胱破裂。

六、尿结石

（一）特征

尿结石又称尿石症，是指尿路中形成的无机盐或有机盐类结晶物刺激尿路黏膜，而引起出血、炎症和阻塞的一种泌尿器官疾病。临床上以排尿困难、阻塞部位疼痛和血尿为特征。多见于老龄犬。按结石所在位置有肾结石、输尿管结石、膀胱结石及尿道结石，但以膀胱结石和尿道结石最多见。1岁龄以内雄犬97%的尿结石和所有雌犬的尿结石几乎都是磷酸铵镁，而成年雄犬尿结石23%~60%为磷酸铵镁，其他为尿酸盐、胱氨酸、草酸盐和硅酸盐型结石。本病在猫称为泌尿系统综合征，用于表述猫下泌尿道紊乱的所有疾病。

（二）诊断

1. 问诊及主诉

（1）询问或检查患宠是否发生尿路感染，从而引起尿路上皮细胞脱落，形成结石核心。感染菌能使尿液变碱性，有利于磷酸铵镁结石的形成。

（2）询问或检查患宠是否长期饮水不足，导致尿液浓缩，因盐类浓度过高会促进结石形成。

（3）询问或检查患宠是否患有某些代谢性疾病，如慢性原发性高钙血症、甲状旁腺功能亢进、食入过多维生素D等能增加尿液中钙和草酸分泌，从而促进草酸钙结石的形成。

（4）询问或检查患宠是否存在某些代谢或遗传缺陷，如英国斗牛犬、约克夏犬等的遗传性尿酸代谢缺陷易形成尿酸胺结石。

2. 视诊

（1）肾结石　初期常无明显症状，随后呈现肾盂肾炎的症状，常作排尿姿势，并可能排出血尿，行走缓慢，步态强拘、紧张。严重时可形成肾盂积水。

（2）输尿管结石　急剧腹痛，呕吐，患病犬、猫不愿走动，行走时弓背，有痛苦表情。输尿管不全阻塞时，常见血尿、脓尿和蛋白尿。若两侧输尿管同时完全阻塞，无尿进入膀胱，呈现无尿或尿闭，将导致不同程度的肾盂肾炎。

（3）膀胱结石　患病犬、猫排尿困难，血尿和频尿，但每次排出量少。结石位于膀胱颈部时，可呈现排尿困难和疼痛表现。

（4）尿道结石　主要发生于雄犬、雄猫。若不完全阻塞，则排尿疼痛，尿液呈滴状或断续状流出，有时排尿带血；若完全阻塞，则完全尿闭、肾性腹痛。膀胱极度充盈，患病犬、猫频频努责，却不见尿液排出。时间拖长可引起膀胱破裂或尿毒症。

3. 触诊

肾结石，肾区触诊发现肾肿大并有压痛。输尿管结石，腹部触诊疼痛。膀胱结石，触诊膀胱敏感性增高，较大的结石触诊时往往可摸到。尿道结石，触诊膀胱极度充盈。

4. 其他诊断

（1）尿道探诊　尿道插管检查，若插管遇到明显阻力，此处即可能是结石阻塞部位；若导尿管接近膀胱时遇到阻力，但稍用力即可进入膀胱并有尿液流出，多是存在于膀胱颈的结石被冲入膀胱。导尿管尿道探诊有利于尿结石的诊断。

（2）X 射线检查　X 射线检查是诊断尿结石的常用方法。对大于 3mm 的肾结石、输尿管结石，应用 X 射线检查（图 4-13、图 4-14）。若注入造影剂则更易确诊。膀胱结石可进行膀胱充气造影，或采用 2.5%~5%泛影酸钠阳性造影剂进行造影诊断。

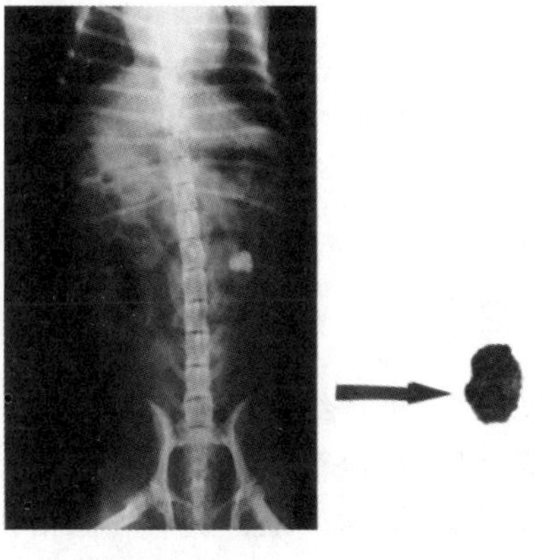

图 4-13　X 射线检查 1

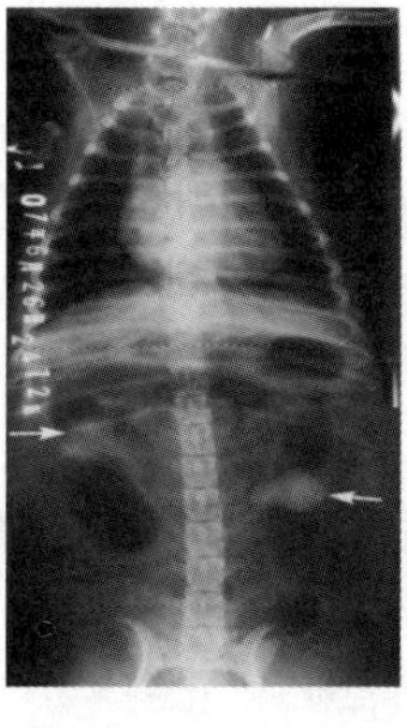

图 4-14　X 射线检查 2

（3）超声检查　膀胱无回声区域中有强回声光点或光团附带声影，有利于该病的诊断（图 4-15、图 4-16）。泌尿道结石及其数量、大小和位置一般使用

X 射线和超声检查来确诊。

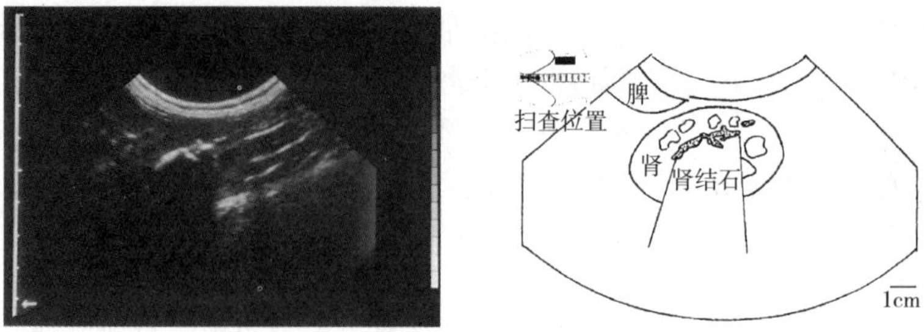

图 4-15　肾结石

（左肾矢状长轴切面，肾脏形状和结构正常，中央肾窦内可见一条具有远方声影的回声线）

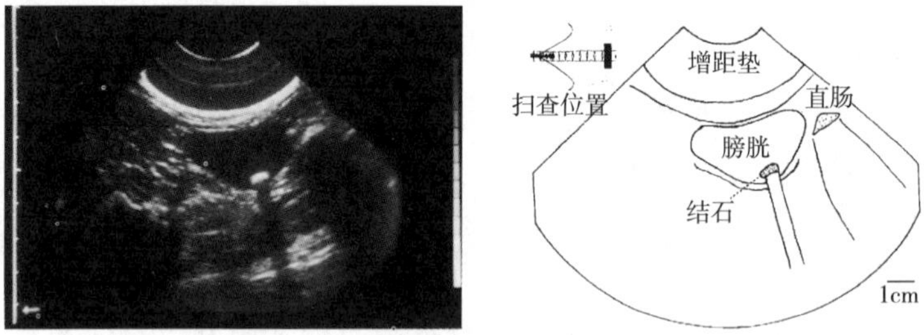

图 4-16　猫膀胱结石

（取仰卧位，膀胱内强回声结石带有喇叭口形声影）

（三）治疗

【治疗 1】 饮食药物疗法

给予矿物质少而富含维生素 A 的食物，配合中药排石汤，并给大量清洁饮水，投给利尿剂等。

说明：用于不完全阻塞或病情轻微的病例。通过稀释尿液和增加排尿量，达到冲洗尿路目的，使体积小的结石随尿排出。

【治疗 2】 促进结石溶解

（1）对磷酸盐、草酸盐和碳酸盐结石，可投给酸性食物或酸制剂，如氯化铵等，使尿液酸化，以促进结石的溶解和病情的好转。

（2）对尿酸盐和胱氨酸盐的结石，则宜投服碳酸氢钠，使尿液碱化，也可达到阻止结石形成和促进结石溶解的目的。

【治疗 3】 非手术疗法

适用于尿道或膀胱结石，且结石小或中等大小。

（1）水压冲洗疗法　适用于尿道结石。宠物镇静或麻醉后，先行膀胱穿刺排尿。助手一手指伸入直肠压迫骨盆部尿道或从体外抵压膀胱，术者经尿道口插入导尿管，用手捏紧其导管周围组织，向尿道内注入生理盐水，以扩张尿道。然后术者手松开，迅速拔出导尿管，解除尿道压力，尿石常随液体射出体外。需重复几次。如无效，可用粗的导尿管经尿道口插至结石端，用力注入生理盐水或液体润滑剂，将结石冲回至膀胱，再做膀胱切开术或其他疗法。

（2）膀胱挤压排空法　适用于尿道或膀胱结石。常在麻醉情况下进行。如膀胱不膨胀，需经尿道插管，注入适量生理盐水，使膀胱膨胀。注射时，触摸膀胱，防止膀胱过度膨胀。将宠物抱起，使其呈垂直姿势。然后轻轻挤压膀胱，使尿液和结石从尿道排出。可重复几次，直至尿道膀胱无结石为止（通过 X 射线或膀胱造影检查）。

（3）碎石技术　条件许可时，可用体外振波碎石器、超声碎石器和激光碎石器等技术将结石击碎后排出。

【治疗 4】手术疗法

对体积较大的膀胱结石，特别是伴发尿路阻塞或并发尿路感染时，需施行尿道切开手术或膀胱切开手术以取出结石。

（1）膀胱切开术　宠物仰卧保定，全身麻醉。雌性犬在耻骨前缘 3~5cm 的白线侧方；雄性犬在耻骨前缘 3~5cm 的阴茎侧方处。术部剪毛、消毒。从耻骨向脐的方向切开皮肤 8~10cm，确实止血后，钝性分离皮下组织，常规切开腹腔进行探查，膨满的膀胱一触便知；膀胱内容物空虚时，膀胱退至骨盆腔内，手指深入骨盆腔内可触及膀胱。将膀胱拉至创口处或创外，膨满膀胱可用注射器抽出尿液，膀胱缩小。用钳子夹住膀胱顶固定，手术需要时则可将膀胱牵出创外。当膀胱结石时，用镊子固定住膀胱顶，在膀胱顶附近避开血管，切开膀胱长 3~5cm，用麦粒钳子或锐匙除去结石，除石时勿损伤膀胱黏膜。膀胱壁第一次全层连续缝合，第二层浆膜内翻缝合。用灭菌生理盐水清洗后还纳于腹腔。依次缝合腹膜、腹肌、皮肤，闭合腹腔。术部用碘酊消毒。术后全身给予抗生素治疗 1~2 周。充分休息，不做剧烈运动。

（2）尿道切开术　宠物仰卧保定，全身麻醉或局部浸润麻醉。首先确定结石部位。用生理盐水清洗包皮及阴茎头部，消毒。术者左手握住阴茎头部，右手将导尿管插入阴茎中至结石部。在阴茎腹侧部位剪毛、消毒。在阴茎腹侧正中线上切开皮肤 3~5cm，依次切开皮下组织、阴茎退缩肌、尿道海绵体、尿道黏膜。尿道创口 2~3cm。用小锐匙插入尿道内除去结石。然后将导尿管向尿道深部插入，检查尿道是否通畅。闭合尿道，以细丝线连续缝合尿道黏膜，再以结节缝合法缝合尿道海绵体、阴茎退缩肌和皮肤，留置导尿管，以免发生狭窄。术后全身给予抗生素或磺胺类药物治疗 7d 左右。留置导尿管 36~48h 后拔出。术后注意排尿情况，若出现排尿困难或尿闭时，马上拆除缝线，仔细探诊尿道是否有结石嵌顿。

手术治愈的犬、猫若不改变以往食物结构，尿石症极易复发，因此建议术后饲喂能预防本病复发的商品化处方食品，以免术后再次复发。

（四）预防

加强饲养管理，以防止尿路感染。对某些代谢性疾病及遗传缺陷性疾病应及时给予治疗，以免引起尿结石。平时应增加饮水，以稀释尿液，减少对泌尿器官的刺激。

七、尿道炎

（一）特征

尿道炎是指尿道黏膜的炎症。临床上以尿频、尿痛、血尿和尿液混浊为特征。

（二）诊断

1. 问诊及主诉

（1）询问或检查患宠是否发生尿道感染，如大肠杆菌、葡萄球菌、铜绿假单胞菌和链球菌等细菌的感染。

（2）询问或检查患宠是否发生尿道结石等的机械刺激、刺激性药物的化学刺激等损伤尿道黏膜后，引起局部发炎。

（3）询问或检查患宠是否进行导尿操作，由于导尿管过于粗硬、导尿管消毒不彻底，引起尿道的局部感染。

（4）询问或检查患宠是否发生邻近器官的炎症，如膀胱炎、前列腺炎、包皮炎、阴道炎及子宫内膜炎，炎症可蔓延至尿道而发病。

2. 视诊

（1）患病宠物频频排尿，但排尿困难，排尿时，尿液呈断续状流出，疼痛不安。

（2）雄犬阴茎频频勃起，雌犬阴唇不断开张。

（3）尿液混浊，严重者混有脓液或血液，有时混有脱落的尿道黏膜。

（4）雌犬可经阴道检查看到形状不规则的尿道乳头，多见于肉芽肿性尿道炎和继发于肿瘤的尿道炎。

（5）一般全身症状不明显。

（6）严重时尿道黏膜溃疡、糜烂、坏死或形成瘢痕组织而引起尿道狭窄或阻塞，发生尿道破裂，尿液渗流到周围组织，使腹腔积尿而发生自体中毒。

3. 触诊

触诊患部敏感，探诊检查时，导尿管插入困难，宠物表现疼痛不安，并抗拒或躲避检查。直肠触诊可感尿道增厚，形状不规则。

4. 其他诊断

实验室诊断，尿液检查发现大量红细胞、白细胞或细菌，但无管型和肾、膀胱上皮细胞，尿道完全阻塞时血清检查发现尿素氮和肌酐升高。

（三）治疗

1. 治疗原则

消除病因、控制感染和冲洗尿道。

2. 治疗方法

【治疗 1】 冲洗尿道

0.1%雷佛奴尔（依沙吖啶）溶液或甲硝唑溶液冲洗尿道。

说明：尿道阻塞时应进行手术，必要时进行膀胱插管。

【治疗 2】 抗菌、消炎

（1）阿莫西林克拉维酸钾，20~30mg/kg。

用法：内服，3 次/d；10~20mg/kg，皮下注射、肌内注射或静脉注射，2~3 次/d。也可用头孢噻呋，20mg/kg，口服，3 次/d。恩诺沙星，5~15mg/kg，内服或皮下注射，2 次/d，连用 1~2 周。

（2）乌洛托品，0.5~2g/次。

用法：内服，2 次/d。

（四）预防

对患犬导尿时，防止由导尿管过于粗硬、导尿管消毒不彻底或无菌操作不严密而引起的尿道黏膜感染，并积极治疗膀胱炎、包皮炎、阴道炎及子宫内膜炎等泌尿生殖系统疾病。

八、尿道损伤

（一）特征

尿道损伤是指强烈的刺激因素（机械性、物理性等因素）直接或间接地作用于尿道所造成的伤害。多发生于雄犬、雄猫。

（二）诊断

1. 问诊及主诉

（1）询问或检查患宠会阴部是否受到直接或间接的钝性外力或锐性外力作用，如暴力打击后躯，耻骨或阴茎骨骨折的断端或骨碎片刺入尿道而引起尿道损伤。

（2）询问或检查患宠是否受到碰撞，如交通事故、相互争斗咬伤；跳跃障碍物时或由高处坠落等导致尿道损伤。

（3）询问或检查患宠尿道是否有外源性异物刺入或交配后尿道脱出损伤尿道前端。

（4）询问是否对患宠进行尿道探诊而操作不慎，损伤尿道。

（5）询问或检查患宠是否进行阴道肿瘤或阴道脱手术而损伤尿道；阴茎伸出时间过长，不能回缩至包皮内造成尿道损伤；尿道结石、尿道炎症引起尿道的损伤。

2. 视诊

（1）阴茎部尿道损伤时，局部发生肿胀，发热疼痛，黏膜发绀；损伤处血管破裂时可出现血尿和漏尿等症状。患病犬、猫常用舌舔患部，表现为排尿不畅或尿频等。

（2）会阴部尿道有异物刺入时，尿液可深入皮下，出现浮肿，感染后可引起蜂窝织炎、化脓或形成瘘管。

（3）骨盆腔内尿道损伤，尿液进入腹腔，排尿减少或停止，下腹部膨大，甚至出现尿毒症、休克等全身症状。

3. 触诊

阴茎部尿道损伤时，触诊十分敏感。骨盆腔内尿道损伤，若继发腹膜炎，则腹部紧张，触诊敏感。

4. 其他诊断

实验室血液检查可发现全身性感染以及尿毒症；X 射线造影检查可发现损伤部位。此病应与膀胱破裂相区别，膀胱破裂时，膀胱呈空虚状，导尿管插入畅通无阻，注入生理盐水后，抽出量与注入量不等。

（三）治疗

1. 治疗原则

保持尿路通畅和控制感染。

2. 治疗方法

【治疗 1】 保持尿路通畅

依创伤部位和严重程度而定处理方法。

（1）无破裂尿道挫伤　首先，治疗相关的疾病，如固定骨折和治疗尿路感染；其次，插入导尿管，逐步去除尿道阻塞物（如血凝块、炎性渗出物）。

（2）腹部和骨盆内或外尿道不全破裂　首先，插入软胶管或硅胶管跨过破裂处进入膀胱并留置其内，直至排尿通畅为止；其次，可考虑耻骨前膀胱切开放置导管导尿。

（3）尿道从膀胱颈撕脱　首先，清创缝合尿道；其次，如果基部缝合造成张力过大，可做远端根基的腹侧管状瓣；最后，考虑作耻骨前膀胱切开放置导尿管。

（4）盆骨内尿道完全破裂

①尿道吻合术：做矢状耻骨切开术显露病灶；从尿道口插入导管，并由膀胱退出，找到尿道破裂处；清创，在留置管表层缝合尿道；耻骨前膀胱切开放置一根导尿管导尿。

②耻骨前尿道造口术：腹中线剖开腹腔，尽可能多地保留尿道远端，横断尿道，在耻骨前将尿道缝于剖腹术的切口皮肤上；术后用水不溶性软膏保护尿道孔周围的皮肤免受尿浸。

（5）骨盆外尿道完全破裂

①尿道吻合术：从尿道口插入导管，找到尿道破裂处，清创，在留置管表层缝合尿道；并将此管前移至膀胱，留置于膀胱内。

②尿道造口术：在尿道破裂近端进行尿道造口术。

【治疗 2】控制感染

（1）地塞米松，消炎，1~4mg/kg，缓慢静脉注射。

（2）0.25%~0.5%普鲁卡因溶液，10~20mL，与青霉素 20 万~30 万 IU，在尿道损伤部位进行封闭疗法。

（3）头孢噻呋，抗菌，15~20mg/kg，肌内注射或静脉注射，2 次/d。

（四）预防

避免外力作用及动物间的相互斗咬，进行尿道探诊要注意，积极治疗尿道炎症及结石等疾病。

九、尿道狭窄

（一）特征

尿道狭窄是指尿道内有异物、肿瘤或炎症产物，尿道周围组织器官病变的压迫，或尿道壁的痉挛等，使尿道呈现狭窄状态。临床上以尿液排出困难为特征。常见于雄犬、雄猫。犬尿道狭窄多发生在阴茎口、前列腺沟及坐骨弓处。猫多发生在阴茎头和坐骨弓处。

（二）诊断

1. 问诊及主诉

（1）询问或检查患宠尿道是否施行手术或发生创伤。

（2）询问或检查患宠是否患有导致尿道受压的疾病，如前列腺肥大、肿瘤、周围组织炎性肿胀。

（3）询问或检查患宠是否有尿道因手术或创伤后形成的瘢痕及瘢痕收缩而引起尿道狭窄的情况。

2. 视诊

（1）尿频、尿淋漓，排尿痛苦，常舔舐尿道外口。

（2）患尿道结石时偶尔可见尿道排出细砂粒状颗粒或血尿。

（3）尿道进行性狭窄时膀胱内尿液慢性潴留，膀胱膨满，腹围增大。

（4）尿道狭窄严重的病例可出现食欲减退、呕吐，甚至尿毒症。

3. 其他诊断

尿道插管探查和尿道造影有助于尿道狭窄部位的确定。通过实验室检查，尿道损伤的可见尿中混有血液；尿液 pH 偏高者多为膀胱炎；尿沉渣中见磷酸盐结晶或胱氨酸结晶等时，应考虑为尿路结石。

（三）治疗

1. 治疗原则

消除病因，排除积尿，控制感染。

2. 治疗方法

【治疗 1】 排除积尿

当膀胱胀满时，应插入导尿管排尿，或经腹壁穿刺膀胱抽出尿液。

【治疗 2】 尿道造口

当尿道狭窄不能解除时，可在狭窄部近端做尿道造口术，另建尿路。

（1）解除骨盆外尿道狭窄，行耻骨前部、阴囊部或会阴部尿道造口术。

①耻骨前部尿道造口术是从阴茎骨后端距阴囊 1~2cm 偏于头侧切开尿道 1~2cm，露出尿道黏膜，将黏膜和皮肤缝合在一起。

②阴囊部尿道造口术是在阴囊皮肤和两侧睾丸摘除后，将阴茎后退肌侧转到坐骨弓附近，切开尿道 2~4cm，与尿道黏膜缝在皮肤上。

③会阴部尿道造口术是由外尿道口插入插管后，将动物俯位，两后肢向下保定（会阴部手术体位），肛门暂时袋口缝合，防止排粪。距阴囊 1.5~3cm 的后侧正中线切开尿道，将尿道黏膜和皮肤缝合。

（2）骨盆内尿道严重狭窄的，可进行骨盆外膀胱尿道吻合术。术部选择在耻骨联合前方，从包皮头侧端距阴囊 2~2.5cm，偏于腹正中线切开。包皮和阴茎侧转，露出腹壁后，沿腹正中线切开腹膜，通过骨盆联合处切开骨盆腔（防止损伤膀胱颈和膀胱动脉），向前列腺的后方切开骨盆腔（防止膀胱内尿液流入腹腔）。切除前列腺双重结扎尿道球动静脉后剪断，把尿道球牵拉至腹壁切口处，与膀胱颈进行吻合术。切除睾丸，常规闭合腹腔，留置导尿管 3~5d。

（四）预防

加强饲养管理，避免尿道部位的创伤，积极治疗导致尿道狭窄的结石、肿瘤等原发病。

十、前列腺肥大

（一）特征

前列腺肥大又称良性前列腺增生或囊性增生，是前列腺自发性、与年龄相关的良性增生性疾病。前列腺肥大是雄犬的常见病，不过仅见于家养的犬品种。前列腺肥大开始于2.5岁；囊性增生开始于4岁的犬。患犬的腺体体积比体重相似的正常犬要大2~6.5倍。临床上以尿液、精液、前列腺分泌液中带血，便秘和排尿困难为特征。

（二）诊断

1. 问诊及主诉

（1）询问并了解患犬是不是未去势的老龄犬。

（2）询问并了解患犬是否具有频尿及里急后重的表现。

2. 视诊

（1）腺体体积增生不大时，全身症状一般不明显。

（2）增大时，腺体对直肠和腺体周围组织造成压迫，患犬表现为频尿和里急后重。

（3）有的患犬出现血尿或排出血清样物质。

（4）严重的，可出现尿潴留和排尿困难。

（5）有的病例由于过度努责，腹压加大，致使肥大的前列腺进入骨盆腔而形成会阴疝。

3. 触诊

直肠内触摸前列腺呈对称性增大，无疼痛反应。

4. 其他诊断

X射线检查，膀胱内注入造影剂再摄片，见到前列腺的大小和形状异常可以确诊（图4-17）。B超图像可见前列腺出现单个至多个实质性囊肿，有助于该病的诊断。

（三）治疗

1. 治疗原则

以去势和药物治疗为主。

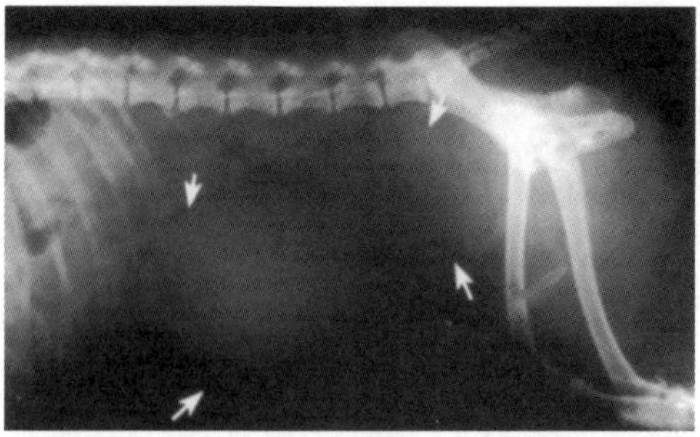

（1）侧卧平片

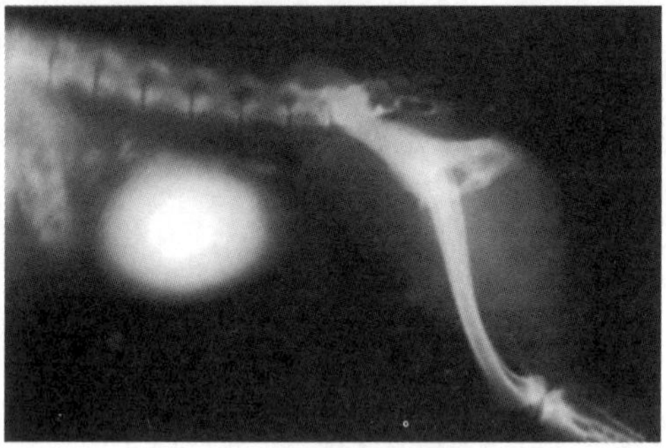

（2）导尿后膀胱逆行造影

图 4-17　犬前列腺急性肿大

（侧卧平片显示：充满尿液的巨大膀胱移向第 1~2 腰椎下腹部，将肠管推向背侧，膀胱后有一巨大均质影占据后腹大部；导尿后膀胱逆行造影显示：膀胱内及尿道充盈良好，膀胱后巨大肿物为肿大的前列腺）

2. 治疗方法

【治疗 1】 去势

去势是最有效的治疗方法。多数病例在术后 2 个月，前列腺的体积即可缩小。

【治疗 2】 药物治疗

药物治疗主要用于种犬。

（1）己烯雌酚，0.2~1.0mg/d，口服，连用 5d，但不能大量长期使用，否则可引起骨髓抑制和前列腺鳞状化生，有产生囊肿的倾向。

（2）为避免雌激素的副作用，可采用以下方式用药。

①用雄激素受体拮抗剂氟硝丁酰胺和羟氟硝丁酰胺口服，口服，2.5~5.0mg/(kg · d)，5~7 周见效。

②乙酸甲地孕酮 0.5mg/(kg · d) 和乙酸甲羟孕酮 3~4mg/(kg · d)，联合应用，4~9 周可见效。

情境小结

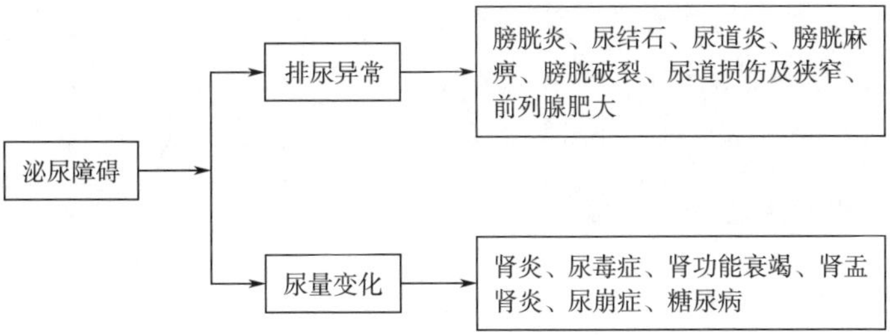

情境测试

情境四测试题

技能训练

技能训练一　导尿法

（一）技能目标

本技能训练是宠物医疗、动物医学专业学生必须掌握的基本技能。要求学生熟练掌握导尿法的操作及适应证，以便更好地为宠物临床实践服务。

（二）教学资源准备

1. 材料与工具

犬或犬模型一只，消毒外科手套、灭菌导尿管、无菌润滑油、新洁尔灭、积尿杯、一次性 20mL 注射器、开腔器、抗生素溶液、镇静剂。

2. 教学场所

宠物诊疗室。

3. 师资配置

实训时每班配备 1 名指导教师，技能考核时配备 2 名教师。

（三）原理与知识

导尿法是指应用各种导尿管（橡胶、聚乙烯、不锈钢）将贮积在膀胱内的尿液导出体外的方法。导尿常用于以下目的：急性尿潴留的救助；清洗膀胱；采集膀胱内尿液进行化验；提供封闭式的连续尿液引流；排除尿道阻塞等。禁用于急性膀胱炎的动物、尿道狭窄导尿管无法插入的动物、尿道损伤已完全断裂的动物。

（四）操作方法及考核标准

1. 操作方法与步骤

（1）保定　雄犬、雄猫和雌猫采取侧卧保定，雌犬理想的保定姿势是站立，其他姿势如仰卧和胸卧也可。

（2）导尿前的准备　用0.1%新洁尔灭清洁包皮或外阴周围，晾干后，根据动物种类及性别不同选择大小和型号合适的导尿管并浸入0.1%新洁尔灭溶液中消毒备用。彻底洗净手，戴上无菌外科手套；检查导管有无瑕疵等。

（3）操作

①雄犬导尿术：犬侧卧保定，外展犬的后腿上部，助手一只手推动包皮让犬包皮缩回使阴茎和龟头充分暴露（图4-18），操作者用润滑油充分润滑导管末端，将导尿管经尿道外口徐徐插入尿道内（图4-19），并缓慢向膀胱内推进。当导尿管顶端到达坐骨弓处时，用手指隔着皮肤向深部压迫，有助于导尿管进入膀胱。导尿管一旦进入膀胱，即见尿液流出。当确定导管充分进入膀胱，却无尿出现时，试着用注射器从导管抽取尿液；收集尿液标本。导尿完毕，向膀胱内注入0.02%~0.05%新洁尔灭或适宜抗生素溶液，最后轻轻牵引取出导尿管。

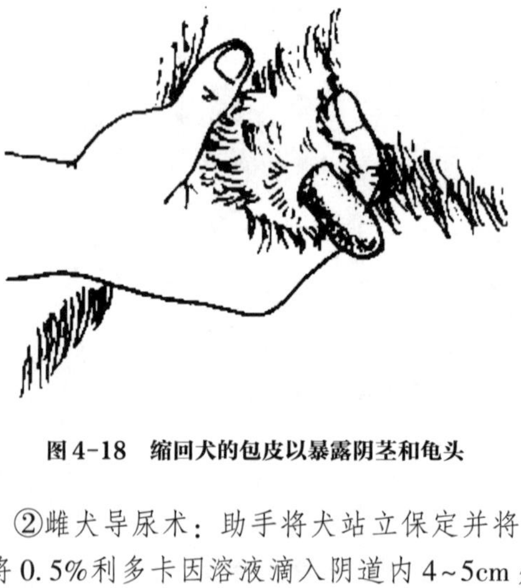

图4-18　缩回犬的包皮以暴露阴茎和龟头

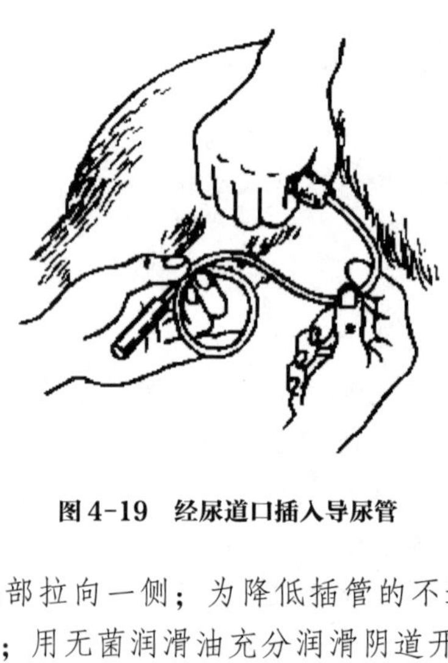

图4-19　经尿道口插入导尿管

②雌犬导尿术：助手将犬站立保定并将尾部拉向一侧；为降低插管的不适，可将0.5%利多卡因溶液滴入阴道内4~5cm处；用无菌润滑油充分润滑阴道开膣

器和导管末端；左手持开膣器开张阴道，右手持质地略硬的导尿管插入尿道口并徐徐向膀胱推进（图 4-20），或一手食指深入阴道，沿尿生殖前庭底壁向前触摸尿道结节（其后方为尿道外口），另一手在食指的引导下向前下方缓缓插入尿道外口直至进入（图 4-21）；如导管已充分到达膀胱却无尿出现，试着用注射器从导管抽取尿液，收集尿液标本。导尿完毕，向膀胱内注入 0.02%~0.05%新洁尔灭或适宜抗生素溶液，最后轻轻牵引取出导尿管。

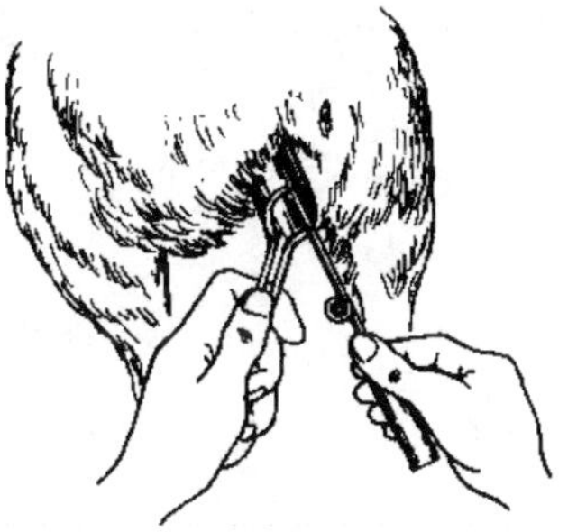

图 4-20　将导尿管通过开膣器插进膀胱

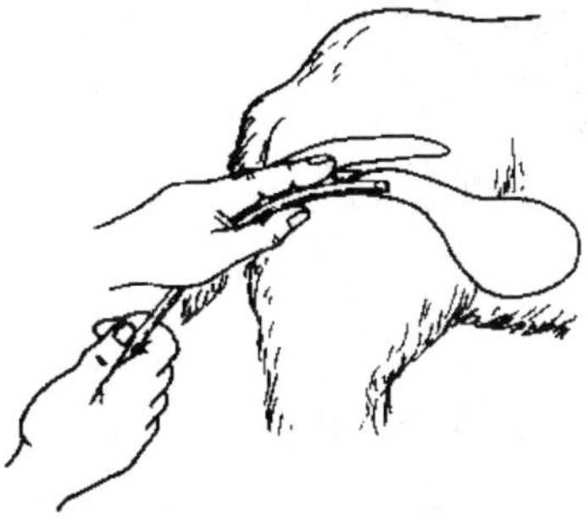

图 4-21　将导尿管通过触觉插进膀胱

③雄猫导尿术：先注射镇静剂或麻醉剂使猫安静。侧卧保定，抓住尾巴转向背侧或两边（图 4-22），用无菌润滑油润滑导管末端；术者用手食指和拇指放在包皮两侧，手掌搁在猫的脊柱上，拇指和食指顺着腹侧方向施压以从包皮内挤出龟头（图 4-23），导管插入龟头（图 4-24）；由尿道渐渐向膀胱内推进。导尿管应与脊柱平行插入，不可强行通过尿道。如尿道内有结石阻塞，可先向尿道内注射生理盐水或稀醋酸 3~5mL，冲洗尿道内凝结物，确保导尿管通过。猫的导尿管质地稍硬且有弹性，内有不锈钢芯，起支撑作用，能够保证导尿管顺利插入。导尿完毕，向膀胱内注入 0.02%~0.05%新洁尔灭或适宜抗生素溶液，最后轻轻牵引取出导尿管。

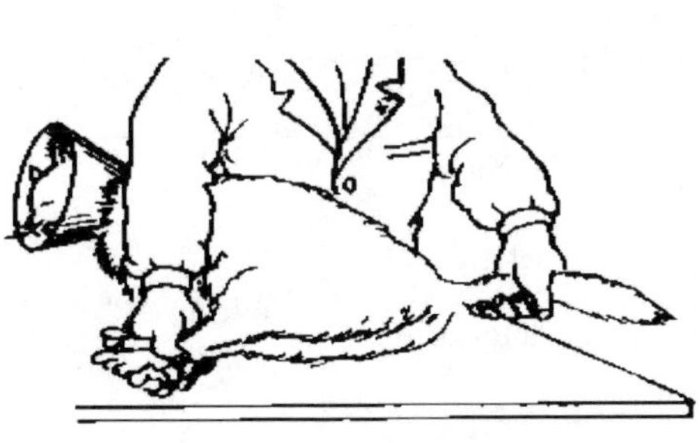

图 4-22　猫导尿的保定姿势

图 4-23　从包皮内挤出龟头

④雌猫导尿术：猫侧卧保定，如需要可使用镇静剂或麻醉剂。导尿前，用

1%盐酸丁卡因液喷洒尿生殖前庭和阴道黏膜。抓住尾巴拉向背侧或两边，用润滑剂充分润滑导管末端，当通过阴道腹壁滑进导管时将外阴唇拉向尾侧，直到导管插入尿道口（图4-25）。

图4-24 导管插入龟头

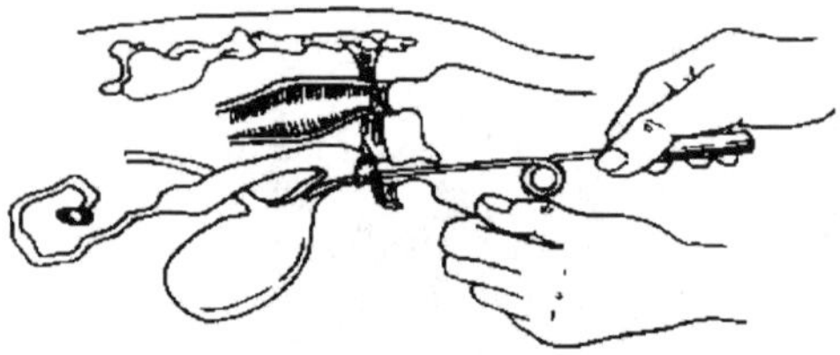

图4-25 将导尿管插入尿道口

（4）注意事项

①严格遵守无菌操作规程，术后注意保持尿道口清洁，以防尿路感染。

②插管的动作要轻柔，避免暴力损伤尿道。

③有前列腺增生症或尿道狭窄等病史的动物，可选择较细的导尿管，并在插管前，在尿道内注入1~2mL无菌液体石蜡油，然后再插导尿管。如仍困难，可选择较硬的PVC导尿管。

④对膀胱高度膨满而又极度虚弱的患病犬、猫，导尿不宜过快，导尿量不宜过多，以防腹压突然降低引起虚脱或膀胱突然减压引起黏膜充血，发生血尿。

2. 技能考核标准

考核标准如表4-1所示。

表4-1 导尿法考核标准

考核内容及分数分配	操作环节与要求	评分标准		考核方法	熟练程度	时限
		分值	扣分依据			
导尿法（100分）	临床适应证正确	15	临床应用不全面，酌情扣5~15分	单人操作考核	熟练掌握	10min
	临床禁忌证正确	15	药物准备不正确，酌情扣5~15分			
	操作准确	40	操作不正确，酌情扣10~40分			
	注意事项	20	注意事项不全面，酌情扣5~20分			
	操作时间	10	共10min，每超1min扣1分			

技能训练二　单侧肾切除术

（一）技能目标

本技能训练是宠物医疗、动物医学专业学生必须了解的基本技能。要求学生熟练掌握单侧肾切除术的操作及适应证，以便更好地为宠物临床实践服务。

（二）教学资源准备

1. 材料与工具

犬或犬模型一只，一般外科手术器械，麻醉药。

2. 教学场所

宠物诊疗室。

3. 师资配置

实训时每班配备 1 名指导教师，技能考核时配备 2 名教师。

（三）原理与知识

犬、猫的肾脏位于第 2~4 腰椎侧面。肾脏呈蚕豆型，表面光滑。左肾的侧缘与脾脏和腹壁相接。两个肾脏的内侧缘向内形成很深的切痕，称为肾门。肾门是血管和输尿管出入的地方。肾动脉数支由此进入肾脏，肾小球输出的输出管变成毛细血管网缠绕着曲细尿管变成小叶间静脉，汇集成肾静脉从肾门出来，则移行为大静脉。输尿管起于肾门，沿尿生殖皱褶走向骨盆腔，止于膀胱。肾周围有疏松结缔组织包被与附近器官相接。肾脏表面被结缔组织的白膜包裹。当宠物患有化脓性肾炎、肾结石、肾肿瘤、肾寄生虫以及肾脏严重损伤时，可采取手术疗法摘除肾脏。

（四）操作方法及考核标准

1. 操作方法与步骤

（1）保定和麻醉　手术台横卧保定，全身麻醉。

（2）术部　在最后肋骨后缘 4~5cm，距腰椎横突尖端 5cm 左右。

（3）术式　按剖腹术的方法打开腹腔。术者用手将腹腔器官分开，暴露出患病肾脏。用钝性分离方法分离腰椎下包着肾脏的腹膜，暴露出肾脏，用钳子在肾脏前缘或后端穿透肾的被膜及脂肪组织，沿着钳子用手指扩大被膜及脂肪组织，直至将肾脏完全剥离，注意勿伤及肾的实质部分，如有出血用纱布轻轻压迫止血。然后在肾门部剥离肾血管周围的脂肪和结缔组织，暴露出肾动脉、肾静脉，继续分离输尿管周围的脂肪及结缔组织，暴露出输尿管。分别用止血钳夹住肾动脉、肾静脉以及输尿管，以丝线分别距肾 2~3cm 处结扎肾动脉、肾静脉和输尿管。然后切断肾动脉，再切断肾静脉，最后切断输尿管，用超声刀烧烙其断端，将肾脏摘出。结扎确实无出血后，用灭菌生理盐水清洗术部，向腹腔内撒抗生素粉剂，以防感染。按剖腹术方法闭合腹腔。用碘酊消毒创部，整理创缘。

（4）术后护理　术后抗生素治疗 1 周，防止感染。1 周内控制饮水和输液量，观察有无全身变化。给予营养丰富的低钠食物。

（5）注意事项

①术中对肾动脉和肾静脉结扎要确实，防止术后出血。

②输尿管断端要用超声刀，使其密闭，防止污染。

2. 技能考核标准

考核标准如表 4-2 所示。

表 4-2　单侧肾切除术考核标准

考核内容及分数分配	操作环节与要求	评分标准		考核方法	熟练程度	时限
		分值	扣分依据			
单侧肾切除术（100 分）	肾脏解剖位置及适应证正确	20	不全面，酌情扣 5~20 分	单人操作考核	熟练掌握	20min
	保定、麻醉及术部正确	20	药物准备不正确，酌情扣 5~20 分			
	术式准确	40	操作不正确，酌情扣 10~40 分			
	注意事项	20	注意事项不全面，酌情扣 5~20 分			

技能训练三　膀胱穿刺术

（一）技能目标

本技能训练是宠物医疗、动物医学专业学生必须了解的基本技能。要求学生熟练掌握膀胱穿刺术的操作及适应证，以便更好地为宠物临床实践服务。

（二）教学资源准备

1. 材料与工具

犬或犬模型一只，带乳胶管的 16~18 号长针头或更粗的穿刺针，20mL 或 50mL 的注射器。

2. 教学场所

宠物诊疗室。

3. 师资配置

实训时每班配备1名指导教师，技能考核时配备2名教师。

（三）原理与知识

犬膀胱位于腹中线下的耻骨前缘，在宠物仰卧状态下可用一只手在腹中线处由前向后触压，也可用两只手分别由腹部两侧逐渐向体中线压迫，感知膀胱。当宠物膀胱极度膨满而排尿困难，尿闭或尿道堵塞，而导尿无效时，为防止膀胱破裂，可用本法排出膀胱内的尿液。因此，膀胱穿刺是一种为防止膀胱破裂而进行的人工排尿方法，多作为应急措施采用。

（四）操作方法及考核标准

1. 操作方法与步骤

（1）穿刺部位　后腹部耻骨前缘，触摸有膨满及弹性感，即为穿刺部位（图4-26）。

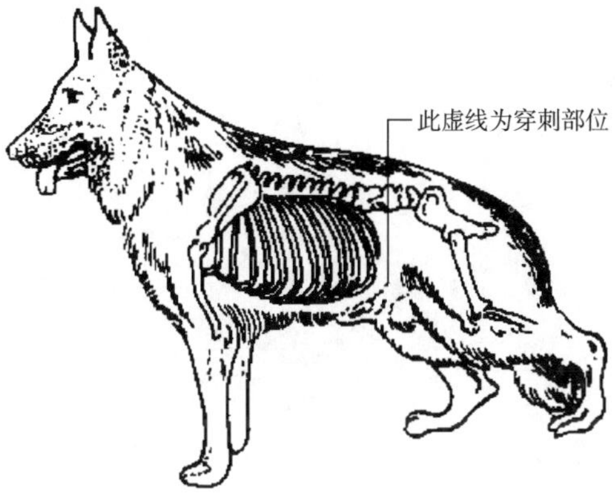

图4-26　犬膀胱穿刺部位

（2）保定和消毒　宠物侧卧保定，将左或右后肢向后牵引转位，充分暴露术部。术部剪毛，消毒。

（3）穿刺方法　止血钳夹闭穿刺针后橡胶管，术者于耻骨前缘触摸膨满、波动最明显处，左手压住局部，右手持针头向后下方刺入，并固定好针头，待排完尿液，拔出针头，用碘酊棉球消毒。覆无菌纱布，压迫数分钟，胶布固定。

（4）注意事项

①针刺入膀胱后，应始终握住针头，防止滑脱。

②多次穿刺易引起腹膜炎和膀胱炎，宜慎重。

③宠物严重努责时可给予镇静剂。

④排尿不应过快，而应适当予以控制，以利于盆腔和腹腔器官和血液循环逐渐恢复平衡。

2. 技能考核标准

考核标准如表 4-3 所示。

表 4-3　　膀胱穿刺考核标准

考核内容及分数分配	操作环节与要求	评分标准		考核方法	熟练程度	时限
		分值	扣分依据			
膀胱穿刺（100 分）	临床适应证正确	15	临床应用不全面，酌情扣 5~15 分	单人操作考核	熟练掌握	15min
	穿刺部位正确	15	穿刺部位不正确，酌情扣 5~15 分			
	穿刺方法准确	40	方法正确，酌情扣 10~40 分			
	注意事项	20	注意事项不全面，酌情扣 5~20 分			
	操作时间	10	共 15min，每超 1min 扣 1 分			

情境五 运动障碍性疾病

◆ **学习目标**

1. 思政目标

小组合作完成运动障碍性疾病诊治接诊、诊断、治疗、预防，培养诊治的职业责任心；疾病诊治中，遇到诊疗问题，积极查找资料、有效进行团队沟通、讨论、研究；疾病接诊中，具有爱宠情怀、回馈社会、对宠主人文关怀、换位思考、尊重生命、呵护宠物健康的职业操守。

2. 知识及能力目标

根据运动障碍的主要临床症状，运用运动障碍临床诊疗知识，完成宠物运动障碍性疾病的类症鉴别，进而推断患病类别；根据患病宠物主要临床症状及初步诊断，书写病历档案；根据病患不同临床症状，选择B超、X射线及DR、血常规、C反应蛋白、血清淀粉样蛋白A、电解质分析、血生化、尿液分析及显微镜检查，进而分析确诊疾病；根据确诊的疾病，选择适当的治疗方案，进而选择药物、组方，写出处方，采用合理的治疗技术进行治疗。

◆ **必备知识**

钙和磷及其他无机盐的生理学功能。

◆ **课前思考题**

1. 单纯地补钙好不好？
2. 以钙、磷代谢异常为主症的内科疾病各包括哪些？
3. 机体中钙的调节机制是什么？

任务一　钙、磷代谢病

任务描述

学习钙、磷代谢的生理及相关知识，参加相关临床病例的诊疗，分析临床案例。

案例分析

案例 1

藏獒犬，6 月龄，体重 42kg。精神倦怠，被毛蓬乱、无光泽，四肢软弱无力，站立时四肢频频交替负重，关节肿胀、疼痛，前肢腕关节变形，骨骺增大，肋骨与肋软骨有念珠状肿胀，骨骼变形，四肢骨弯曲呈 X 形，患犬食欲减退，异嗜，消瘦，生长缓慢，易卧，跛行，同时出现了腰椎突起。体温、脉搏、呼吸无变化。检测血钙浓度为 6mg/100mL，血磷浓度为 1.8mg/100mL。请分析该犬得了什么病。

诊治方案：根据患犬精神倦怠、营养丢失、四肢软弱无力、四肢交替负重、关节肿胀、腕关节变形、骨骺增大等临床表现，尤其是四肢呈 X 形，结合生活史及血液钙、磷浓度可以判定该犬患有佝偻病。治疗方案是补充钙、磷、维生素 D，增加日光照射及增加营养。

案例 2

1 窝共 5 只幼犬，最大的体重 3.5kg，最小的 2.5kg。5 只幼犬饲养在始终不见阳光的旧屋内，最近两个月发现这些幼犬生长速度很慢，并且消瘦。给犬所喂的饲料是剩饭和米糠，食槽内饲料未吃干净却啃咬砖墙、水泥地和食槽等异物，啃掉的砖块即嚼碎吃掉，多数幼犬跛行，不愿走动，站立姿势异常。临床表现：患犬消瘦，食欲减退，消化不良，精神不活泼，出现舔食或啃咬墙壁、地面泥沙、饲槽等异嗜癖现象。幼犬不愿起立和运动，常跪地，发抖。强迫运动时出现跛行现象，四肢骨弯曲变形呈 O 形或 X 形。关节肿胀，触摸时有明显疼痛感。患犬齿形不规则，齿质钙化不良（凹凸不平、有沟、有色素沉着），齿面不平整，口腔闭合困难。请诊断该犬得了什么病。

诊治方案：根据患病幼犬群发，缺乏日光照射，生长速度缓慢并且消瘦，有异嗜癖，姿势异常，呈 O 型腿、X 型腿，并出现跛行，可以初步判定该幼犬患有佝偻病，治疗方案是补充钙、磷、维生素 D，增加日光照射，增加营养。

案例 3

一只金毛猎犬异嗜，吃泥土、砂石、粪便污染的饲料等；骨骼变形，弓背、凹腰，运动障碍，四肢游走性的跛行，瘫痪，不能站立。请诊断该犬得了什么病。

诊治方案：根据该成年犬有异食癖，营养丢失，骨骼变形，运动障碍，跛行、瘫痪，可以初步判定该犬患有骨软症。治疗方案是补充营养，补充钙、磷、维生素 D，增加日光照射，增加运动。

相关知识

钙、磷代谢异常所致疾病主要有佝偻病和骨软症。

一、佝偻病

佝偻病是指在生长期的幼犬由于维生素 D 及钙、磷缺乏或饲料中钙、磷比例失调所致的一种骨营养不良性代谢病。是由生长骨的骨基质钙化不足为基础所发生的，促进骨钙化作用的主要因子是 $1,25-(OH)_2-D_3$。实践表明，当饲料中钙、磷比例平衡时，机体对维生素 D 的需要量是很小的；而当钙、磷比例不平衡时，哺乳幼宠和青年宠物对维生素 D 的缺乏极为敏感。哺乳幼宠和青年宠物在其骨骼发育阶段，一旦食物中钙或磷缺乏，并导致体内钙、磷不平衡，这时若伴有任何程度的维生素 D 不足，生长骨的骨基质则不能完全钙化，同时骨样组织增多而发病。对于犬来说，食料中钙磷合适比例为（1.2~1.4）：1。

（一）特征

佝偻病是指幼犬的骨组织钙化不全，骨质疏松，骨骼变形。本病常发生在 1~3 月龄的幼犬，以发育迟缓、消化功能紊乱、异嗜癖、关节肿大、四肢变形呈 X 形或 O 形、跛行；牙齿发育不良，容易发生龋齿和脱落，血钙浓度降至 8.4mg/100mL、血磷浓度 2.5mg/100mL 以下为特征。

（二）诊断

1. 问诊及主诉

询问病犬的日龄，饲养管理条件，环境状况，饲粮的种类配比，因饲粮中钙磷不足或比例不足是本病发生的主要原因。理想的钙磷比例，犬是（1.2~1.4）：1。询问是否经常晒太阳，饲粮中其他矿物质是否超标；母犬是否缺钙，是否有过抽筋、皮肤震颤现象。

2. 视诊

（1）视诊关节肿大、四肢变形呈 X 形或 O 形、跛行、有时不能站立（图 5-1、图 5-2）。

图 5-1 犬佝偻病，两前肢弯曲变形，呈 O 形站立负重

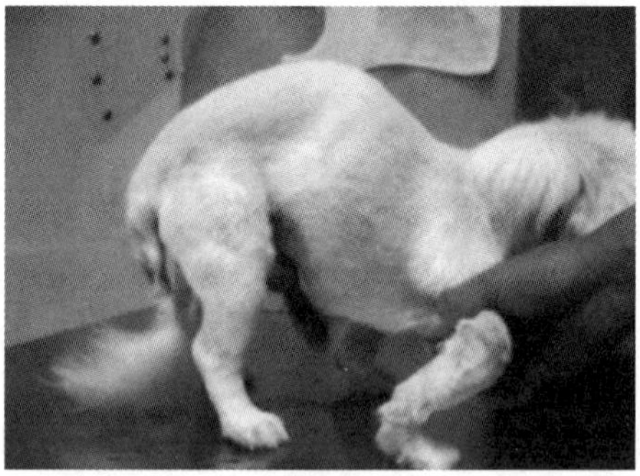

图 5-2 犬佝偻病，前肢与脊柱弯曲明显

（2）患犬食欲不振，不爱活动，有舔食或啃咬墙壁、地面泥沙、饲槽等异嗜癖现象。异嗜造成胃肠卡他，排稀软绿便。

（3）病犬牙齿发育不良，容易发生龋齿和脱落，咀嚼障碍，硬腭突出，齿形不规则，齿质钙化不良（凹凸不平、有沟、有色素沉着），齿面不平整，口腔闭合困难。

3. 触诊

患犬肋骨和肋软骨结合部呈念珠状肿胀，两侧肋弓外张。触摸时有明显疼痛感。体温、脉搏、呼吸一般无变化。

4. 其他诊断

（1）血中钙磷浓度　血钙浓度 8.4mg/100mL，血磷浓度 2.5mg/100mL 以下。

（2）X 射线检查　骨端不规则和骨化不全。

（三）治疗

1. 治疗原则

消除病因，改善饲粮，维生素 D、钙、磷同补和对症治疗。

2. 治疗方法

（1）日光浴。

（2）10%葡萄糖酸钙 10mL 4 支+5%葡萄糖注射液 200mL，静脉缓慢注射，注射 3d 停 3d，用药 4 周，同时维生素 D_3 1500~3000IU/kg 肌内注射，10mg 骨肽 2mL 肌内注射。

（3）加强饲养管理，注意舍棚卫生，适当运动，保证充足的光照，改变单一食物结构，补充骨粉、钙片，给予优质蛋白性食物。

（4）对症治疗　腹泻时给予健胃助消化药物；关节肿胀、疼痛，说明产生了炎症，肌内注射地塞米松等糖皮质激素。

（四）预防

加强饲养管理，常运动及光照，注意调整日粮，保证营养均衡、改用配合饲料，增加骨粉、鱼粉的喂量。

二、骨软症

（一）特征

骨软症是发生在成年犬的一种骨营养不良，主要原因是钙、磷缺乏及二者的比例不当。骨质软化通常开始于骨的营养不足（主要指钙、磷、维生素 D_3），骨骼发生明显的脱钙，呈现骨质软化，同时又被过度形成的未曾钙化的骨基质所代替。临床以消化紊乱，异嗜癖，跛行，骨质软化及骨变形为特征。

（二）诊断

1. 问诊及主诉

询问病犬的日龄，饲养管理条件，环境状况，饲粮的种类、配比等的饲养管理。重点要询问病犬的消化系统功能，病犬是否消化功能紊乱，并呈现明显的异嗜癖。即异嗜、喜吃平时不吃的东西，如泥土、砂石、粪便等。

2. 视诊

（1）视诊有骨骼变形，如弓背、凹腰、四肢变形。

（2）观察运动状态，有运动障碍，四肢游走性的跛行，瘫痪，不能站立及异常姿势。

3. 触诊

患犬颌骨肿胀，硬腭突出，致使口腔闭合困难，肋骨与肋软骨接合部肿胀，易折断。卧地时由于四肢屈曲不灵活。

4. 其他诊断

（1）血中钙磷浓度　血钙浓度 8.4mg/100mL，血磷浓度 2.5mg/100mL 以下。

（2）X 射线检查　长骨 X 射线检查，骨影像显示骨质密度降低。

（三）治疗

1. 治疗原则

消除病因，改善饲粮，维生素 D_3、钙、磷同补和对症治疗为原则。

2. 治疗方法

（1）早期添加骨粉，不用药物可自愈。

（2）给予钙制剂，口服碳酸钙，1~2g/kg，1 次/d。或口服乳酸钙，每次 0.5~2g。肌内注射骨化醇胶性钙注射液，每次 0.25 万~0.5 万 IU。静脉缓慢注射 10%葡萄糖酸钙 10mL 4 支+5%葡萄糖注射液 200mL。

（3）加强饲养管理，注意舍棚卫生，适当运动，保证充足的光照，改变单一食物结构，补充骨粉、钙片，给予优质蛋白性食物。

（4）对症治疗　腹泻时给予健胃助消化药物；关节肿胀、疼痛，说明产生了炎症，肌内注射地塞米松等糖皮质激素。

（四）预防

加强饲养管理，增加运动，勤晒太阳，注意调整日粮，保证营养均衡，改用配合饲料，增加骨粉、鱼粉、优质干草粉和青绿饲料的喂量。

任务二　硒-维生素 E 缺乏症

任务描述

学习微量元素硒-维生素 E 生理功能的相关知识，参加相关临床病例的诊疗，分析临床案例。

案例分析

某警犬基地饲养警犬 38 只，相继发病，1~1.5 岁的幼犬急性死亡 6 只。死亡的 6 只幼犬发病前未见异常，正常参加训练，发病时突然出现肌肉颤抖、走路摇摆、心悸、心动过速、心律不齐等症状，P：180~200 次/min；呼吸频数、困难，口鼻流出淡红色泡沫状鼻液；后躯至全身逐渐麻痹，于 5~7min 后倒地死亡。请诊断该犬得了什么病。

诊治方案：根据患病犬群发并有死亡病例，临床症状表现肌肉震颤，走路摇摆，心悸、心动过速等，心率加快、呼吸、脉搏数均有异常，从口、鼻流出淡红色泡沫状液体，麻痹等，可以初步判定符合硒和维生素 E 缺乏的疾病，确诊需要做进一步检查，化验饲料中硒和维生素 E 含量。治疗方案是补充硒和维生素 E，增加营养，对症治疗。

相关知识

硒和维生素 E 是天然的抗氧化剂，维生素 E 的抗氧化作用是通过抑制多不饱和脂肪酸产生的游离根对细胞膜的脂质过氧化，硒的抗氧化作用是通过谷胱甘肽过氧化物酶和清除不饱和脂肪酸实现的，谷胱甘肽过氧化物酶能清除体内产生的过氧化物和自由基，保护细胞膜免受损害。正常生理情况下，机体内自由基不断生成，参与新陈代谢、贮能、防御解毒、转化废物、识别、破坏和清除癌细胞，又不断地被清除，其生成速度和清除速度保持相对平衡，因而显示不出自由基对机体的氧化损害或生理破坏作用。但在缺硒的情况下，当自由基的产生与清除失去了平衡和稳态时，自由基产生过多。硒主要具有以下作用：①具有抗氧化功能；②具有抗衰老作用；③具有防癌症的作用；④能增强机体的免疫功能；⑤可调节甲状腺激素的代谢；⑥具有促生长的作用；⑦可拮抗某些重金属（如汞）或非金属元素（如氟）对动物的毒害作用。

（一）特征

硒-维生素 E 缺乏症多发生于幼犬和大型犬，如马士提夫、圣伯纳、藏獒、大丹等。以幼犬渗出性素质为主，伴有肝营养不良的变化；成年犬则以肌肉营养不良的变化为主，主要表现为白肌病、心肌炎、心力衰竭、机体衰弱、呼吸困难等。

（二）诊断

1. 问诊及主诉

询问病犬的日龄，饲养管理条件，饲粮是否添加过微量元素，饲粮中砷、汞、铜等拮抗物含量是否过高，或者含硫氨基酸、脂肪酸、抗氧化剂等是否缺乏。哺乳母犬饲料中是否添加或注射补给硒-维生素 E 或幼犬出生后适量补给亚硒酸钠维生素 E 注射液。

2. 视诊

急性发病者多为体况良好、生长迅速的仔犬，病程 5~7d。精神状态的观察，患犬初期精神沉郁，食欲不振，不爱走动；后期精神高度沉郁，嗜睡。皮肤可视黏膜检查，全身出现浮肿及黄疸，主要表现为眼结膜、口腔黏膜、腹下部皮肤高度黄染。

3. 触诊

下颌淋巴结肿胀，四肢、腕关节及跗关节下部肿胀，无热痛，有指压痕。

4. 尸体病理变化

可见心肌松软，心壁变薄，骨骼肌苍白，肝脏肿大、稍发黄，消化道无明显变化，皮下组织呈胶冻样，全身性水肿，尤以颈部皮下水肿较重，骨骼肌颜色变淡，表现为严重的蜡样变性和坏死，呈灰黄色或黄白色的斑块状、条纹状和片状，严重者肌肉似煮肉样，质地柔嫩而脆、易撕裂，肌间结缔组织水肿。

（三）预防治疗

1. 治疗原则

预防为主，消除病因，对症治疗。

2. 预防治疗方法

预防一般措施是适当地给犬喂一些含青绿饲料和动物肝脏的食物，或向饲料中加入 0.1～0.2mg/kg 的硒和适当的维生素 E。在出生 3d 后，用 0.1%亚硒酸钠维生素 E 注射液深部肌内注射。

任务三　铜缺乏症

任务描述

学习微量元素铜生理功能的相关知识，对铜缺乏症进行判断与诊治。

相关知识

铜是体内许多酶的组成成分或活性中心。如与铁的利用有关的铜蓝蛋白酶，是含铜的核心酶；与色素代谢有关的酪氨酸酶；与结缔组织有关的单胺氧化酶；与软骨生成有关的赖氨酰氧化酶；与过氧化作用有关的超氧化物歧化酶；与磷脂代谢有关的细胞色素氧化酶等，当机体缺铜后，这些酶活力下降，因而产生贫血、运动障碍、神经功能紊乱、被毛褪色、关节变形、骨质疏松、血管壁弹性下降等症状。铜在体内分布于所有组织中，其中浓度最高的是肝脏和脑，其次为心脏和被毛，骨骼和肌肉中含量也较多。

（一）特征

铜缺乏症主要是由于体内微量元素铜缺乏或不足所致。临床以贫血、腹泻、被毛褪色、皮肤角化不全、生长迟缓为特征的营养代谢病。

（二）诊断

临床上出现贫血、消瘦、关节肿大、被毛褪色、肾内血铁黄蛋白沉着等特征，补饲铜以后疗效显著，可作出初步诊断。

（三）预防治疗

可在饲粮中加入少量的0.5%硫酸铜。食物中铜浓度过高时也能引起贫血，主要是铜离子与铁离子被吸收时在小肠竞争的结果。伯灵顿犬有一种特殊的缺陷症，就是肝脏储铜过多会引起铜中毒，中毒表现为肝炎和肝硬化，并具有遗传性，因此对于这一品种的犬来说，一定要限制饲粮中铜的含量。

任务四　脊髓炎和脊髓膜炎

任务描述

学习脊髓炎和脊髓膜炎的病理特征和治疗的相关知识，参加相关临床病例的诊疗，分析临床案例。

案例分析

案例 1

西施犬，雄性，4 岁。主诉：早晨不愿走路。症状：气喘，腹部紧张，不能站立，行走拖曳。T：40.0℃。请诊断该犬得了什么病。

诊治方案：据患犬年龄及早晨不愿走路的病史，再结合临床症状，体温升高等情况，考虑与中枢神经系统、脊髓和脊髓膜炎相关的疾病。建议进一步检查，做 X 射线、椎部 CT 以及核磁等检查确诊。根据检查结果对症治疗，消炎镇痛，针灸疗法修复受损神经。

案例 2

西施犬，雄性，2 岁。主诉：今年没打过疫苗。下午精神好，跳蹦之时突然叫一声，立即发现右腿不能动，到晚上两条后腿不能动。不进食，未见小便。症状：精神一般，后腿均不能动。T：38.7℃。触诊：腹部紧张，膀胱充盈。X 射线检查：未见脊柱异常。请诊断该犬得了什么病。

诊治方案：根据患病犬突然发病，出现后肢不能负重，继而两后肢都不能负重，排便失禁，拍片脊柱未见异常的情况，考虑脊髓和椎骨相关的问题，建议进一步做 CT 或核磁检查确诊。根据检查使用药物修复受损神经，针灸疗法及物理疗法进行康复。

案例 3

狼犬，体重 40kg，雄性，3 岁。已发病 2d，不进食，精神不振，粪尿正常，

T：39.5℃，R：38 次/min，P：92 次/min，后躯站立不起，有明显后坐姿势。用注射针探刺颈、腰、背、脊部位反应迟钝，其他未见异常。请诊断该犬得了什么病。

诊治方案：根据患犬病史，两天不进食，精神沉郁，体温升高，后肢不能站立、后坐姿势等，用刺激反射迟钝，重点考虑脊髓及胸、腰荐椎的异常，建议进一步做 CT 或核磁检查，以便确诊。根据检查诊断受损部位，红外及激光疗法结合温热物理疗法修复受损神经，结合针灸治疗康复。

相关知识

脊髓炎是指脊髓实质的急性炎症；脊髓膜炎是指脊髓硬膜、蛛网膜和软膜的实质性炎症，两者可同时发生，有的以脊髓实质变化为主，蔓延至脊髓膜；也有的以脊髓膜炎为主，蔓延至脊髓实质。脊髓炎是脊髓的一种非特异性炎性病变，由病毒感染后引起的一种神经变态反应，属于感染性免疫性疾病。多由传染病、细菌毒素中毒或过敏反应及外伤所致，见于犬瘟热、狂犬病、伪狂犬病、破伤风、弓形虫病、全身性真菌感染、疫苗注射后。此外，感冒、败血症、脓毒症也能引起继发性炎症。佝偻病、骨软症、椎间盘病诱发脊髓周围炎时也能引起。四季均可发病，但以冬末春初或秋末冬初较为常见。不同品种、不同年龄、不同性别的犬均可发病。

（一）特征

脊髓炎和脊髓膜炎以青壮年犬多见，无神经障碍，以感觉、运动、反射功能障碍和肌肉萎缩为特征。

（二）诊断

1. 问诊及主诉

询问病犬的日龄，饲养管理条件，环境状况，疫苗的免疫情况，最近是否发生过疾病，如何治疗的，药物的使用情况。

2. 视诊

运动障碍的观察，观察是否出现脊背僵硬、肌肉痉挛、抽搐等。对低级神经中枢功能进行观察，观察排尿情况、排粪情况。

3. 触诊

感觉障碍的检查，触诊脊背，观察其敏感性。进行各种刺激针刺，其反应丧失。

4. 其他诊断

（1）脊髓穿刺检查　脊髓液中蛋白质和炎性细胞数量增多。

（2）X射线检查、CT、磁共振检查脊柱解剖结构异常情况。

（三）治疗

1. 治疗原则

减少对脊髓刺激、消炎抗菌、恢复神经功能、防止肌肉萎缩、防止压疮。

2. 治疗方法

【治疗1】

为减少对脊髓刺激，必须使病犬保持安静，限制活动，减少刺激并避免做屈曲、伸展、扭转等运动。当急性尿潴留时，应按摩膀胱或安置导尿管，有感染时应作膀胱冲洗。排粪不畅时，可用开塞露。为预防压疮，首先应保持褥垫的清洁和平整，每日给病犬翻身数次，晒日光浴，用梳子顺被毛方向梳理，并按摩穴位，以促进皮肤气血运行，定时按摩和协助活动肢体。病犬排尿不能自理时，一定要厚垫并勤换床铺，防止发生褥疮。

【治疗2】

为消除炎症，初期首先用冰袋冷敷炎症部脊柱，待急性炎症消退后改为温敷。同时，肌内注射或静脉注射氢化可的松2～5mg/kg，2次/d，或地塞米松0.25～1mg/kg，1次/d。

【治疗3】

对细菌性感染可口服头孢氨苄20mg/kg，3次/d；或肌内注射甲氧苄胺嘧啶15mg/kg，2次/d；或静脉注射氨苄西林5～10mg/kg，2次/d。对于病毒性感染，可应用相应抗血清或免疫球蛋白，还可使用干扰素、病毒唑等。

【治疗4】

为了促进神经功能恢复，改善神经营养，早期采用维生素C、维生素B_1、ATP、辅酶A、胞二磷胆碱、5%葡萄糖150mL静脉滴注。维生素B_{12} 100mg，肌内注射，1次/d；维生素B_{12} 100μg，肌内注射，1次/d；对脊髓炎早期脊髓水肿肿胀，可适量应用脱水剂，如20%甘露醇250mL静脉滴注，2次/d；或10%葡萄糖甘油500mL静脉滴注，1次/d。

【治疗5】中医治疗

（1）水针疗法　选天门、大椎、身柱、悬枢、百会、肾俞、二眼穴。以上7个穴位针刺得气后，分别注射磺胺注射液2mL，其中天门穴针尖斜向后下方刺入1cm，其余穴位垂直皮肤刺入1cm。抢风、前三里、肘俞、肩井、脾俞、环跳、阳陵、后三里等穴位，分别用一次性注射器垂直穴位皮肤刺入2cm，得气后分别注入维生素B_6注射液2mL。

（2）白针疗法　取上脘、中脘、下脘穴，毫针垂直皮肤刺入2cm，得气后出针；尾尖穴，毫针沿尾尖刺入3cm，得气后出针。

（四）预防

（1）加强护理。

（2）急性期应注意护理，定期翻身，给患犬洗澡，并保持皮毛干燥清洁。

（3）排尿障碍者，应行协助排尿，采用定时腹部挤压排尿。预防便秘，增饲含粗纤维的食物，并可服缓泻剂，必要时灌肠。

（4）早期进行瘫痪肢体协助运动，注意纠正足下垂，防止肢体痉挛及关节挛缩；后期做好肢体按摩，保证血液循环，保证肢体营养代谢，防止萎缩。

任务五　甲状旁腺功能亢进症

任务描述

学习甲状旁腺功能亢进症病理特征及治疗的相关知识，参加相关临床病例的诊疗，分析临床案例。

案例分析

一德牧犬，主诉：发病已有1周，临床可见全身肌肉抽搐、痉挛，身体虚弱，厌食，偶有流涎或咽下困难，时有呕吐，心肌受损，心动过速。请诊断该犬得了什么病。

诊治方案：根据患犬病史，以及临床症状肌肉抽搐、痉挛，体虚厌食，有流涎或咽下困难，心肌受损，心动过速等临床表现，建议进一步触诊颈部是否有明显异常，同时进行X射线或CT检查看颈部是否有异常，进行内分泌检查及血钙浓度测定，以便进一步确诊。治疗方案是改善病因、对症治疗。

相关知识

甲状旁腺激素（PTH）是调节血钙水平的重要激素，它有升高血钙和降低血磷含量的作用，切除甲状腺术不慎误将甲状旁腺摘除，可引起严重的低血钙，神经和肌肉的兴奋性异常增高，可发生低血钙性搐搦，严重时可因呼吸痉挛造成窒息（甲状旁腺素过多造成脱钙性骨炎及骨质疏松症）。

（一）特征

甲状旁腺功能亢进症是指甲状旁腺分泌过多甲状旁腺激素而引起的钙、磷代谢失常，简称甲旁亢。临床以骨骼改变、泌尿系统结石、消化系统溃疡、骨质疏松、高血钙和低血磷为特征。

（二）诊断

1. 问诊及主诉

询问饲养管理，日粮是否长期饲喂缺乏矿物质和维生素（钙、磷、维生素 D 等）或钙、磷比例不当的食物而使血钙降低，继而引起甲状旁腺激素分泌过多所致的疾病。多见于青年犬。

2. 视诊

（1）视诊神经肌肉骨骼运动系统，是否肌肉松弛、张力减退、软弱无力、心动过慢或节律不齐、精神沉郁、反应迟钝、有时抽搐。由于骨矿物质吸收障碍，骨筋脱钙，常见骨质疏松，容易骨折，牙齿脱落，脊柱、面骨变形等症状。关节肿大，四肢变形，呈 X 形或 O 形，跛行，有时不能站立。

（2）是否有泌尿道炎症、尿血、结石以及多饮、多尿等症。

3. 其他诊断

（1）继发甲状旁腺功能亢进血中钙磷浓度　血钙浓度下降，血磷浓度下降。碱性磷酸酶活力升高，尿中的钙和磷浓度降低。X 射线摄片可见颅骨、脊柱及长骨有明显变化（图 5-3）。

（2）原发的甲状旁腺功能亢进血中钙磷浓度　血钙浓度升高，血磷浓度下降。碱性磷酸酶活力升高，尿中的钙和磷浓度降低。尿中羟脯氨酸钙和磷浓度升高，尿钙浓度升高，可产生结石，血中的甲状旁腺激素浓度升高。

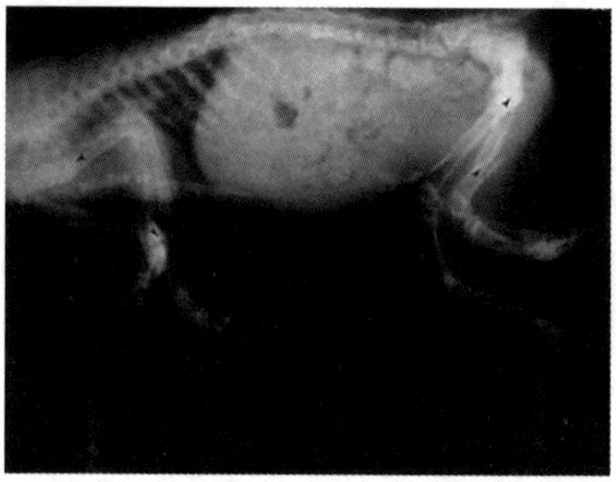

图 5-3　甲状旁腺功能亢进会导致严重颅骨、脊柱及长骨矿物质流失

（三）治疗

1. 治疗原则

消除病因，改善饲粮，加强护理。

2. 治疗方法

【治疗 1】

轻症原发性甲状旁腺功能亢进病例，可用磷酸盐溶液每次 200mL 缓慢滴注，1～2 次/d，以促进钙进入骨骼，为防止脱水，可结合补液治疗。

【治疗 2】

营养性继发性甲状旁腺功能亢进的青年犬、猫可饲喂 2～3 个月的维生素 D 和钙、磷比例为 2∶1 的食物。对食欲不振的犬、猫，可静脉注射葡萄糖酸钙以改善症状，症状缓解后可给予钙、磷比例 1.2∶1 的食物。

【治疗 3】

肾性甲状旁腺功能亢进为不可逆的病理变化，因而难以治疗。对慢性肾功能衰竭的病例应对症治疗，适当增加饲料中钙的含量。

【治疗 4】

对假性甲状旁腺功能亢进的早期肿瘤以及原发性甲状旁腺肿瘤和增生的腺体，应及时手术摘除，术后发生抽搐的可给予葡萄糖酸钙 10～15mL 缓缓滴注。手术后恢复期也可用磷酸盐溶液静脉缓缓滴注，必要时结合化疗和放疗。

【治疗 5】

中西医结合治疗，可配合应用补肾壮阳、强筋骨的药物，如骨碎补、牛膝、地黄、山萸肉、淫羊藿、丹皮、泽泻等，水煎后另加骨粉一并喂服。

【治疗 6】

限制运动，谨防跳跃，以防骨折，给予松软富含维生素和矿物质的饲料。

（四）预防

加强饲养管理，勤运动，勤晒太阳，注意调整日粮，保证营养均衡，改用配合饲料，增加骨粉、鱼粉的喂量。

情境小结

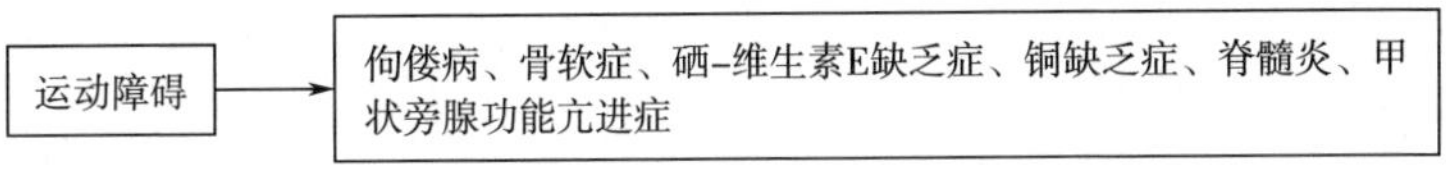

情境测试

情境五测试题

情境六 神经障碍性疾病

◆ 学习目标

1. 思政目标

具有严谨求实的工作态度，高尚的医疗道德和良好的职业素质，培养主动学习的习惯和创新精神；疾病接诊中，具有医疗情怀、回馈社会、感恩宠主，换位思考、尊重生命、呵护宠物健康的职业操守；疾病接诊中，以人为本，做好医护人员及宠主的个人防护，谨防人兽共患病、注意医疗安全、妥善处理宠物医疗废弃物及医疗废水的排放，谨防医疗辐射对环境及人宠带来的危害。

2. 知识及能力目标

知道神经障碍疾病涵盖的主要症状，了解各主要症状涵盖的疾病，理解神经障碍鉴别诊断，掌握神经障碍的诊断步骤、治疗原则及处方和合理用药；用到的技术操作有神经学检查、镇静技术、局部及全身麻醉技术、臂神经丛阻滞技术、离子钙测定技术、X 射线（DR）脊髓造影技术、CT 扫查技术、磁共振技术。

◆ 必备知识

神经系统的功能结构、神经系统疾病的一般症状。

神经系统是动物机体和器官活动的主要协调机构，几乎对所有的功能都发挥着调节作用。神经系统可协调机体内的各种功能，使之成为统一的整体，而且在机体不断受到外界环境影响时，也能使各种功能发生适应性反应，从而保证机体与外界环境的相对平衡。当动物机体受到强烈的外界和内在因素，尤其是对神经系统有着直接危害作用的致病因素侵害时，神经系统的正常反射或运动功能就会受到影响或破坏，从而引起临床病理变化。主要症状有以下几种。

（1）精神异常　神经系统障碍性疾病时，精神表现为高度兴奋或精神沉郁。

（2）感觉障碍　表现为感觉缺失、感觉过敏和感觉异常等。

（3）运动障碍　主要临床表现为麻痹、痉挛、共济失调和自主神经功能紊乱。

◆ 课前思考题

哪些症状是神经系统的症状？

（呼吸困难、角弓反张、共济失调、尿石症、血尿、腹泻、精神沉郁、圆圈运动、呕吐、抽搐、口吐白沫、血便、流涎、反射增强、盲目运动、乱攻击其他人和动物、直线运动、昏厥等。）

任务一 脑膜脑炎

任务描述

学习脑膜脑炎病理变化、临床症状的相关知识，参加相关临床病例的诊疗，分析临床案例。

案例分析

案例 1

萨摩耶犬，6 岁。突然抽搐，口吐白沫，体温升高，神经高度兴奋，食欲废绝，意识障碍，步态不稳。请诊断该犬得了什么病。

诊治方案：根据患犬突发抽搐、口吐白沫、体温升高、高度兴奋等临床症状，以及意识障碍、步态不稳等示病症状，初步怀疑该犬患有脑膜脑炎，进一步确诊需要进行血常规、C 反应蛋白、颅部核磁检查。治疗方案是消除病因，治疗原发病，降低颅内压，镇静，解痉。

案例 2

金毛猎犬，3 个月大。食欲很好，排粪正常，喝水正常。突然流口水，抽搐，发病时站不住，口吐白沫，顶着墙角勉强站立。请诊断该犬得了什么病。

诊治方案：根据患犬突发抽搐、口吐白沫、意识障碍、强迫姿势等示病症状，初步怀疑该犬患有脑膜脑炎，进一步确诊需要进行血常规、C 反应蛋白、颅部核磁检查。治疗方案是消除病因，治疗原发病，降低颅内压，镇静，解痉。

相关知识

脑膜脑炎通常指由于受到各种创伤、病毒细菌感染、寄生虫等因素的侵害，引起脑膜与脑实质的急性肿胀和炎症。

（一）特征

脑膜脑炎临床表现为不同程度的麻痹、共济失调，圆圈运动，步态不稳或瘫痪。

（二）诊断

1. 问诊及主诉

询问病犬的日龄，饲养管理条件，环境状况，既往史，病因调查；是否感染病毒细菌性传染病，或某些重金属中毒。

2. 视诊

精神状态的检查，神经症状一般从兴奋向沉郁发展，进而发生意识障碍。不识别主人，吠叫或咬人，行为异常，瞳孔缩小，结膜充血，有时出现癫痫及圆圈运动，视力减退，进而失明。

3. 触诊

触诊反射性增强，到后期反射消失。

4. 其他诊断

（1）根据病史，结合临床症状分析，对本病可作出诊断。

（2）血液检验，主要中性粒细胞增多，核左移。

（3）脑脊髓液检查有重要意义，穿刺时由于颅内压升高，容易流出浑浊的脑脊髓液，其中纤维蛋白和细胞数增多。

（三）治疗

1. 治疗原则

消除病因，治疗原发病，降低颅内压，镇静，解痉，恢复神经系统的调节功能，以及对症治疗。

2. 治疗方法

【治疗 1】

昏迷者，防止吸入性肺炎，同时立即吸氧。

【治疗 2】镇静

可静脉或肌内注射氯丙嗪 0.5～2mg/kg，或口服苯巴比妥 2～5mg/kg，3 次/d。

【治疗 3】降低颅内压

一般用 20%甘露醇溶液 1～2mL/kg，静脉注射，3～4 次/d。必要时静脉注射呋喃苯胺酸 2～4mg/kg，1 次/d，但应防止电解质紊乱。

【治疗 4】抗感染

细菌引起的脑炎，可口服甲氧苄胺嘧啶 15mg/kg，2 次/d，或静脉注射氨苄西林 2~10mg/kg，2 次/d。

【治疗 5】

对寄生虫引起的，则可配合使用驱虫药驱虫。

【治疗 6】 中药治疗

治宜清热祛痰，调和气血，镇心安神。方用镇心散加减：黄芩、黄连、龙胆紫、夏枯草各 3~5g，天竹黄、郁金、丹参、党参、川芎、甘草各 30g，防风、茯神、远志各 5g，朱砂 2g（另包后入）水煎服。

任务二　中暑

任务描述

学习中暑的发病原因及机制的相关知识，参加相关临床病例的诊疗，分析临床案例。

案例分析

案例 1

罗威纳犬，13 月龄，体格健壮。天气炎热，傍晚外出训练前各方面均正常，行走约 2km 后，该犬卧地不起，呼吸急促，口水长流，不听口令。紧急用车 10min 后送医院就诊。就诊时该犬体温达 42℃ 以上（水银柱到达体温计顶端），呼吸急促，意识不清，卧地不起，不能站立。请诊断该犬得了什么病。

诊治方案：根据发病时天气炎热，并且动物进行高负荷的训练及负重、呼吸急促、口水长流，体温达到极高热 42℃ 以上、意识不清等临床表现，初步怀疑该犬患有热射病。建议进一步检查并进行降温、强心等急救措施。

案例 2

斗牛公犬，1 岁。主诉，下午 4：00 左右（发病前半小时）带出去玩耍时一切正常，与朋友家小狗玩耍后，在带回家的路上，该犬突然四肢无力，喘息，倒地，呕吐（呕吐物为昨晚吃过的竹笋），之后一直口吐白沫。送诊后经检查体温为 42℃，呼吸急促，舌头发绀，眼结膜潮红，瞳孔正常，皮肤灼热，卧地不起，呼出的气体中无异味，未腹泻。请诊断该犬得了什么病。

诊治方案：根据发病时间，环境燥热，玩耍后出现临床症状，喘息倒地，四肢无力，口吐白沫，体温达到极高热 42℃，发绀，考虑该犬患有热射病。建议做进一步检查，是否损伤到脑及其他中枢神经。治疗方案是采取降温、强心、利尿、补充体液、电解质、补充能量等综合急救措施。

案例 3

白色京巴，上午 10：00 被遗留车中，中午 12：00 回车上发现狗已瘫痪，口吐白沫，呼吸紧张，主人赶紧带其来到宠物医院，经检查，体重 6kg，微胖，T：42℃，R：160 次/min，P：180 次/min，腹式呼吸，出现明显的张口伸舌，双肺广泛性干湿啰音，心律不齐，心跳弱快。舌青紫色垂于口外，浅反射无，深反射尚在。请诊断该犬得了什么病。

诊治方案：根据将该犬留在车中，闷热、缺氧、瘫痪、口吐白沫、体温极高热，呼吸、脉搏数均非常快，腹式呼吸等临床表现，怀疑该犬患有日射病或热射病，治疗方案是进行急救，降温、吸氧、强心、利尿，促进代谢和循环。

相关知识

中暑包括日射病和热射病，是指动物长时间处于高温环境或剧烈运动时，因热的作用而使动物体温调节中枢失调，导致体温升高的一种急性致热疾病。主要机制是外界环境温度过高，空气湿度大，动物体温调节中枢的功能降低，出汗少，散热障碍，产热与散热不能保持相对平衡，产热大于散热，以致造成动物机体过热，引起中枢神经功能紊乱，血液循环和呼吸功能障碍而发生本病。热射病发生后，机体温度高达 42℃，代谢加强，氧化产物大量蓄积，导致酸中毒；同时，因热刺激，反射性的严重气喘，致使动物脱水。由于脱水和水、盐代谢失调，组织缺氧，碱贮下降，脑脊髓与体液间的渗透压急剧变化，影响中枢神经系统对内脏的调节作用，心、肺等脏器代谢功能衰竭，最终导致窒息和心力衰竭。

（一）特征

体温迅速升高可达 42℃，皮肤灼热干燥，中枢神经系统症状包括突然倒地、肌肉痉挛、抽搐，最后出现昏迷。该病死亡率高，往往发病急剧，抢救不及时或措施不力，可导致患犬很快死亡，但经及时医治均可痊愈。

（二）诊断

1. 问诊及主诉

询问病犬的日龄，发病的状态，发病的原因，运动状况，是否被太阳光直射头部，是否在高温的环境中剧烈运动。

2. 视诊

精神状态的检查，是否有抽搐、肌肉痉挛等症状。呼吸系统的检查，呼吸浅表而急促，严重的可出现呼吸困难、肺部水肿和充血，听诊肺部干湿啰音。瞳孔放大，最后昏迷死亡。

3. 触诊

体温迅速升高，脉搏快而弱。皮肤触诊干燥、发热。

4. 其他诊断

根据发病史、热喘、高体温、脑神经症状容易确诊。血液检查，红细胞压积显著升高，蛋白尿、管型、血液血尿素氮上升提示肾功能障碍。

（三）治疗

1. 治疗原则

消除病因，迅速促进降温和对症治疗。

2. 治疗方法

迅速降温，可以使用物理降温与化学降温两种方法。

【治疗 1】 物理降温

迅速将患犬移至阴凉、通风的地方，同时抬高头部，以利于呼吸和散热；可用冷水（可加少许酒精）毛巾敷头部，或冰袋、冰块置于患犬头部、四肢根部等处；将患犬置于 20~25℃水中，只将头部露于水外，用毛巾擦浸在水中的患犬身体四周，把皮肤擦红，以保持皮肤血管扩张而促进散热，同时也可促进外部冷却的血液流至过热的脑部及体内而减轻细胞的损害。如在降温过程中患犬出现寒战，则必须以药物（地西泮，即安定）尽快控制，因肌肉活动可使产热增加而延迟降温。一般轻擦 30min 左右，即可缓解呼吸急促、喘息症状，体温也可降至 39℃左右，大脑未受严重损害的犬多能迅速清醒，并能站立行走。对于老年、体弱和心血管病患犬，水温过低不能耐受。

【治疗 2】 药物降温

药物降温可与物理降温同时使用，效果更好。常用乙酰丙嗪 1.1~2.2mg/kg 肌内注射或加入 5%葡萄糖液或生理盐水中，静脉滴注。

【治疗 3】 对症治疗

（1）对于大量流涎，失水较多的犬，要及时适当补充糖盐水，可以口服或者缓慢静脉滴注。对于昏迷或嗜睡时间较长的犬，要静脉注射甘露醇和地塞米松等，以减轻脑水肿和肺水肿。对于心力衰竭的犬，可适当使用安钠咖、洋地黄制剂。对于急性肾衰者，早期可使用甘露醇及呋塞米，快速静脉注射。伴有酸中毒的犬，可静脉注射碳酸氢钠加以纠正。

（2）如发生呼吸窘迫症，则立即吸氧或用呼吸机供氧。

（3）伴有肺水肿、大脑水肿者，可静脉给予地塞米松、高渗葡萄糖溶液、葡萄糖酸钙等。

【治疗 4】 中西医结合治疗

降温的同时可配合血针颈脉、胸膛尾尖和耳尖等穴，白针人中大椎、六缝、尾尖等穴。病情缓和后，可用西瓜水或用绿豆、滑石、钩藤等水煎酒服调理。

（四）预防

中暑是犬在炎热季节特别容易发生的一种疾病，但也是最容易防范的一种饲养管理方面的疾病。只要做好犬的防暑降温工作，中暑是完全可以避免的。首先，在炎热的天气，要防止犬在烈日下长时间玩耍或剧烈运动，最好带好防暑降温的药物，及时补充水分，密切观察犬的呼吸和精神状态，发现中暑迹象一定要及时休息，给犬冲凉降温。其次，保持犬舍通风透气，及时清理犬的粪尿，给予充足的饮水，根据犬舍棚情况考虑是否给犬舍上面覆盖遮阳网，并加强巡查次数，发现中暑病犬要及早降温抢救。最后，在凉爽的时候要多让犬活动，增强犬的体质。对肥胖、不常运动的犬，则更要加强锻炼。

任务三　晕车（船）症

任务描述

学习晕车症的发病机制和治疗预防的相关知识，参加相关临床病例的诊疗，分析临床案例。

案例分析

柴犬，3 岁，体格健壮。一乘车就会神情恍惚，不停地流口水，呕吐。请诊断该犬患了什么病。

诊治方案：根据患犬有乘车史，结合临床症状如精神恍惚、流口水、呕吐等，怀疑该犬患有晕车症。治疗方案是加强训练，患病时采取镇静、分散注意力、强心措施，也可用防晕车药进行预防或治疗。

相关知识

晕车（船）症是犬乘坐汽车、轮船、火车、飞机等交通工具时，出现以流口水、呕吐等为主要病症的疾病。主要发生于幼犬。发病机制是犬由于受到持续颠簸振动，体位不断改变致使原来维持平衡功能不全的前庭器官受到高频率的刺激而不能适应所致，如果犬高度紧张或恐惧，则更易发生晕车症。

（一）特征

晕车（船）症的主要特征为流口水、干呕和呕吐，也有不停地打哈欠，精神沉郁。

（二）诊断

在乘车之前表现正常，乘车以后表现为恐惧、流口水、干呕和呕吐，也有不停地打哈欠。临床上根据乘车前后状态的对比，以及当时症状的表现即可诊断。

（三）治疗

1. 治疗原则

消除病因，对症治疗。

2. 治疗方法

下车后，将犬带到阴凉安静环境，让其自由休息，症状即可减退。如继续呕吐，即可用柠檬酸马罗匹坦 1mg/kg，肌内注射。为防止晕车，可提前 1h 口服晕车宁。

（四）预防

第一阶段，每天遛狗前，在没有发动的汽车上练习。方法：让狗坐在后座有人陪护，训练结束后带它去外面玩，让它把汽车和去玩联系在一起。训练持续 1 周，至少 5 次，每次 20min。

第二阶段，在未熄火并静止的车中进行，方法同上。

第三阶段，慢速行驶 50m，到热闹的大街边停下，让犬习惯街上的噪声。其余方法同第一阶段。

第四阶段，逐步加长行驶的时间和里程，让狗慢慢适应。

注意事项：

（1）刚开始时可能需要强制狗上车，多训练几次后它就会自己上车了；

（2）训练过程中狗难免会吐几次，一旦吐了，清理并立即停车给予安慰，切忌对其发脾气；

（3）训练进展中可能会有反复，要有耐心，不能着急；

（4）最重要的一点是要把它拴在不能爬到司机身上的地方，注意行驶安全；

（5）行车要慢慢加速，转弯要提前减速，弯中切不可急加速，同时注意保持车内通风。

任务四　癫痫

任务描述

学习癫痫的发病原因及机制的相关知识，参加相关临床病例的诊疗，分析临床案例。

案例分析

案例 1

2 岁龄德国牧羊犬，平时膘情良好，突然发病。先是神情淡漠呆立片刻，继而倒向一侧，全身僵硬，四肢划动，牙关紧咬，口流多量痰涎，眼球上翻，只见眼白不见瞳孔，呼吸急促，神志不清，不识主人，排便失禁，一两分钟后犬逐渐苏醒，疲惫不堪，10 多分钟后恢复常态。食欲食量正常，粪便较干，尿液短黄，其余与平常无异。请诊断该犬得了什么病。

诊治方案：根据患犬突然发病，临床症状表现为神情淡漠、全身僵硬、四肢滑动、牙关紧咬、流涎、眼球上翻，神志不清、不识主人等临床症状，高度怀疑该犬患有癫痫，需要做进一步的临床检查，如血生化、脑核磁等。治疗方案是采取镇静以及其他对症治疗。

案例 2

吉娃娃犬，突然意识丧失，摔倒在地，口吐白沫，牙关紧闭，四肢抽搐，出现全身肌肉强直性痉挛，约 20s 后转入阵发性痉挛，持续数分钟。请诊断该犬得了什么病。

诊治方案：根据患犬突然意识丧失、摔倒在地、口吐白沫、牙关紧闭、四肢抽搐、肌肉痉挛持续数分钟的临床表现，怀疑该犬患有癫痫，需要做进一步的检查，如血液生化、脑核磁等。治疗方案是采取镇静、止痛、强心等对症治疗。

相关知识

癫痫是一种非特异性的、突发的疾病，是脑部兴奋性过高的某些神经元，突然或过度地重复放电所引起的突然性脑功能短暂异常。由于过度放电神经元的部位不同，临床上出现阶段性短暂的感觉障碍，肢体抽搐，意识丧失，行为障碍或自主神经的功能出现异常等不同症状，称为癫痫发作。患病动物可有一种或数种发作形式。原发性癫痫通常出现在德国牧羊犬、比格犬、比利时牧羊犬、可卡犬、贵宾犬、金毛猎犬和拉布拉多猎犬等犬种，第一次发作多在6月龄至5岁之间，雌犬发病多于雄犬。继发性癫痫，通常继发于脑器质性病变，如继发于脑膜脑炎、脑积水、脑血管疾病、脑内肿瘤、脑震荡或脑挫伤等疾病的过程中；传染病和寄生虫病，如犬瘟热、狂犬病、弓形虫病、肠道寄生虫病（绦虫、蛔虫、钩虫等）；代谢失调，如低血糖（患胰岛B细胞肿瘤犬和功能性低血糖猎犬）、低血钙、肝功能低下、氮质血症、维生素缺乏等；中毒，如一氧化碳、铅、汞、有机磷农药中毒等；其他，如外周神经损伤、过敏反应等也能反射性地引起癫痫发作（称反射性癫痫）；另外，极度的兴奋、恐惧和强烈的刺激，也能促进癫痫的发作。

（一）特征

癫痫的临床特征为短暂的感觉障碍，肢体抽搐，意识丧失，口吐白沫，行为障碍或自主神经的功能异常。

（二）诊断

1. 问诊及主诉

既往史的调查，以前是否发生过类似的症状，是否感染过恶性传染病。

2. 视诊

病犬表现不安、到处奔走、发出嚎叫等先兆症状，持续时间很短。随即突然倒地、惊厥，发生强直性或阵发性痉挛，全身僵硬，四肢伸展，头颈向一侧或背侧弯曲，有时作游泳样姿势。随之肌肉抽搐，意识和知觉丧失，牙关紧闭，口吐白沫或血沫，眼睛斜视，眼球旋转，眼睑颤动，结膜苍白或发绀，瞳孔散大，鼻孔开张，鼻唇扇动，大小便失禁。发作时间一般数十秒或几十分钟。到末期，惊厥现象消失，意识和感觉恢复，病犬自动站起，环视四周。有极少数病例兴奋性增强，持续奔走或咬人。

（三）治疗

1. 治疗原则

本病治疗，主要先查清病因，纠正和处理原发病，此外可对症治疗，减少癫痫发作的次数，缩短发作时间，降低发作的严重性。

2. 治疗方法

【治疗 1】原发性癫痫

由于病因不清，主要应用抑制痉挛发作的药物进行对症治疗。首先应加强护理，使病犬安静躺卧，避免各种不良因素的刺激和影响。在饲养上应给予易消化食物，减少日粮中蛋白质和食盐的含量，对原发性癫痫的病犬，考虑到其遗传的可能，一般不留作种用。对继发性病例，针对癫痫类型，合理用药是抗癫痫治疗的一条重要原则。治疗大发作，一般常用扑癫酮，犬和猫的剂量为 12.5mg/kg，口服，2 次/d。或三溴合剂（溴化钾、溴化钠、溴化铵各 0.5g），0.75g/只，2 次/d，连续服用。当出现皮疹、上呼吸道炎症时，立即停药，并内服缓泻剂，以促进溴剂的排出。此溴剂可配合巴比妥类药联合应用，如苯妥英钠，犬 2~6mg/kg，口服，2~3 次/d；猫 0.5~1mg/kg，口服，2 次/d。苯巴比妥，犬、猫 2~6mg/kg，口服，2 次/d。

【治疗 2】继发性癫痫

在对症治疗的同时，还要积极治疗原发病。

中兽医以开窍熄风、宁心安神、理气化痰、定惊止痛、镇癫定痉为治则，方用定癫散：全蝎、胆南星、白僵蚕、天麻、朱砂、川芎、当归、钩藤，水煎灌服。

（四）预防

本病无法根治；即使在治疗过程中，动物也可能会出现癫痫，治疗的目的是降低癫痫发作的频率及严重程度；需要终生服药；需要定期监测血液中抗癫痫药物的浓度；如保持在 6~9 个月的时间内没有癫痫发作，可以逐渐减少药物的剂量，直至最后停药。

任务五　犬肝性脑病

任务描述

学习肝性脑病的发病原因及临床表现的相关知识，参加相关临床病例的诊疗，分析临床案例。

案例分析

一只小型犬，发病前未见前兆，突然表现为烦躁不安、倒地抽搐、口吐白沫、嚎叫、震颤、转圈、沿墙根走动。兴奋过后表现精神沉郁，运步缓慢，走路蹒跚，痴呆，昏睡。请诊断该犬得了什么病。

诊治方案：患病犬突然烦躁不安、倒地抽搐、口吐白沫、嚎叫、震颤以及比较明显的神经症状，后死亡。根据剖检变化、腹围增大、腹水增多、肝脏肿大等临床表现，可初步怀疑该犬患有肝性脑病，如未死亡应进一步进行血生化检查判断肝功能及 B 超影像学检查确诊。

相关知识

肝性脑病是由严重的肝脏疾病所引起的大脑和脑干功能紊乱及其对各种异常代谢产物和有毒物质敏感性增高为特征的综合征。宠物一般是因为过多地饲喂动物肝脏和肉类食品等因素所致，以脑中毒为主的营养代谢病。

（一）特征

犬肝性脑病的临床特征为周期性神经症状、运动失调、盲目徘徊、腹围增大，多在大量食入肉、肝脏等高蛋白食物后出现症状。该病病死率很高。

（二）诊断

1. 问诊及主诉

询问饲养管理，患犬主要的日粮搭配。

2. 视诊

患犬多表现精神沉郁，转圈、低头，运动失调。有的癫痫发作或突发狂躁不安、震颤；或定向障碍、凝视、失明；发热、流涎、呕吐、多尿、腹围增大；往往见周期性神经症状。

3. 实验室诊断

血涂片中红细胞在正常值的下限或更低，血氨升高，血尿素氮值正常或降低，丙氨酸转氨酶值正常或有时增高，碱性磷酸酶多正常，有时升高。

（三）治疗

1. 治疗原则

以支持疗法和对症治疗为主。

2. 治疗方法

【治疗 1】

首先减少饲喂高蛋白的饲粮，饲喂高能量、低蛋白食物，减少氨的产生和减轻肝脏负担。口服卡那霉素 10mg/kg，3 次/d；或甲硝唑 7.5mg/kg，3 次/d，可减少肠道分泌尿素酶的细菌，减轻肝脏负担。

【治疗 2】防止碱中毒

可以口服益生菌，每千克体重 0.05~0.1mL；或以硫酸钠 5~20g 溶于水中灌服，清理肠道。

【治疗 3】补充电解质

【治疗 4】中西医结合治疗

对发热有神经症状犬，可用乙酰丙嗪注射液静脉注射，口服护肝片，有助于保护肝脏。

任务六　脑震荡及脑损伤

任务描述

学习脑震荡及脑损伤的发病原因及临床表现的相关知识，参加相关临床病例的诊疗，分析临床案例。

案例分析

黄色博美犬，雄性，5月龄。主诉该犬平常健康活泼好动，就诊前在家中玩耍，不小心从二楼阳台摔落至一楼的草坪上，之后表现全身肌肉紧绷，颈部强直弯斜向右侧，四肢平衡失调，不能站立，意识模糊，对呼唤明显无反应。眼睛半闭，结膜树枝状充血，右眼斜视，耳朵耷垂，针刺足垫反射、腹壁反射、肛门反射仍然存在，但右侧角膜反射和瞳孔对光收缩迟缓，耳反射不明显。触诊腹壁紧实，全身骨骼无明显的骨折错位，呼吸冗长，脉搏微弱，体温为36.5℃。请诊断该犬得了什么病。

诊治方案：根据患犬从高处跌落史及临床症状，全身肌肉紧绷、颈部强直歪斜、平衡失调、不能站立、反射不敏感，判断该犬可能患有脑震荡。进一步诊断需进行X射线检查、颅部核磁确诊。治疗方案是抢救，注意护理，防止脑出血，降低颅内压。

相关知识

脑震荡是由于颅骨受到钝性撞击之后而发生的以昏迷、反射功能减退和消失等脑神经功能全面损害为特征的脑病。如果脑组织发生了肉眼或微观的病变，即为脑损伤，或称脑挫伤。最主要的发病原因是外伤，常发生在被车冲撞或运输途中摔下，也可能从高空坠下或重创所致。在发生脑损伤的病例，除昏迷、呼吸、脉搏及知觉和反射功能变化外，由于脑组织受到不同程度的损伤，脑循环发生障碍，脑组织水肿，甚至出血，从而呈现某些特定灶性症状。如在意识恢复之后发生痉挛、抽搐、麻痹、瘫痪或偏瘫，有时出现癫痫发作；如大脑皮层颞、顶叶运动区受到损害时，病犬向患侧转圈，对侧眼失明；小脑、小脑脚、前庭、迷路受损害时，则运动失调，身向后仰、滚转，有时头不自主地摆动；当脑干受损伤时，体温、呼吸、循环等生命中枢受到影响，并且意识异常、运动障碍、角弓反张、四肢痉挛、眼球震颤，或斜视、瞳孔散大、视觉障碍、反射消失；当大脑皮层和脑膜受损伤时，发生周期性发作，呈现癫痫症状；当脑膜出血形成血肿压迫脑组织时，导致意识障碍、偏瘫、知觉消失、瞳孔散大、一侧或两侧失明、听觉障碍。此外，颅骨损伤局部肿胀。

（一）特征

脑震荡及脑损伤主要是因外伤所致，由于脑损伤的程度不同，神经症状也有所不同。

（二）诊断

1. 问诊及主诉

询问发病的原因及经过。

2. 视诊

有无外伤，轻度的脑震荡表现为站立不稳、走路倒地、失去知觉，片刻之后又恢复如常，或者短期乃至长期呈现某些脑症状。重度的脑震荡，倒地瞬间立即死亡或者短时间内死亡。一般不太严重的病例，倒地后昏迷，知觉和反射减弱或消失；心跳加快，心律不齐；有时排便失禁或出现呕吐。几分钟或数小时后苏醒，反射功能和兴奋性恢复，与此同时，全身各部肌肉收缩增强，出现痉挛和抽搐、眼球震颤、抬头挣扎等现象，最后勉强站立。

3. 触诊

皮肤的检查，足垫反射、腹壁反射、肛门反射的变化，腹腔、胸腔的触诊。

4. 实验室诊断

X 射线、CT 检查进行确诊。

（三）治疗

1. 治疗原则

迅速检查，对于危重病犬进行抢救，注意护理，保持安静，抬高头部，防止脑出血，降低颅内压。

2. 治疗方法

【治疗 1】

减少饲喂高蛋白的饲粮，饲喂高能量、低蛋白食物，减少氨的产生和减轻肝脏负担。口服卡那霉素 10mg/kg，3 次/d；或甲硝唑 7.5mg/kg，3 次/d，可减少肠道分泌尿素酶的细菌，减轻肝脏负担。

【治疗 2】

防止碱中毒，可以口服益生菌 0.05～0.1mL/kg；或以硫酸钠 5～20g 溶于水中灌服，清理肠道。

【治疗 3】 补充电解质

【治疗 4】 中西医结合治疗

对发热、有神经症状犬，可用乙酰丙嗪注射液静脉注射，口服丹诺仕有助于保护肝脏。

同时，可配合应用中药方：天麻、全蝎、川芎各 100g，蜈蚣、地龙、僵蚕各 12g，石菖蒲、旋覆花、菊花各 8g，每天 1 例，分 2 次用水煎服；同时以毫针选分水、山根、环跳、天门、百会等穴位进行针灸治疗。

任务七　食盐中毒

任务描述

学习食盐中毒的发病原因及临床表现的相关知识，参加相关临床病例的诊疗，分析临床案例。

案例分析

案例 1

藏獒，1 岁半，体重 36kg。该犬之前健康状况良好，未患过传染病，定期驱虫，并定期到正规医院注射疫苗。主人外出之前，以 5~6kg 新鲜腌制香肠投食，并于食盆中加充足饮水。1d 后发现该犬精神狂躁，见到主人后兴奋不安，有攻击行为。疑其为狂犬病，一直不敢接近。随后渐发展为卧地不起，阵发性痉挛，抽搐，运动失调，转圈，口吐白沫，全身肌肉痉挛，身体震颤，2~3h 后全身痉挛死亡。请诊断该犬得了什么病。

诊治方案：根据患犬采食高盐的腌制食品，出现精神狂躁、兴奋不安、有攻击行为、阵发性痉挛、抽搐、运动失调、肌肉痉挛等神经症状，高度怀疑该犬患有食盐中毒，该死亡病例进一步诊断需进行剖检确诊。

案例 2

一只 1 岁体重约 8kg 的白色雌性本地犬，偷吃了 0.5kg 的盐腌猪肉后 20min，突然发生呕吐、到处找水喝、兴奋不安、肌肉痉挛等症状，患犬表现为食欲废绝，精神萎靡，兴奋不安，无目的徘徊，尖叫，运步不稳，肌肉震颤，阵发性抽搐（每 15min 左右发作一次），嘴不断咀嚼，并流出大量白沫，可视黏膜充血、潮红，少尿，极度口渴和脱水，体温为 38.0℃。请诊断该犬得了什么病。

诊治方案：根据患犬采食高盐的腌制食品，出现兴奋不安、有阵发性痉挛、抽搐、运动失调、肌肉痉挛等神经症状，怀疑该犬患有食盐中毒。治疗方案是强心、补液、解痉、缓解脑水肿、支持对症治疗。

案例 3

一条白色狮子犬（体重约 12kg），因脱绳后偷食腌制腊肉（约 0.7kg）一块，次日晨发现该犬肌肉震颤、步态蹒跚，无目的前冲，前来求诊。患犬精神沉郁、呼吸困难、肌肉震颤、视力下降，转圈、共济失调，渴欲加剧，口腔有黏液流出，出现呕吐（有呕吐食物）、腹痛、下痢。T：37℃，R：53 次/min，P：140 次/min。请诊断该犬得了什么病。

诊治方案：根据患犬偷食腌制腊肉，表现肌肉震颤、步态蹒跚等临床症状，进而无目的的前冲、转圈共济失调等，可初步判断该犬患有食盐中毒。治疗方案是补液、解除痉挛、强心、缓解脑水肿以及对症治疗。

案例 4

腊肠犬，雄性，2 岁，体重 7.5kg。主诉：此犬前两日各呕吐 2 次，呕吐物为黏液，但食欲正常。昨日晚上偷吃了盐水腌鸡肉后，不断呕吐，未见腹泻，发病的上午食欲废绝，喜喝水。临床检查，T：35.8℃，P：156 次/min，心律不齐，R：45 次/min，呼吸浅速，口腔与眼睑黏膜发绀，眼球下陷。同时伴有兴奋不安、全身肌肉痉挛等神经症状。请诊断该犬得了什么病。

诊治方案：根据患犬偷吃盐水鸡，表现呕吐、食欲废绝等临床症状，尤其是喜欢喝水，进而有结膜发绀、眼球下陷、兴奋不安、肌肉痉挛等神经症状可初步怀疑该犬患有食盐中毒。进一步检查需要进行电解质分析钠、钾、氯的变化，以及颅部核磁、血压测定。治疗方案是补液、解除痉挛、缓解脑水肿。

相关知识

食盐中毒是在犬饮水不足的情况下，过量摄入食盐或含盐饲料而引起以消化紊乱和神经症状为特征的中毒性疾病。

（一）特征

饮水不足，有过量摄入食盐或含盐饲粮的病史，以消化紊乱和神经症状为特征。

（二）诊断

1. 问诊及主诉

询问发病的原因及经过，是否过量摄入食盐或含盐饲粮，是否饮水不足。

2. 视诊

最初表现为肌肉震颤，尤以头面部肌群表现剧烈，不停地空口咀嚼，口唇周围沾满白色泡沫。共济失调，痉挛乃至昏迷。食欲废绝，烦渴贪饮，呕吐腹泻。体温正常，脉搏细数，呼吸浅表，结膜发绀。口干舌燥，到处找水欲饮，磨牙流涎，瘙痒，失明，转圈，昏迷，经 2~3d 后因呼吸麻痹而死亡。

3. 触诊

体温一般无变化或下降，脉搏增快。

4. 实验室诊断

脑膜和脑血管吸引嗜伊红细胞在其周围积聚浸润，形成特征性的嗜伊红细胞套袖现象。

（三）治疗

1. 治疗原则

强心、补液、解痉、健胃、阻断毒源、排出毒物、缓解脑水肿、支持对症治疗。

2. 治疗方法

【治疗 1】

多次少量供给饮用清水，出现神经症状禁止饮水，以防止进一步的脑水肿，促进食盐排出，以降低胃中食盐浓度，恢复阳离子平衡。

【治疗 2】

用 50mL 食用调和油（导泻作用，禁用盐类泻剂）、200mL 牛乳、3 个鸡蛋清混合灌服，保护胃肠黏膜，促进胃肠内食盐的排出，避免再次吸收。

【治疗 3】对症治疗

前肢静脉注射 25%的甘露醇 250mL（缓解脑水肿症状，降低颅内压），10%的葡萄糖酸钙 150mL（用钙离子置换出钠离子，恢复体内阳离子平衡，缓解中毒症状）。25%的硫酸镁溶液 20mL，用 5%葡萄糖稀释后缓慢静脉注射，以松弛平滑肌，缓解肌肉震颤、抽搐等神经症状。

【治疗 4】支持治疗

强心地西泮 0.5mL、维生素 C 注射液 6mL、肌苷 4mL、ATP 4mL，混合于 250mL 5%的葡萄糖注射液中，前肢静脉推注，既可强心、补液、利尿、补充血容量，又可促进毒物排泄。

【治疗 5】中西医结合治疗

耳尖、尾尖放血。用食醋 50mL、白糖 50g，加 1000mL 水灌服。

（四）预防

加强食盐和饲料盐的管理，谨防误食。配制日粮时应该严格参照营养标准添加食盐，且注意混匀。

任务八　安妥中毒

任务描述

学习安妥中毒的发病原因、致病机制及临床表现的相关知识，参加相关临床病例的诊疗，分析临床案例。

案例分析

案例 1

一只 1 岁体重约 8kg 的白色雌性本地犬，出去遛狗途中犬突然发病。表现为呕吐、腹痛、口吐白沫，继而腹泻、咳嗽、呼吸困难、精神沉郁、可视黏膜发绀、鼻孔流出泡沫状血色黏液。请诊断该犬得了什么病。

诊治方案：根据该犬外出时回来表现呕吐、腹痛、口吐白沫、腹泻等症状，可视黏膜发绀，鼻孔流出泡沫状血色黏液等特征性临床症状，初步怀疑为鼠药中毒，可进一步化验血生化和肾指标诊断。治疗方案是排除毒物，强心利尿，缓解肺水肿。

案例 2

家养 3 只宠物犬。正值秋收季节，家里存放大量的粮食待出售，为防老鼠偷食，遂在粮囤周围撒布了灭鼠药，不慎被家中宠物犬偷食。患犬主要症状为精神沉郁，厌食，呕吐，并发腹痛，呼吸困难，肌肉震颤，肢端发凉，喜独处，专往墙角等冷地方钻，口吐白沫严重，四肢呈游泳状，全身震颤，后期躯体僵硬，濒临死亡。请诊断该犬得了什么病。

诊治方案：根据患宠所处环境有鼠药散布，有被吃到的危险，结合临床症状，呼吸困难、肌肉震颤、腹痛、四肢发凉、口吐白沫，四肢呈游泳样，躯体僵直，濒临死亡，初步怀疑该犬毒鼠药中毒，而安妥是毒鼠药常见成分，结合临床症状可能是安妥中毒，治疗方案是排除毒物、强心利尿、对症治疗。

相关知识

安妥（$C_{11}H_{10}N_2S$），又称甲-萘硫脲，为白色无臭味结晶粉末，是一种强有力的灭鼠药。犬中毒致死量 60~150mg/kg 体重，主要是误食毒饵或吞食毒死鼠类而中毒。安妥经肠道吸收后分布于肺、肝、肾和神经组织，生成氨和硫化氢，呈局部刺激作用。但主要毒性作用是经交感神经系统，阻断缩血管神经，造成肺部微血管壁的通透性增加，大量血浆漏入肺组织和胸腔，从而引起严重的呼吸障碍。此外，安妥有抗维生素 K 的作用，使血液凝固性下降，可引起组织器官出血。

（一）特征

安妥中毒临床主要以发病突然，呼吸困难，急性肺水肿，从口鼻中流带血色的泡沫状鼻液，咳嗽，神经症状为特征。

（二）诊断

1. 问诊及主诉

询问发病的原因及经过，是否有机会接触安妥类毒物。

2. 视诊

安妥中毒主要引起肺部毛细胞管的通透性加大，血浆大量进入肺组织，迅速导致肺水肿。其主要症状是呕吐、呼吸困难、口吐白沫、咳嗽、精神沉郁、虚弱、可视黏膜发绀、鼻孔流出泡沫血色黏液，有的腹泻、运动失调。后期张口呼吸，骚动不安，常发生强直性痉挛，最后窒息死亡。尸体剖检可见肺水肿，呈暗红色，极度肿大，有许多出血斑，切开后流出大量暗红色带泡沫液体，气管和支气管内充满泡沫样液体，胸腔内充满无色或浅红色液体。心包积水，肝稍肿大，呈暗红色，脾、肾呈暗红色，有出血斑。胃肠道和膀胱有卡他性炎。

3. 触诊

体温一般无变化或下降，脉搏增快。

4. 实验室诊断

胃内容物和残剩饲料中检出安妥，即可确诊。方法：将胃内容物置于研钵中捣碎，加丙酮于 40~50℃ 水浴中 2h 后过滤。取滤液水浴蒸干得残渣，用残渣作铁氰化钾试验。将残渣置于试管中，加入 80% 醋酸，再加入 20% 铁氰化钾数滴，并共同加热，对照管呈绿色，检查管出现深蓝色，久置不褪色，证实安妥的存在。

（三）治疗

1. 治疗原则

排除毒物，强心利尿，缓解肺水肿为原则。

2. 治疗方法

【治疗 1】

保持宠物安静，避免受伤，及时应用止血药，扩充血容量并维持肝脏正常功能。本病无特效解毒药物，如果尚未发生肺水肿，可采用常规的催吐、洗胃、灌肠等中毒急救法。

【治疗 2】

为缓解肺水肿和胸膜渗出，可先静脉放血，再缓慢静脉注射高渗利尿剂，如 50%葡萄糖或 20%甘露醇溶液；也可肌内注射二巯基丙醇溶液或静脉注射硫代硫酸钠溶液。同时采取强心、输氧、维生素 K_1、维生素 K_2 肌内注射或静脉注射，犬 5mg/kg 体重。

【治疗 3】中西医结合治疗

病初耳尖、尾尖静脉放血，然后以参麦注射液 60mL，加入 5%葡萄糖注射液 250mL，静脉注射，1 次/d。

【治疗 4】护理

注意保温，保持宠物安静，并防止宠物出现意外创伤。

（四）预防

加强管理，谨防误食。

任务九　有机磷农药中毒

任务描述

学习有机磷中毒的致病机制、临床诊断及治疗措施的相关知识，参加相关临床病例的诊疗，分析临床案例。

案例分析

案例 1

一只土犬，3 岁，体重 15kg。主诉该犬体表寄生大量硬蜱、跳蚤。之后对其体表和所处环境喷洒敌敌畏，不久即发现犬口吐白沫站立不稳，遂送宠物诊所就诊。患犬站立困难，步态蹒跚，全身肌肉震颤，大量流涎，嘴角有白沫，瞳孔缩小呈线状，可视黏膜发绀，心搏急速，脉细弱，喘息，排便失禁，患犬安静，舌头伸出口腔外。请诊断该犬得了什么病。

诊治方案：根据患宠有接触敌敌畏及有机磷农药的病史，结合临床症状，口吐白沫、四肢不稳、站立困难，步态蹒跚、肌肉震颤、大量流涎、瞳孔缩小等，高度怀疑该犬患有有机磷农药中毒，治疗方案是使用特效解毒剂、强心、利尿，对症治疗。

案例 2

一花色土犬，主诉：约 2 岁，体重 3.6kg，以前是流浪犬，主人捡来有 1 个月左右，平时精神食欲正常。当天早上遛完回家，还没有异常。晚上回家后发现站立不稳，走两步就摔倒。地上有呕吐物。临床检查流涎，口水很多，流泪，检查瞳孔缩小，触诊腹肌板硬（有腹痛的现象），口腔黏膜发绀，呼吸困难，喘的比较厉害，步态不稳，走几步即摔倒，前腿阵发性抽搐，脖子后仰。体温为 38.1℃，肛门松弛。该犬喜欢钻垃圾箱，该小区距农田比较近，农田打农药总是毒死麻雀，死麻雀常被丢在垃圾箱。请诊断该犬得了什么病。

诊治方案：根据遛狗回来就发现临床症状有呕吐、流泪、瞳孔缩小、腹肌板硬、发绀、阵发性抽搐、颈部后仰、钻垃圾箱等临床特点，尤其是该小区曾使用农药毒死麻雀，怀疑该犬有机磷农药中毒。治疗方案是使用特效解毒剂、利尿、强心、对症治疗。

案例 3

某犬场用 80%敌敌畏乳油剂对所有犬舍的墙面、屋顶进行喷雾灭蜱。由于没有冲洗干净，就将犬带进犬舍，突然发现一犬瘫倒在犬舍内，犬舍内尚能闻到比较浓烈的敌敌畏味。患犬瘫倒在地，不能站立；胸式呼吸，胸廓起伏明显，肺部听诊湿性啰音，表现为呼吸困难；喉咙里发出粗粝的呼吸声；流涎，颈部下方被毛全被涎水打湿；肛门周围黏附大量黑色、黏性、腥臭的软便，并招引大量的苍蝇；瞳孔缩小如圆珠笔芯直径大小。请诊断该犬得了什么病。

诊治方案：根据患犬有接触敌敌畏病史，结合临床症状，瘫倒在地不能站立，胸式呼吸，听诊湿性啰音，呼吸困难、流涎、腥臭的软便，怀疑该犬有机磷中毒，治疗方案是使用特效解毒剂、强心、利尿及对症治疗。

相关知识

有机磷农药中毒是宠物接触、误食含有机磷农药的食物而引起的中毒性疾病。有机磷农药是磷和有机化合物合成的一类杀虫药。按其毒性强弱，可分为剧毒、强毒及弱毒等类别。有机磷农药中毒是宠物接触、吸入或采食某种有机磷制剂所引致的病理过程，体内的胆碱酯酶活力受抑制，从而导致神经功能紊乱。在城市生活小区绿化植物喷洒的有机磷农药常常引起宠物中毒。常用的制剂有以下几种。

剧毒类：对硫磷（1605）、内吸磷（1059）、甲基对硫磷（甲基 1605）等。

强毒类：敌敌畏（DDVP）、乐果（Rogor）、甲基内吸磷（甲基 1059）、杀螟松等。

弱毒类：敌百虫和马拉硫磷等。

（一）特征

有机磷农药中毒临床主要以发病突然，流涎，神经症状，肌肉震颤，瞳孔缩小为特征。

（二）诊断

1. 问诊及主诉

询问发病的原因及经过，是否有机会接触有机磷类毒物。

2. 视诊

精神沉郁或不安，食欲减退或废绝，恶心呕吐，流涎（图 6-1），肠音亢进，粪便稀薄，瞳孔缩小，腹痛，腹泻，骨骼肌纤维震颤；严重时全身抽搐、痉挛，排便排尿失禁，继而突然倒地、四肢作游泳状划动，随后瞳孔缩小，继而发展为肢体麻痹，最后因呼吸肌麻痹而窒息死亡。

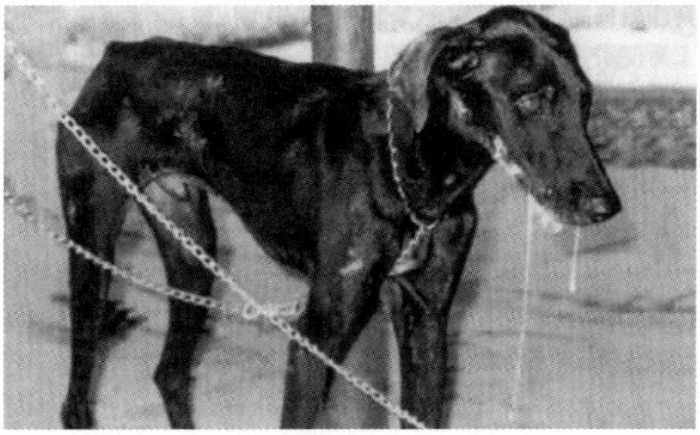

图6-1　犬有机磷中毒，大量流涎

3. 触诊

呼吸加快，血压升高。

4. 嗅诊

呕吐物有明显大蒜味。

5. 实验室诊断

检测血中胆碱酯酶的活性和对胃内容物进行毒物鉴定，进行确诊。

（三）治疗

1. 治疗原则

早发现早治疗，阻止毒物进一步吸收，及早足量使用特效解毒药为原则。

2. 治疗方法

立即停止使用含有机磷农药的饲料或饮水。因外用敌百虫等制剂过量所致的中毒，应充分水洗用药部位（勿用碱性药剂），以免继续吸收。同时，尽快用药物救治，常用阿托品结合解磷定解救。阿托品为乙酰胆碱的生理拮抗剂，是速效药剂，可迅速使病情缓解。但仅能解除毒蕈碱样症状，而对烟碱样症状无作用，须有胆碱酯酶活性剂的协同作用。常用的胆碱酯酶活性剂有解磷定、氯磷定、双复磷等。

【治疗1】

根据药物进入体内途径的不同，可以选择清洗、催吐、泻血等途径清除犬体表和胃肠道内还未吸收的药物，以阻止药物的进一步吸收。

【治疗2】尽快使用特效解毒剂

有机磷农药中毒有特效解毒剂包括胆碱酯酶活性剂，如碘解磷定和抗胆碱能药如硫酸阿托品等。碘解磷定的用量为 10~30mg/kg，以生理盐水配成 2.5%~5%溶液缓慢静脉注射，以后每隔 2~3h 注射 1 次，剂量减半，直到症状缓解；硫酸阿托品一次用量为 0.2mg/kg，皮下注射或肌内注射，症状未见减轻的可减量重复应用，直到出现阿托品化状态。

【治疗 3】 对症治疗

在中毒治疗中也具有十分重要的作用。在治疗过程中，应合理输液，维持水、电解质和酸碱平衡；注意维持呼吸功能，采取相应措施，保持呼吸道通畅，吸氧，同时加强护理，通过对症治疗，增强了患犬机体的代谢调节功能，降低毒性作用，从而使患犬获得康复。

【治疗 4】 护理

注意保温，保持宠物安静并防止宠物出现意外创伤。

（四）预防

加强管理，谨防误食。

任务十　雌犬低血糖

任务描述

学习雌犬低血糖症的发病特征、临床表现及治疗措施的相关知识，参加相关临床病例的诊疗，分析临床案例。

案例分析

案例 1

一只白色京巴犬，主诉该犬突然发病，呼吸加快、四肢发抖、僵硬、全身强直性抽搐、身体发热、不敢走路。经过询问情况，该犬为雌性，产后刚 3d，产仔 5 只，临床检查该犬是分娩 1 周内的哺乳雌犬，而且是小型犬，精神沉郁、表情冷漠、呼吸急促、心跳加快、行走摇摆，甚至全身性或间歇性抽搐，身上散发出异味、尿液呈酮臭味，机体反射功能亢进。请诊断该犬得了什么病。

诊治方案：根据患犬发病突然、呼吸加快，四肢发抖，全身性强直、抽搐、体热等临床症状，尤其是分娩后 3d，出现间歇性抽搐、尿液呈酮臭味、反射亢进等临床表现，可初步诊断为雌犬低血糖症。需要做进一步检查，尤其是血常规、血生化检查，检查肝功能、血糖、钙、磷的代谢。治疗方案是补充血糖，促进代谢，对症治疗。

案例 2

一只雌性德国牧羊犬，1 胎产仔 7 只，产后第 6 天发现该犬发病，发病初期，精神倦怠，皮肤苍白，体温低下，降到 36℃ 左右，呼吸、心跳加快，四肢无力，步态不稳，共济失调，反应迟钝，尿液有酮臭味；继而卧地不起，出现明显的神经症状，尖声嚎叫，肌肉震颤，痉挛抽搐，头向后仰，呈角弓反张，四肢呈游泳状划动，瞳孔逐渐散大，眼球不动，对光反应消失，口角流出大量白沫；后期昏迷不醒，反射功能减弱甚至消失，呈现昏迷、休克状态。请诊断该患犬得了什么病。

诊治方案：根据患犬产仔之后发病，精神倦怠，贫血，四肢无力，步态不稳，共济失调，尿液有酮臭味，肌肉震颤、痉挛、抽搐以及角弓反张等临床症状，怀疑雌犬低血糖，进一步进行血常规、血生化、电解质分析检查。治疗方案是补充血糖、能量和热量、电解质，促进代谢，对症治疗。

相关知识

雌犬低血糖是指雌犬体内血糖过低而产生的一种代谢性疾病。常见于产后、哺乳期雌犬。本病主要是因雌犬在妊娠后期和哺乳期严重营养不良，血糖来源不足或产仔数过多，需大量哺乳而消耗过多以及糖代谢紊乱等引发。发病机制主要是犬体内血糖不足，首先雌犬通过分解体内储存的糖原来补充血糖，其次通过动用体脂和蛋白质的途径来异生糖，而这些机体自身的补偿是非常有限的，再者机体中的脑组织对血糖的缺乏是非常敏感的。因而，体内长期的血糖不足，临床上表现出神经症状和糖、脂代谢的紊乱，表现为高酮血症和酮尿。

（一）特征

雌犬低血糖临床多发生于产后 1 周以内，产多仔的小型犬，神经症状，病犬血糖值降低至 30mg/100mL 以下，血浆中胰岛素浓度升高，尿酮体检呈阳性为特征。

（二）诊断

1. 问诊及主诉

询问饲粮的饲喂情况，病犬的生理状态。

2. 视诊

表现为肌肉痉挛，步态强拘，反射亢进，全身强直性或间歇性痉挛，四肢无力，共济失调，反应迟钝，尿液有酮臭味；继而卧地不起，尖声嚎叫，肌肉震颤，痉挛抽搐，头向后仰，呈角弓反张，四肢呈游泳状划动，瞳孔逐渐散大，眼球不动，对光反应消失，后期昏迷不醒，反射功能减弱甚至消失，口角流出大量白沫。

3. 触诊

呼吸和心跳加快，体温降低达 36℃以下。

4. 实验室诊断

血糖测定发病犬血糖值降低至 30mg/100mL 以下，血浆中胰岛素浓度升高，尿酮体检呈阳性。

（三）治疗

1. 治疗原则

补糖，对症治疗。

2. 治疗方法

【治疗 1】

静脉滴注 20%的葡萄糖 1.5mL/kg，同时使用糖皮质激素皮下注射，注射醋酸泼尼松 0.2mL/kg 体重，连用 2～3d。20%～50%葡萄糖液 20～30mL 内服，2 次/d，连用数天，同时配合应用复合维生素 B 和维生素 C，痉挛严重时可肌内注射乙酰丙嗪。

【治疗 2】

如果伴发缺钙，在静脉滴注的同时加入 10%的葡萄糖酸钙 10～30mL。

【治疗 3】

输液治疗的同时，应加强饲养管理，给予高蛋白、高糖类的食物。

【治疗 4】 中西医结合治疗

配合使用四君子汤生脉饮。

（四）预防

在妊娠和泌乳期间，雌犬的营养需要增加，必须给予易消化、营养丰富的食物，尤其是一次生产多胎的雌犬，在妊娠后期更应加强营养，喂给以糖类为主的食物，补充钙和维生素 D，同时要避免温度过低、潮湿等不良环境对雌犬和幼犬的影响。

任务十一 舞蹈症

任务描述

学习舞蹈症的发病特征、临床表现及治疗措施的相关知识，参加相关临床病例的诊疗，分析临床案例。

案例分析

一只苏格兰牧羊犬，得犬瘟热后留下后遗症，头面部肌肉抽搐，颈部抽搐，头上下活动。表现为频频点头，共济失调，四肢抽搐，呈跳舞状。请诊断该犬得了什么病。

诊治方案：根据患犬临床表现，犬瘟热留下了后遗症，肌肉抽搐，颈部震颤，共济失调，呈舞蹈状，可初步怀疑该犬患有舞蹈症。治疗方案是镇静、治疗原发病，并进行对症治疗。

相关知识

舞蹈症多因各种脑炎等病所致，临床上以头颈部或四肢和躯干的某块肌肉或肌群剧烈地间歇性痉挛和较规律地不随意运动，行走时呈舞蹈样步态为特征，因此称为舞蹈症。它其实不是独立性疾病，仅是脑部疾病的综合征。

（一）特征

舞蹈症是头部、四肢、躯干的某块肌肉或肌肉群剧烈间歇性痉挛和较规律地不随意运动，因痉挛发生于颈部和四肢，行走时呈舞蹈样步态，因此称为舞蹈症。

（二）诊断

1. 问诊及主诉

询问既往史。

2. 视诊

患病肌群多为头面、颈部、躯干和四肢等，严重的可波及全身各肌群，如头面部肌肉抽搐，主要发生于口唇、眼睑、咬肌、头顶及耳根肌群。颈部抽搐时，颈部肌肉上下活动，呈频频点头状；膈肌抽搐时，则在肋部，呈起伏跳动样；四肢抽搐时，呈舞蹈状跳行。多伴以癫痫样发作、运动失调、麻痹或意识障碍，很快进入全身衰竭。

3. 实验室诊断

X 射线检查，超声检查，脑电图检查。

（三）治疗

1. 治疗原则

镇静抗惊厥，对症治疗。

2. 治疗方法

【治疗 1】镇静抗惊厥

扑癫酮 25mg/kg，2 次/d，连用 7d，每天逐渐增加，最多加至 100mg/（kg · d），然后逐渐减量。

【治疗 2】

积极治疗原发病，如长期不食，则宜输液或输血，注射抗生素如磺胺类药物。

【治疗 3】中西医结合治疗

特异性治疗用血清注入天门、风池、伏兔穴；抗生素可注入大椎、身柱、肺俞等穴；磺胺类药物注入脾俞、三焦等穴；静脉注射清开灵注射液；口服羚角钩藤汤。

（四）预防

治疗原发病，多预后不良。

任务十二　甲状旁腺功能减退症

任务描述

学习甲状旁腺功能减退症的发病特征、临床表现及治疗措施的相关知识，参加相关临床病例的诊疗，分析临床案例。

案例分析

一贵宾犬，3 岁，雌性，患犬低血钙，呈现局限性或全身性肌肉自发性收缩，体温升高，虚弱及疼痛，不安、精神兴奋，厌食、呕吐、腹痛、便秘，心动过速、同步膈痉挛。后期，全身痉挛，喉喘鸣。最后死于喉痉挛。请诊断该犬得了什么病。

诊治方案：根据患犬出现低钙血症，自发性收缩，体温变化，虚弱疼痛，心动过速，膈痉挛，全身麻痹等情况，怀疑该犬患有甲状旁腺功能减退症。治疗方案是缓解表症及对症治疗。

相关知识

甲状旁腺功能减退症是指甲状旁腺病理性分泌甲状旁腺激素减少，或分泌的甲状旁腺激素不能正常作用于其靶细胞。常发生于贵宾犬、德国牧羊犬和㹴类犬等犬种。甲状旁腺激素分泌减少的原因如下。

(1) 甲状旁腺受到损伤或被切除。

(2) 成年犬突发性甲状旁腺功能减退，常由于弥散性淋巴细胞性甲状旁腺炎引起。

(3) 肿瘤侵害和破坏了甲状旁腺，以及长期血钙升高致使甲状旁腺发生营养性萎缩。

（4）先天性两侧的甲状旁腺发育不全性甲状旁腺功能减退。

（5）犬瘟热病毒感染造成。

（一）特征

甲状旁腺功能减退症临床以低钙血症和高磷血症，但肾功能正常为特征。

（二）诊断

1. 问诊及主诉

询问既往史。

2. 视诊

突出的表现为神经肌肉兴奋性增强。一般呈阵发性发作，发作间歇为数小时至数天。临床可见全身肌肉抽搐、痉挛、虚弱、烦躁不安、神经质和共济失调、厌食，偶有流涎或咽下困难，时有呕吐，心肌受损、心动过速。病程延长时常出现皮肤粗糙、色素沉着、背毛脱落、牙齿钙化不全，常并发白内障。血钙降低，血磷浓度升高。

3. 实验室诊断

血钙降低，血磷浓度升高。

（三）治疗

1. 治疗原则

缓解表征，对症治疗。

2. 治疗方法

【治疗 1】缓解抽搐症状

可用 10%葡萄糖酸钙，犬 10～30mL 静脉注射，2 次/d，饲喂高钙低磷的食物，并在食物中添加维生素 D_3。

【治疗 2】中西医结合治疗

上述西药注射液可注入脾俞、肾俞、百会等穴位。可结合使用中药方剂，如阿胶鸡子黄汤（阿胶、芍药、石决明、双钩藤、生地、鸡子黄、络石藤、生牡蛎）。

【治疗 3】

认真护理，尤其当全身肌肉抽搐、痉挛时必须小心监护，谨防跃滑摔倒。给予容易咀嚼、易消化、富有营养的饲料。

情境小结

神经障碍 → 脑膜脑炎、中暑、晕车（船）症、癫痫、犬肝性脑病、脑震荡及脑挫伤、食盐中毒、安妥中毒、有机磷农药中毒、雌犬低血糖、舞蹈症、甲状旁腺功能减退症

情境测试

情境六测试题

情境七 生长、发育、代谢障碍性疾病

◆ **学习目标**

1. 思政目标

生长、发育、代谢障碍性疾病诊治诊疗操作过程中，培养对诊疗设备、兽药、医疗耗材等成本核算的管理态度；诊治中，遇到诊疗问题，积极查找资料、有效进行团队沟通、讨论、研究，解决问题和承担责任的职业素养；具有严谨求实的工作态度，高尚的医疗道德和良好的职业素质，主动学习的习惯和创新精神；接诊中，具有宠物医生情怀、回馈社会、感恩宠主，换位思考、尊重生命、呵护宠物健康的职业操守；接诊中，倡导从自身做起，反对滥用抗生素、滥用激素、滥用危害人宠的药物及代谢残留的添加剂，诚信诊疗。

2. 知识及能力目标

根据患病宠物的主要临床症状，生长、发育、代谢障碍性症状，进行接诊工作；运用宠物临床诊疗知识，完成宠物生长、发育、代谢障碍疾病性诊治的类症鉴别，进而推断患病类别；根据患病宠物临床症状及初步诊断，进行病历档案书写；选择B超、X射线及DR、血常规、电解质分析、血生化、内分泌检测及显微镜检查，分析确诊疾病；选择适当的治疗方案，根据治疗方案选择药物、组方，写出处方，应用合适的治疗技术进行治疗。

◆ **必备知识**

内分泌系统是由机体内分泌腺和分散存在于某些组织器官中的内分泌细胞组成的一个体内信息传递系统，它与神经系统有着密切的联系，相互配合，以调节体内的各种功能，维持机体内环境相对稳定。这些内分泌腺主要包括垂体、甲状腺、甲状旁腺、肾上腺、胰岛、性腺、松果体和胸腺；内分泌细胞分布比较广泛，心、肾、肺、皮肤、消化道黏膜、下丘脑等都有相应的内分泌细胞。通常内分泌腺和内分泌细胞产生的化学物质即激素，经血液或组织液传递到靶组织而发挥调节作用，从而使机体处于健康生理状态。所有的内分泌器官均可分泌激素，这种内分泌体液调节必须连同神经系统一起共同完成下列作用，包括维持机体内环境的相对稳定、调节机体对应激的反应、调节生长以及调节繁殖过程。

◆ **课前思考题**

内分泌调节紊乱会出现什么症状？

任务一　甲状腺功能亢进

任务描述

学习甲状腺功能亢进症的发病原因、病理变化、临床症状等相关知识，参加相关临床病例的诊疗，分析临床案例。

案例分析

案例 1

拳师犬，6 岁。表现为多尿，烦渴，食欲亢进，消瘦，心搏动增强，烦躁不安，易疲劳，体温升高。从咽到胸腔入口处触诊可摸到肿大的甲状腺肿瘤。请诊断该犬得了什么病。

诊治方案：根据患犬发病临床表现多尿、烦渴、食欲亢进、消瘦，属于三多一少，心搏动增强，烦躁不安、易疲劳，甲状腺触诊有肿胀，可初步判定为甲状腺功能亢进。进一步诊断需要进行内分泌化验测量 T_3 和 T_4 以及其他血生化指标，颈部超声检查。治疗方案是使用抗甲状腺药，并且对症治疗。

案例 2

患犬为雌性杂种犬，7 岁，体重 12kg。主诉该犬 3 个月前发现右侧颈部有一鸡蛋大小肿物，近 1 个月来体温经常 39℃左右，食欲较平时旺盛，但精神不佳，时常卧地休息，最近不停吠叫，声音嘶哑，前来就诊。T：39.3℃，P：140 次/min，R：26 次/min。视诊发现该犬精神沉郁，不断流涎，角膜发蓝，体形呈水桶状，右侧颈部有一拳头大小肿物。触诊犬有疼痛反应，肿物质地较硬，边缘整齐，游离性差。X 射线诊断显示，颈部有一团状高密度影像，使气管上抬，其余无异常。请诊断该犬得了什么病。

诊治方案：根据患犬右侧颈部有较大肿物，食欲旺盛，代谢旺盛，流涎、角膜发蓝、体型呈木桶状等临床表现，尤其是颈部 X 射线检查有高密度阴影，怀疑该犬患有甲状腺功能亢进，进一步诊断需要测量血液中 T_3 和 T_4。治疗方案是抑制甲状腺分泌，必要时手术治疗。

相关知识

甲状腺功能亢进简称甲亢，是由于机体循环系统中甲状腺激素浓度过高而诱发的甲状腺疾病。多发于 4~8 岁，拳师犬、比格犬等易发。主要的发病原为甲状腺肿瘤。

（一）特征

甲状腺功能亢进临床主要以代谢率增高和神经兴奋性增高为特征。

（二）诊断

1. 问诊及主诉

询问病犬的日龄，饲养管理条件，环境状况。

2. 视诊

发病缓慢，病程较长，其突出的症状是贪食、体重减轻、烦渴、多尿，有时呕吐、排大量软粪便，患犬进行性消瘦（图 7-1）。心功能紊乱，心动过速，节律不齐，心杂音或见充血性右心衰竭。神经过敏，烦躁不安，具有攻击性（图 7-2），眼球突出，肌肉无力，喜欢冷的地方，气喘，容易疲劳。

图 7-1　患有甲亢的 13 岁家养短毛猫进行性消瘦

图 7-2　患有甲亢的 15 岁家养短毛猫亢奋，烦躁不安，具有攻击性

3. 触诊

从咽到胸口沿气管两侧进行颈下触诊，可摸到肿大的甲状腺肿瘤。

4. 其他诊断

实验室检查，甲状腺激素主要有两种，即四碘甲腺原氨酸（T_4）和三碘甲腺原氨酸（T_3）。血浆中 T_4 浓度和 T_3 浓度均升高，血清 T_4 浓度正常值 15~40ng/mL，血清 T_3 浓度正常值 0.8~2.0ng/mL。

丙氨酸氨基转移酶、天冬氨酸氨基转移酶和碱性磷酸酶活力也升高。

（三）治疗

1. 治疗原则

消除病因，治疗原发病。

2. 治疗方法

【治疗 1】抗甲状腺药

常用的有甲巯咪唑、放射性碘和丙硫氧嘧啶，可单独用于治疗或手术前纠正甲状腺功能亢进。临床推荐使用的药为甲巯咪唑，其剂量为 5mg，口服，1~2 次/d。患有严重甲状腺功能亢进者，保留较大剂量（15mg/d）；若作长期治疗，减至最低有效量（5mg/d）。

【治疗 2】控制心脏并发症

普萘洛尔是 β 肾上腺拮抗剂，可与抗甲状腺药结合使用，用于控制心脏并发症，特别是心动过速、心律不齐和高血压。其剂量为 2.5mg 口服，开始时 2~3 次/d。

【治疗 3】放射碘治疗

^{131}碘集中在腺瘤样增生的甲状腺腺体中（正常腺体不摄入），破坏瘤样甲状腺滤泡组织，减少甲状腺激素的合成，从而达到治疗目的。使用时按甲状腺组织的重量计算，一般每克甲状腺组织给予 ^{131}碘（2.22~2.96）$\times10^4$IU，1 次口服。服药后的 1 个月开始显效，多数病例 3 个月后症状基本缓解。

【治疗 4】手术治疗

长期服用药物无效或停药后复发者，可考虑手术。但手术前 2~3 周必须使甲状腺功能恢复正常值。在麻醉时避免使用抗胆碱能药如甲苯噻嗪、氯胺酮及其他可导致心律不齐的药物。手术时应注意，手术可分囊内或囊外切除，都有弊端。囊内切除，对甲状旁腺组织的损伤较小，但很可能导致腺瘤样组织切除不完全；囊外切除，虽可以全部去掉异常的甲状腺组织，但很可能造成甲状旁腺的损伤。因此，可以将囊内、囊外切除术结合起来进行。囊外术切除腺体尾部以保证能切除甲状腺组织，囊内术切除腺体头部以保证甲状旁腺和血管不受伤害。

【治疗 5】中西医结合治疗

运用理气化痰、益气养阴、软坚散结的方药，如陈皮、木香、天南星、黄芪、天门冬、柏子仁、昆布、海藻等药制成蜜丸，长期内服，配合西医疗法。

【治疗 6】

仔细观察病情变化，耐心护理，给予富有营养、易消化的食物，有助于疾病的恢复。

任务二　甲状腺功能减退

任务描述

学习甲状腺功能减退症的发病原因、病理变化、临床症状等相关知识，参加相关临床病例的诊疗，分析临床案例。

案例分析

案例 1

一只 8 岁的雌性京巴犬，体重 6kg，该犬背部两侧各有一处明显脱毛部位，直径 3~4cm，具有对称性，皮肤不瘙痒，被毛干枯，大腿内侧的皮肤有色素沉着。主诉：该犬平时饮食比较单一，以肉食为主，近期表现为嗜睡、不爱运动、烦渴、多尿、贪食，曾在别处以真菌感染治疗一段时间无效。触诊腹部可感觉皮下脂肪很厚。将脱毛部位的皮肤刮取物进行显微镜检查，未见到螨虫的虫体和幼虫，也未见到真菌孢子。腹部 B 超见卵巢子宫正常，未见卵巢囊肿；血液生化检查结果表明血清碱性磷酸酶活性为 218IU/L，略高于正常值（0~200IU/L）；血清 T_4 浓度为 2ng/mL，明显低于正常值（15~40ng/mL），血清 T_3 浓度为 0.18ng/mL，明显低于正常值（0.8~2.0ng/mL）。请诊断该犬得了什么病。

诊治方案：根据患犬背部两侧各有一脱毛部位，对称性，不瘙痒，有色素沉着等临床症状，结合嗜睡、不爱运动、烦渴等临床表现，以及脂肪增厚和血液学变化，初步怀疑该犬患有甲状腺功能减退。治疗方案是利用甲状腺素和对症治疗。

案例 2

一黄色可卡犬，6 岁，体重 15kg，雌性（已做绝育手术）。主诉：皮肤有异味，背部皮肤脱毛严重，有大量的油性分泌物，皮屑较多，全身痒，饮食欲均正常。问诊，该犬平时以犬粮为主，正常免疫，定期驱虫，10d 左右洗浴 1 次，使用宠物沐浴液，无过敏史。视诊，该犬精神沉郁，不喜动，身体较胖，被毛粗乱、无光泽。背部皮肤大面积片状脱毛，油性脂溢性渗出明显，形成大面积结痂，有少数脓包，尾部少数脱毛区域伴有色素沉着现象，腹部皮肤有少数红疹，心跳、体温、呼吸均正常。实验室检查疥螨阴性，蠕形螨阴性，真菌阴性。请诊断该犬得了什么病。

诊治方案：根据患犬皮肤有异味、脱毛、严重油性分泌物、全身瘙痒，结合身体较胖、背部大面积脱毛、油性脂溢性渗出、结痂、色素沉着等临床表现，初步怀疑是甲状腺功能减退。进一步检查需要测量内分泌甲状腺 T_3、T_4 的含量。治疗方案是补充甲状腺激素以及对症治疗。

相关知识

甲状腺功能减退简称甲减，是指甲状腺激素合成和分泌不足引起的全身代谢减慢的症候群。常发生于4~10岁中大型犬，如德国牧羊犬、拳师犬、比格犬等易发。按病因、病理可分为原发性和继发性两类。原发性甲状腺功能减退是因淋巴细胞、浆细胞呈弥散性的或结节样浸润甲状腺组织，引起腺泡进行性破坏，引起甲状腺炎；也可出现甲状腺泡细胞自发性萎缩和消失引起，造成甲状腺萎缩，这些病理发生常与染色体隐性遗传有关。慢性的淋巴细胞甲状腺炎可能是由自身免疫抑制性疾病造成的，多发生于7个月到4岁的犬。继发性甲减可因垂体受压而萎缩，或因垂体本身肿瘤，造成促甲状腺激素分泌和排放不足；或因下丘脑病损，其促甲状腺激素释放激素的分泌和排放不足，从而使腺垂体的甲状腺激素分泌减少，导致甲状腺功能减退症。

（一）特征

甲状腺功能减退临床以容易疲劳、嗜睡、畏寒、皮肤增厚、脱毛和繁殖功能障碍为特征。

（二）诊断

1. 问诊及主诉

询问病犬的日龄，饲养管理条件，环境状况。一般情况下有不同程度的反应迟钝，嗜睡，不爱活动，以及易疲劳，且可能出现饮食及食欲未增加的情况下，体重却有增加的趋势。

2. 视诊

患有甲状腺功能减退的典型症状主要表现在皮肤、生殖系统以及神经肌肉系统。

（1）皮肤及被毛症状　躯干部（头及四肢除外）两侧对称或不对称性、非瘙痒性脱毛（图 7-3）；有时仅尾部脱毛，表现为“鼠状尾”，被毛干枯易脆，体表有色素过度沉着，脂溢性皮炎，脓皮病，外耳炎，黏液性水肿。若患有脂溢性皮炎及脓皮病，可能会出现继发性的瘙痒。在较严重的病例，因酸性及中性黏多糖在真皮层积聚，与水分结合，可导致皮肤变厚。

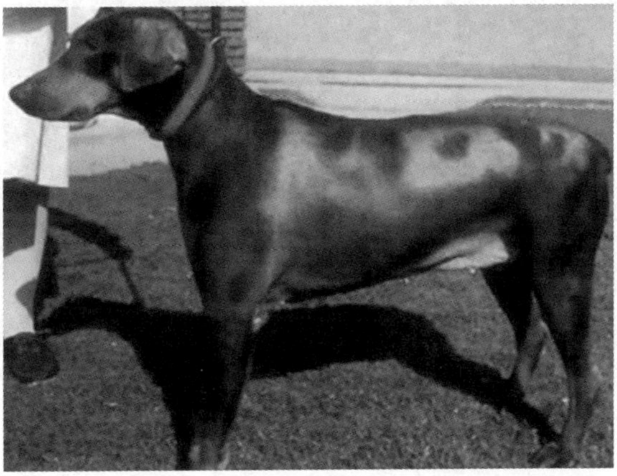

图 7-3　6 岁杜宾犬两侧对称性脱毛

（2）生殖系统症状　可显著引起雌犬发情间期的延长或发情周期的紊乱，引起雄犬性欲减退、睾丸萎缩、精子减少或无精症。此外，还可见雌犬发情期表现不明显，发情期流血时间过长（可能与凝血系统紊乱有关）及乳溢，雄犬可能出现乳腺的异常发育。

（3）神经肌肉系统症状　该病所引起的中枢神经系统症状主要是由于黏多糖类物质在神经束膜及神经内膜内聚积，脑动脉粥样硬化，或严重的高脂血症所致。主要表现为癫痫，共济失调及转圈。这些症状也与前庭部的症状（如头部倾斜、眼球震颤）或面神经麻痹同时出现。外周神经系统症状包括面神经麻痹，喉麻痹，虚弱，用趾（指）关节或趾甲背面拖地而行。也可见到肌肉萎缩，但少见肌肉疼痛。通常神经肌肉的异常并不是由甲状腺功能减退所致，但是患有甲状腺功能减退的犬却多伴有神经系统的异常。高胆固醇血症和高脂血症也是因该病出现神经症状后常有的表现，可作为诊断甲状腺功能异常的一个标志。

（4）呆小症　幼年犬患甲状腺功能减退后，常引起呆小症的发生（图 7-4）。患病动物最明显的异常表现在骨骼与中枢神经系统。患犬发育不协调，头大颈粗，舌头较厚向外伸出，躯干粗壮，呈方形，四肢则较短。此外患犬也有胎毛持续存在，脱毛，食欲不振，出牙延迟及甲状腺肿等症状。因此，需与侏儒症（即生长激素分泌不足）及全垂体功能减退进行鉴别诊断。

（5）血液异常检查　高脂血症和高胆固醇血症是患甲状腺功能减退最常见

图 7-4 左侧犬先天性甲状腺功能减退

的临床病理变化。有报道称，超过 80%的甲状腺功能减退的患犬，患有高胆固醇血症，血内胆固醇含量超过 25.91mmol/L。尽管这两种病症并不是甲状腺功能减退的特异性病症，但当犬血清胆固醇含量超过 15.54mmol/L 或有持续的高脂血症时，应考虑犬是否患有甲状腺功能减退。

此外，患有甲状腺功能减退的犬也可见轻度的正常红细胞，非再生性贫血，红细胞形态学观察可见细长红细胞浓度增加，这些细胞是机体在甲状腺功能减退发生高胆固醇血症后，由过度负荷胆固醇的红细胞发展而来的。丙氨酸转移酶、碱性磷酸酶及肌酸激酶有时都有轻微升高。也可见多尿症及低渗尿，但不是该病的典型症状。

3. 实验室检查

正常犬甲状腺分泌的甲状腺激素主要为 T_4（>80%），因此 T_4 的水平是评估甲状腺功能最有效的指标。正常犬血清总 T_4 水平应在 1.5~4μg/dL（放免法测定）。患有甲状腺功能减退的犬，其总 T_4 含量通常低于 1μg/dL。但是影响血清总 T_4 水平的因素有很多，如宠物的年龄、体型大小、肥胖、手术后，以及服用某些药物都会对 T_4 的检测结果产生一定的影响。特别是在伴发某些疾病及服用糖皮质激素类药物时，可使血清总 T_4 含量小于 1μg/dL。因此，血清中总 T_4 含量的降低，并不能作为确诊甲状腺功能减退的指标。对大多数犬来说，若其血清总 T_4 含量正常，可排除患有甲状腺功能减退的可能，但仅检测到总 T_4 含量降低，并不表示犬一定患有甲状腺功能减退，需结合病史、临床症状及临床病理学检查予以判定。

（三）治疗

1. 治疗原则

消除病因，补充甲状腺激素。

2. 治疗方法

首先应选用左甲状腺素钠（合成的 T_4）。口服这种合成的 T_4 可使血清中 T_3 与 T_4 的水平均恢复正常，而且可以在外周组织转化为更有代谢活性的 T_3。左甲状腺素钠最初用量为 20μg/kg，2 次/d。不同的犬对于药物的吸收和代谢水平不同，因此在症状完全消失之前需根据犬的反应调整药物的用量及用药频率。一旦开始用药，用药时间要至少在 1 个月以上。如果治疗有效，最终犬曾表现出的临床症状及临床病理学变化都将恢复正常。在治疗后第 1 周，犬通常表现为精神好转、食欲及运动增加。在治疗后 1 个月，皮肤症状好转，有些犬甚至开始有新毛生长。而神经、肌肉系统及生殖系统的异常，特别是精子减少症及乏情表现，通常恢复比较慢。

对于确诊为该病的犬，用左甲状腺素钠治疗无效时，可尝试使用碘甲腺氨酸钠（碘赛罗宁，合成的 T_3）进行治疗。因甲状腺主要是通过分泌的 T_3 来调节机体的生理功能，补充 T_3 可在一定程度上缓解该病的临床症状。但因血清中 T_3 含量的升高，负反馈抑制甲状腺组织分泌甲状腺激素，而且 T_3 也无法转化为 T_4，使得此时检测血清时 T_4 含量很低，甚至检测不到。左甲状腺素钠可使血清中 T_3 与 T_4 的水平均恢复正常，而碘甲腺氨酸钠只能使 T_3 的水平恢复正常。但当机体小肠对左甲状腺素吸收不良时，可给予合成的 T_3，其小肠吸收率可达 95%，而前者仅 40%~80%。使用碘甲腺氨酸钠的最初剂量为 4~6μg/kg，3 次/d。当临床症状缓解后，可减为 2 次/d。

中西医结合治疗，可配合长期服用六味地黄丸。

任务三　先天性垂体功能减退

任务描述

学习先天性垂体功能减退的发病原因、病理变化、临床症状等相关知识，参加相关临床病例的诊疗，分析临床案例。

案例分析

一只4个月的雌性德国牧羊犬，该犬生长发育迟缓，保留幼犬被毛，皮肤发暗，乳牙长出时间推迟。请诊断该犬得了什么病。

诊治方案：根据幼犬生长发育迟缓，保留幼犬被毛及皮肤发暗，牙齿不整等临床表现，初步怀疑患有先天性垂体功能减退，建议进一步化验激素状况。治疗原则是增加营养，补充激素，尤其是生长激素。

相关知识

先天性垂体功能减退是因为生长激素分泌不足和综合性生长延迟引起的（垂体性侏儒症）。在很多发病宠物表现腺垂体（前叶）退化性发育不全，是常染色体隐性遗传病。多发生于2月龄以上的德国牧羊犬。近亲繁殖是导致本病的主要原因，其原因与颅咽管口咽外胚层不能分化为垂体远部、营养激素分泌细胞有关，使脑垂体不能完全发育；另一种原因与颅咽管口咽外胚层发生良性肿瘤有关。发生于成年犬时，多与原发性垂体肿瘤生成有关。

（一）特征

先天性垂体功能减退临床主要以体形矮小侏儒症，寿命明显缩短为特征。

（二）诊断

1. 问诊及主诉

询问患犬的日龄，饲养管理条件，环境状况，一般情况下犬在 2 个月以后表现出一些症状。

2. 视诊

犬从出生到 2 月龄时与同窝仔相比生长发育状况和外表无太大差异，但 2 月龄以后差异逐渐显著。生长发育明显迟缓，脱毛、换毛明显不全（图 7-5、图 7-6）。两侧对称性脱毛逐渐加重，直至除头部和腿部尚有簇毛外，其余部分皮肤全部脱毛（图 7-7）。体形特别矮小更是明显，永久齿发育迟缓或完全缺乏，阴茎鞘萎缩，阴茎和睾丸变得细小。卵巢皮质发育不良，发情周期不规律或不发情。甲状腺和肾上腺等内分泌功能都减退，患犬处于幼龄时的表情（图 7-8），患犬的寿命明显缩短。

图 7-5　6 月龄德牧（中间犬）生长发育迟缓，生长停滞

图 7-6　8 月龄德牧生长发育迟缓，保留幼犬被毛，多毛症

图 7-7　患先天性垂体功能减退的 18 月龄德牧
（表现为双侧对称性脱毛症）

图 7-8　患犬呈现出幼犬的面部表情

3. 其他诊断

实验室检查，可以通过检测血清中生长激素的浓度来诊断先天性垂体功能减退。在某些情况下，健康犬的血清生长激素水平可能也会表现为低浓度，检测时可以使用可乐宁和甲苯噻唑作刺激试验，生长激素的浓度也可以通过检测胰岛素样生长因子的浓度而间接诊断，发生垂体侏儒症时，血清中胰岛素样生长因子也很低。

（三）治疗

1. 治疗原则

消除病因，补充生长激素。

2. 治疗方法

使用生长激素（0.1U/kg，皮下注射，每周3次，连用4~6周）可以促进被毛再生。但是使用外源性生长激素可以使犬产生抗体，而影响生长激素的进一步作用。生长激素很贵，并且重复使用可以诱发糖尿病。使用孕激素，主要是孕酮和醋酸甲羟孕酮，刺激雌性垂体性侏儒症患犬乳腺分泌生长激素，已经获得了一定成功，避免了动物产生针对生长激素的抗体。中西医结合治疗，西药注射液依次注入子焦、肾俞、百会、二眼、后三里等穴，也可长期服用六味地黄丸。

（四）预防

禁止近亲交配。

任务四　肾上腺皮质功能减退症

任务描述

学习肾上腺皮质功能减退症的发病原因、病理变化、临床症状等相关知识，参加相关临床病例的诊疗，分析临床案例。

案例分析

案例 1

英国可卡犬，雄性，3.5 岁，体重 13.5kg。1 个月前开始精神差，全身无力，不耐运动，食欲减退，饮水少，有时头颈歪斜，呈昏迷状态。3d 之后就诊，根据症状、临床检查和实验室检测结果，诊断为肾功能衰竭。治疗期间症状时好时坏，体重在近 1 个月内下降至 10.0kg（下降了 3.5kg），于前一日进行会诊。临床检查该犬皮肤弹性极差，眼球深陷，口腔黏膜毛细血管再充盈时间延长，头颈无力，站立不稳，双侧肾区和股前肌群敏感，四肢肌肉萎缩，P：40 次/min、心律失常。根据病史、临床症状给该犬做尿液、血常规和血液生化检测。生化结果低钠高钾，钠、钾比值下降，低于正常参考值（27~40）下限，氮质血症，其他检测指标总蛋白、白蛋白、丙氨酸氨基转移酶、天冬氨酸氨基转移酶、碱性磷酸酶、γ-谷氨酰转移酶、肌酸激酶、淀粉酶、葡萄糖、总胆红素、结合胆红素均介于参考值范围内。心电图检测 P 波消失，窦性传导。尿检显示尿相对密度降低（1.015）、尿蛋白阳性，其他无明显异常。请诊断该犬得了什么病。

诊治方案：根据患犬临床症状，全身无力，不耐运动，饮食欲都有明显变化，有时歪头斜颈，昏迷状态。再结合临床检查、心律失常、血尿检测的结果以及血生化的检测及心电图检测，初步怀疑该犬患有肾上腺皮质功能减退。治疗原则是补充肾上腺皮质激素，治疗原发病及对症治疗。

案例 2

一京巴犬，11 岁，雌性，体重 5kg。病史：该犬近 1 个月食欲减退，精神沉郁，不爱运动，多饮多尿，排粪异常，5~7d 排一次粪，粪中带血，精神极差。T：36.7℃，P：52 次/min，心律不齐。牙结石，白细胞总数增高，红细胞压积升高和感染所致。中性多核细胞增多，血色素增高、红细胞压积升高。高钾血症、低钠血症、低血糖、血尿素氮轻度增高，轻度酸中毒以及血皮质醇总量降低。请诊断该犬得了什么病。

诊治方案： 根据患宠临床表现食欲减退，多饮、多尿，心律不齐、血细胞异常，再结合电解质紊乱、酸中毒等临床表现综合判定，该犬可能患有肾上腺皮质功能减退，建议进一步检查化验肾上腺皮质激素的含量。治疗原则为补充肾上腺皮质激素及对症治疗。

相关知识

肾上腺皮质功能减退症是由于肾上腺皮质激素分泌不足所引起，常分为原发性和继发性两种。原发性肾上腺皮质功能减退又称艾迪生病，多见于特发性肾上腺皮质萎缩，主要是自身免疫的结果。继发性皮质功能减退症，是指因垂体促肾上腺皮质激素而导致糖皮质激素缺乏或长期应用皮质类固醇，抑制垂体-肾上腺体系或垂体功能减弱等。

（一）特征

肾上腺皮质功能减退症临床特征为病程较长，厌食、恶心、呕吐，嗜睡、极度衰弱，低钠血症和高钾血症。

（二）诊断

1. 问诊及主诉

艾迪生病主要发生于幼龄至中年动物，6 月龄即可患病。询问病犬的日龄，饲养管理条件，环境状况，发病过程。

2. 视诊

腺体的破坏是渐进性的，病初常表现为精神抑制，食欲不振，厌食，呕吐，便秘，有时腹泻，进行性消瘦，失水，体重下降，嗜睡，虚弱，颤抖，多尿，烦渴，不愿走动，心律迟缓，血压下降和血糖降低等症。危急病例，还会出现休克或昏迷，不及时治疗则很快死亡。原发性与继发性的临床表现基本相似，但继发性病例常于长期或大量使用糖皮质激素治疗而突然停止的病例中被发现。

3. 其他诊断

（1）实验室检查　发现白细胞总数增多，血液尿素氮浓度升高至 44.3~

54.98mmol/L（正常仅为 1.79～8.21mmol/L）。血钠离子浓度低于 106mmol/L，同时血氯浓度下降，血钾离子浓度高达 10.2mmol/L（正常仅为 3mmol/L），Na^+/K^+值从（27～40）：1 降至 20：1 以下，但继发性肾上腺皮质功能减退宠物，其 Na^+、Cl^-变化不明显（除继发性肾上腺皮质功能减退，盐皮质激素保持正常），有助于确诊，继发性病例还可以根据对宠物进行促肾上腺皮质激素刺激后，氢化可的松水平的下降进行诊断。也可以通过检测血清中生长激素的浓度来诊断先天性垂体功能减退。

（2）X 射线检测　心脏偏小，可能由于脱水和低血容量导致（图 7-9、图 7-10）。

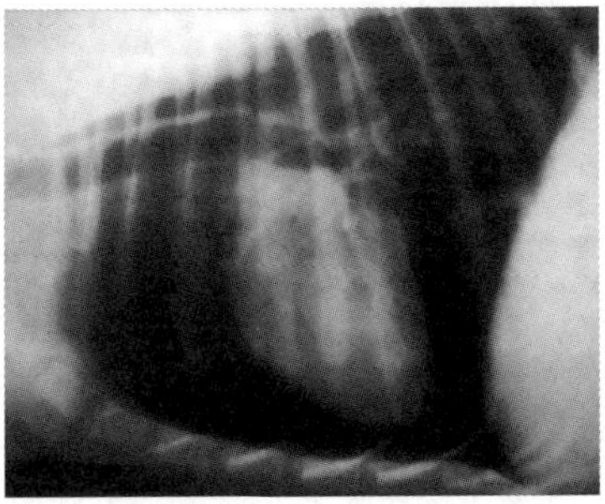

图 7-9　患肾上腺皮质功能减退的柯利牧羊犬
（侧面胸廓 X 射线摄片表明脱水和低血容量造成的心脏缩小）

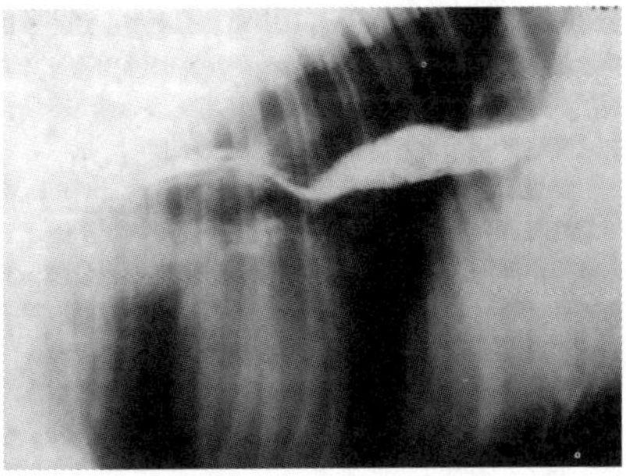

图 7-10　患肾上腺皮质功能减退的杜宾犬
（侧面胸廓照片，钡餐显示食管扩张）

（3）心电图　P 波消失，心动过缓，而据统计犬发生该病时Ⅱ导联心电图常表现为 QRS 波群时限延长、心房静止、心动过缓等，是由于高钾血症所致，这对该病确诊具有一定的意义（图 7-11）。

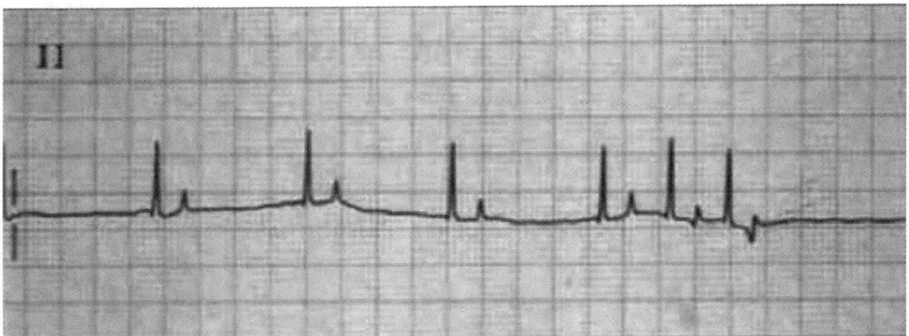

图 7-11　患该病危险犬的心电图
（心室速率慢，P 波消失，血清钾浓度为 9.5mmol/L）

（三）治疗

1. 治疗原则

消除病因，根据病情分别治疗。

2. 治疗方法

【治疗 1】

急性病例先纠正脱水、电解质不平衡和酸中毒，再给予糖皮质激素。先给予葡萄糖生理盐水静脉注射，甲强龙 2~10mg/kg 静脉注射，同时补充生理盐水和碳酸氢钠注射液，以解除酸中毒。待病情稳定后，可每天口服醋酸氟氢可的松片，但不宜间断给药。同时，在饲料中还可多加些盐分。

【治疗 2】

慢性病例饲喂食盐量应多于正常动物，皮下注射，甲强龙 0.5~2mg/kg。

【治疗 3】中西医结合治疗

上述肌内注射的西药可注入百会、脾俞、三焦、肾俞等穴位，可长期口服肾气丸。

任务五　脑下垂体功能减退症

任务描述

学习脑下垂体功能减退症的发病原因、病理变化、临床症状等相关知识，参加相关临床病例的诊疗，分析临床案例。

案例分析

麦町犬，10 岁，白黑花，体重 30kg。5 月中旬该犬开始出现饮水增多，小便量大，消瘦。严重时只饮水，饮量达 3000mL，食欲废绝，尿量极大，尿色清凉，皮肤弹性降低，精神状态尚可。T：38.6℃，R：19 次/min，P：78 次/min。生化、尿液、X 射线检查均未发现异常，血液分析及临床症状排除传染病可能，患犬大量饮水，尿量大，尿相对密度低，血象反应患犬仍呈脱水状态。请诊断该犬得了什么病。

诊治方案：根据患病宠物饮水增多、排尿增多，食欲差，皮肤弹性差，结合生化、尿液等指标，初步怀疑该犬患有垂体功能减退，进一步检查应化验垂体激素含量。治疗原则为补充垂体后叶素，对症治疗。

相关知识

垂体最重要的内分泌腺，分前叶和后叶两部分。垂体分泌多种激素，如生长激素、促甲状腺激素、促肾上腺皮质激素、促性腺激素、催产素、催乳素、黑色细胞刺激素等，还能贮藏下丘脑分泌的抗利尿激素。这些激素对代谢、生长、发育和生殖等有重要作用。垂体功能减退症主要的临床表现为尿崩症，该病是下丘脑-神经垂体功能减退，引起加压素分泌减少，而引发的内分泌系统疾病，主要发生于老龄犬。

（一）特征

垂体功能减退症以多尿、多饮和尿相对密度降低或渗透压降低为特征。

（二）诊断

1. 问诊及主诉

询问病犬的日龄，饲养管理条件，环境状况，发病过程。

2. 视诊

发病可缓可急，以突然发病居多，常与病因有关。因肿瘤引起的多呈渐进性发生，常见于年龄较大的动物（大于 8 岁）；因外伤、炎症引起的通常发病急剧。本病无年龄倾向；若发生于幼小宠物，则可能属于先天性原因。主要表现为极度的多饮、多尿，日饮水量大于 100mL/kg，日排尿量大于每千克体重 50mL，尿相对密度较低，在 1.001～1.006。

3. 其他诊断

实验室检查，每天排尿量超过 90mL/kg，可以确诊。也可肌内注射垂体后叶抗利尿激素鞣酸油剂 2.5～10IU，用药后数小时内尿量迅速减少，尿相对密度增高至 1.04 以上，尿渗透压增高至正常。

（三）治疗

1. 治疗原则

消除病因，根据病情分别治疗。

2. 治疗方法

【治疗 1】可用垂体后叶抗利尿激素鞣酸油剂（长处尿崩停）深部注射 2.5～10IU，可维持 3～6d，或用垂体后叶素气雾剂（尿崩停）10～30mg，3 次/d，吸入鼻腔，可维持 3～8h。

【治疗 2】中西医结合治疗

西药注射液注入脾俞、肾俞、三焦等穴位；可用党参、黄芪、白术、茯苓、熟地、山药、丹参、泽泻等药，水煎服。

任务六　肥胖症

任务描述

学习肥胖症的发病原因和临床症状等相关知识，参加相关临床病例的诊疗，分析临床案例。

相关知识

肥胖通常是指宠物超过正常体重 10%~15%。表现一般为皮下的脂肪层加厚，尤其是躯体两侧和腹下，体形丰满浑圆，走路时摇摆，反应迟钝，不愿意活动。因品种、性别、营养和年龄及管理条件的不同，对宠物是不是超重肥胖，通常不容易辨别。肥胖症的发病原因有很多种，通常包括以下几个方面。

（1）肥胖和品种、性别以及年龄有关，通常来说，10 岁以上的宠物肥胖的概率在 60%左右，而且雌犬、猫多于雄犬、猫；比格犬、巴哥犬、拉布拉多猎犬、达克斯猎犬等都是比较容易肥胖的品种。

（2）遗传的因素，父母肥胖的犬、猫，其子女通常也容易发生肥胖。

（3）雌犬、猫阉除卵巢、雄犬、猫去势，还有一些疾病，如甲状腺功能减退、糖尿病、肾上腺皮质功能亢进、下丘脑损伤、垂体瘤等，也都可能引起犬嗜睡和食欲亢进，致使体重渐渐增加进而变胖。

（4）生活方式所引起的发胖，也是通常造成宠物肥胖的主因。如在食欲方面对宠物太过溺爱，给予热量很高的食物（如奶油蛋糕或是太过精细的食物），而且在食量和时间上毫无节制，并且每天的活动量又少，没有养成良好的运动习惯，宠物长时间处在贪吃贪睡而且嗜暖怕冷的状态。

（一）特征

肥胖症临床特征为食欲亢进或减退，易疲劳，不耐热，机体活力下降，运动能力降低，走路时取摇摆步式。

（二）诊断

1. 问诊及主诉

饲养管理条件，环境状况，饮食情况。

2. 视诊

患宠食欲亢进或减退，易疲劳，不耐热，机体活动力下降，运动能力降低，走路时取摇摆步式。体形丰满，皮下脂肪丰富（对于猫来说，脂肪沉积明显的地方是在上腹部），腹内脂肪过多沉积，从侧面看腹部下垂，从背侧看很难辨清腰部。全身性脂肪沉积严重时，表现为呼吸急促，心悸亢进，心律不齐，左心肥大。内分泌异常引起的肥胖可见特征性的皮肤病变和脱毛现象。

3. 触诊

触诊犬的肋骨，如果没有明显的层次感，或是完全摸不到，就是肥胖的表现；还可以站在犬身后，双手的拇指按在其背部脊柱的中线上，剩下的手指放在肋骨上，双手从前往后滑动，如果在肋骨边缘可以摸出脂肪层，沟部还有明显的脂肪堆积，就证明该犬患上了肥胖症。

（三）治疗

1. 治疗原则

治疗原则是限制饮食，充分运动。

2. 治疗方法

【治疗 1】

限制饮食，饲以高蛋白、低糖、低脂食物，并加强运动，可试用羟甲基纤维钠、盐酸苯甲吗啡等药物。

【治疗 2】中药治疗

（1）陈皮、半夏、苍术、麻仁、车前、泽泻、茯苓皮、山楂等，水煎服。

（2）西瓜皮、黄瓜皮、冬瓜皮各 200g，将西瓜皮刮去蜡质外皮，冬瓜皮刮去绒毛外皮与黄瓜皮一起在开水锅内焯一下，待冷切成条状，拌盐食用。

（3）配合按摩，加强运动。

任务七　高脂血症

任务描述

学习高脂血症的发病原因和临床症状等相关知识，参加相关临床病例的诊疗，分析临床案例。

案例分析

一斗牛犬，3 岁。临床表现，患犬过于肥胖，精神沉郁，食欲减退，虚弱无力，不愿活动。血液检查，血浆浑浊，呈乳白色或淡黄色，血清甘油三酯含量明显增加。请诊断该犬得了什么病。

诊治方案：根据患病宠物过于肥胖、虚弱无力、不愿活动，血液检查血清浑浊呈乳白色，血生化检查血清甘油三酯含量明显增加，初步怀疑该犬患有高脂血症。治疗原则是为该动物进行减肥、控制高热量食物摄入，更换低脂易消处方粮以及对症治疗。

相关知识

高脂血症是指血液中脂类（游离脂肪酸、磷脂质、胆固醇和甘油三酯）的一种或几种含量过高，而使血浆呈乳浊状态的营养代谢性疾病。血液中的脂类和蛋白质结合成脂蛋白，根据密度不同脂蛋白可分为 4 类，乳糜微粒、极低密度脂蛋白、低密度脂蛋白和高密度脂蛋白，血液中胆固醇或甘油三酯及脂蛋白的浓度升高，就是高脂血症。主要的发病原因分为原发性和继发性两种。原发性主要是摄入高脂肪性食物、运动不足、自发性高胆固醇血症、自发性脂蛋白酯酶缺乏症、自发性高脂蛋白血症。继发性多见于糖尿病、甲状腺功能降低、肾上腺皮质激素分泌增多、胰腺炎、胆汁阻塞、肾病综合征等。机体在上述原发性和继发性因素的作用下，体内脂类的摄入量或生成量远远超过分解、转化或利用量，从而使血液中的脂类含量过高，进而在临床上表现为肥胖、行动不便、不愿动等症状。

（一）特征

高脂血症的临床特征主要有肥胖、精神沉郁、不愿走动。

（二）诊断

1. 问诊及主诉

饲养管理条件，环境状况，饲粮的品种和饲喂情况。

2. 视诊

精神沉郁，肥胖，全身肌肉纤颤，共济失调，不愿动。病程后期，虚弱无力，卧地不起，甚至昏迷。

3. 实验室诊断

实验室检查可让犬饥饿 12h，采血肉眼观察血浆或血清呈乳白色，即为血脂异常。血液检查犬在饥饿的状态下血清中胆固醇和甘油三酯分别超过 7.8mmol/L 和 1.65mmol/L，即可确诊。

（三）治疗

1. 治疗原则

确定病因，改善饮食，加强运动。

2. 治疗方法

对原发性或继发性高脂血症，应从预防与治疗两方面着手。

【治疗 1】

改善饲养管理，饲喂低脂肪或无脂肪、高纤维食物。

【治疗 2】应用降脂药物

对营养状况良好或病因不明的高脂血症犬，可用巯基丙酰甘氨酸 100～200mL/kg 静脉注射或口服，1 次/d，连用 2 周。降血脂药副作用较多，使用时应注意。

【治疗 3】对症治疗

对虚弱的犬应辅以输液疗法，纠正体内电解质和酸碱平衡紊乱。继发性高脂血症主要治疗原发病。

【治疗 4】中西医结合治疗

可配合使用鲜山楂、鲜白萝卜、鲜橘皮，水煎服。

（四）预防

减少脂类饲粮的饲喂，加强运动，饲喂低脂、高纤维食物。

任务八　吸收不良综合征

任务描述

学习吸收不良综合征的发病原因和临床症状等相关知识，参加相关临床病例的诊疗，分析临床案例。

案例分析

黄白色杂种犬，45 日龄。患犬发病已半月，主诉食欲较差，轻度腹泻，有时呕吐，消瘦，曾口服氯霉素片无效，就诊时食欲废绝，精神高度沉郁，排稀软脂肪便，口腔干燥，眼眵增多，眼结膜及口腔黏膜苍白，机体高度衰竭、贫血、脱水，患犬喜卧，强迫行走颤抖、摇晃，腹部轻度膨胀。请诊断该犬得了什么病。

诊治方案：根据患病幼犬病史消瘦，脂肪便及体质衰竭、贫血、脱水、行走颤抖摇晃，初步怀疑是该犬患有吸收不良综合征。建议进一步检查化验血常规、血生化，重点是白蛋白、总蛋白的含量。治疗方案是增加营养，补充多种微量元素、矿物质，修复肠道黏膜。

相关知识

犬吸收不良综合征是由于小肠黏膜代谢不全而引起各种营养素的吸收障碍，导致脂肪、蛋白质、糖类、维生素、电解质、矿物质和水吸收障碍。通常按病因及发病机制分为下列几类。原发性吸收不良综合征：小肠黏膜（吸收细胞）有某种缺陷或异常，影响营养物质经黏膜上皮细胞吸收、转运，包括乳糜泻和热带口炎性乳糜泻等。继发性吸收不良综合征：消化不良，胰酶缺乏，如慢性胰腺炎、胰腺癌、胰腺纤维囊肿、胰腺结石、原发性胰腺萎缩等；胆盐缺乏，如肝实质弥漫性损害、胆道梗阻、胆汁性肝硬化、肝内胆汁淤积症、回肠切除、肠内细菌过度繁殖（肠污染综合征）；肠黏膜酶缺乏，如先天性乳糖酶缺乏症。吸收不良：小肠吸收面积不足，如小肠切除过多（短肠综合征）、胃结肠瘘、不适当的胃肠吻合术、空肠结肠瘘等；小肠黏膜病变，如小肠炎症，包括感染性、放射性、药物性（新霉素、秋水仙素等）；寄生虫病，如贾弟虫病、圆线虫病等；肠壁浸润病变，如淋巴瘤、结核病等；小肠运动障碍，动力过速如甲状腺功能亢进等，影响小肠吸收时间，动力过缓如假性小肠梗阻、系统性硬皮病，导致小肠细菌过度生长；淋巴血流障碍，如淋巴发育不良，淋巴管梗阻（外伤、肿瘤、结核等）、血液循环障碍（门脉高压症、充血性心力衰竭）。

（一）特征

吸收不良综合征临床特征主要有体重减轻、消瘦、脂肪便、排粪增多。

（二）诊断

1. 问诊及主诉

饲养管理条件，环境状况，发病情况。

2. 视诊

消化不良，持续性腹泻，腹泻的粪便中有酸性恶臭的脂肪便，日排粪次数是正常时的2~3 倍，食欲旺盛或不稳定。吸收不良，无特征性症状。原发性吸收不良多呈慢性经过，食欲较好，有的食欲旺盛，但生长发育缓慢，且体重会逐渐减轻、消瘦，常出现呕吐。长期吸收不良会导致营养不良，患病犬、猫出现低蛋白血症、低钠血症和低血糖症。继发性吸收不良，临床上表现为精神沉郁，食欲旺盛，腹泻并排脂肪便，脱水，贫血，腹部胀满（腹水），逐渐消瘦，同时出现原发病的病症。

3. 实验室诊断

粪便检查：用苏丹Ⅲ液染色直接检查脂肪，取新鲜粪便涂抹于载玻片上，加3~4 滴苏丹Ⅲ液（70%乙醇和等量丙酮混合，加过量溶解苏丹Ⅲ染料，用时过滤）后，在显微镜下用高倍视野观察，发现甘油三酯，提示胰分泌不足或吸收不良。粪中脂肪量的测定，让犬连续 3d 吃含 8.5%~9.0%脂肪的肉食，每天按50g/kg 给予。在 3d 后稳定期收集 1~2d 的粪便，依据 24h 内每千克体重排泄脂肪粪多少克来判断。正常者约为 0.25g/kg；胰分泌不足为大于或等于 2.08g/kg；吸收不良为大于或等于 1.1g/kg。粪中蛋白质的检查，饲喂新鲜生肉后，粪便涂片，用复方碘甘油染色，发现有肌纤维时可以判断为消化不良。

（三）治疗

1. 治疗原则

查明并消除病因，改变饮食，补充酶和维生素。

2. 治疗措施

改变饮食，饲喂高蛋白、低脂肪的食物，少食多餐。补充酶和维生素，维生素 B_{12} 40~100μg、叶酸 0.5mg/（kg·d），口服。同时口服淀粉酶、脂肪酶、蛋白酶、纤维分解酶等。积极治疗原发病。对症治疗，脱水时要进行输液和纠正酸碱平衡，投服胃肠保护剂和吸收剂，减轻胃肠病症。

情境小结

生长、发育、代谢障碍 → 甲状腺功能亢进、甲状腺功能减退、先天性垂体功能减退、肾上腺皮质功能减退症、脑下垂体功能减退症、肥胖症、高脂血症、吸收不良综合征

情境测试

情境七测试题

情境八 皮肤、黏膜障碍性疾病

◆ **学习目标**

1. 思政目标

具有适应宠物疾病临床诊疗的工作环境，接受与宠物的血液及分泌物打交道工作性质的职业能力；皮肤、黏膜疾病诊治诊疗操作过程中，培养对诊疗设备、兽药、医疗耗材等成本核算的管理态度；培养在皮肤、黏膜障碍性疾病诊治中遇到诊疗问题，积极查找资料、有效进行团队沟通、讨论、研究，解决问题和承担责任的职业素养；皮肤、黏膜障碍性疾病接诊中，以人为本，做好医护人员及宠主的个人防护，谨防人兽共患病、注意医疗安全、妥善处理宠物医疗废弃物及医疗废水的排放，谨防医疗辐射对环境及人宠带来的危害。

2. 知识及能力目标

根据患病宠物的主要临床皮肤、黏膜异常症状，进行接诊工作；运用宠物临床诊疗知识，完成肤、黏膜障碍性疾病诊治的类症鉴别，进而推断患病类别；根据患病宠物临床症状及初步诊断，进行病历档案书写；根据患病宠物不同临床症状，选择血常规、伍德灯、C反应蛋白、血清淀粉样蛋白A、电解质分析、血生化、内分泌检测及显微镜检查，分析确诊疾病；根据患病宠物所确诊的疾病，选择适当的治疗方案并选择药物、组方，写出处方，应用合适的治疗技术进行治疗。

◆ **必备知识**

脱毛、红斑、皮屑、发痒。

◆ **选修知识**

犬、猫的皮肤系统解剖位置及生理特点；脱毛、发痒的病理特点；皮肤系统疾病常用药物。

◆ **课前思考题**

1. 以脱毛、红斑、皮屑、痒感为主症的内科疾病各包括哪些？
2. 治疗脱毛、发痒常用哪些药物？
3. 治疗皮肤障碍性疾病常用到哪些技能操作？

案例分析

案例 1

一只 8 月龄金毛猎犬，体重 7kg。主诉：该犬近 2 个月食欲减退，有时呕吐、下痢、粪便带血，常用爪搔抓。临床检查，该犬消瘦，黏膜苍白，被毛粗乱、无光泽，背部出现大小不等的 3 处脱毛，露出皮肤，皮肤上发现丘疹、痂皮。根据病史和临床症状，再用饱和盐水浮集法检查犬的粪便，发现大量钩虫的虫卵。请问该犬得了什么病。

诊治方案：根据患犬临床表现，动物有食欲减退、呕吐、腹泻、稀便以及瘙痒等症状，尤其是背部出现 3 处脱毛，露出皮肤有丘疹和痂皮。化验发现粪便内有钩虫虫卵，可以怀疑该犬患有钩虫引起的营养不良性脱毛症。治疗原则是治疗原发病并对症治疗。

案例 2

3 只犬均为雌性，2 只年龄为 9 岁多、1 只为 10 岁多，2 只为马尔吉斯犬、1 只为贵宾犬。其症状基本相同，最初见食量增大，多饮、多尿、脱毛，1 个多月后见腹围膨满，呼吸急促，食欲减退，不爱运动，皮肤有色素沉着，体温基本正常。请问 3 只犬得了什么病。

诊治方案：根据病犬的临床表现，食量增加，多饮、多尿、脱毛、腹围膨满，呼吸急促，不爱运动，皮肤变薄，色素沉着，初步怀疑患有皮质醇增多症。治疗原则是治疗原发病，对症治疗。

案例 3

患犬为饭店饲养的一只 2 岁大丹，该犬长期被畜主饲养在饭店后面背阴的犬舍内，主要食物来源是饭店每天剩余的鱼类、肉类、菜类等。主诉：该犬病初经常舔舐、搔抓背部、腹部的皮毛，经常用身躯磨蹭墙脚，食欲、饮欲基本正常，但随病情加剧，食欲减退，立即前来就诊。经临床检查，患犬被毛不光滑、粗乱，背部、腹部有块状舔舐过的痕迹，T：38.5℃，P：130 次/min，颈部、背部、腹部、趾部可见水粒样的丘疹，表面附有淡黄色的渗出液，在颈部、背部、腹部未舔舐过的部位形成许多痂皮，患犬表现为焦躁不安，不停地舔舐、磨蹭、搔抓患部。请问该犬得了什么病。

诊治方案：根据病史，患犬经常吃剩余的残羹剩饭，结合临床症状，舔食、搔抓颈背部，有脱毛，有水粒样丘疹以及渗出，甚至痂皮，怀疑该犬患有过敏性皮炎。治疗方案是抗炎，增加皮肤免疫力，以及对症治疗。

案例 4

一只 6 月龄体重 6kg 的玩赏犬。T：40.5℃，咽红肿，双肺呼吸音较弱，未闻及干、湿啰音；P：90 次/min，节律正常，无杂音；血常规检查正常。诊为上呼吸道感染。青霉素160万IU溶于生理盐水100mL静脉注射后，未出现不良反应，因次日体温仍高，在静脉注射液体中加地塞米松5mg，当晚患犬头部发热、时而吠叫，并出现大片状团样疹块，连成片，偶有呕吐。请问该犬得了什么病。

诊治方案：根据患犬临床症状，体温升高、咽红肿以及用药时出现发热，团块样疹块连成片，怀疑该犬患有过敏性皮炎。进一步诊断可检测IgE，进行过敏原测试。治疗方案是抗过敏以及对症治疗。

案例5

患犬1个月前在跳跃带有铁丝网院墙时不慎将大腿根部刮伤，由于当时主人没有察觉，而且天气比较炎热，刮伤处炎症逐日加重，现已达1个月之久。刚开始时见该犬不时地舔舐刮伤处，犬主以为是犬在清理体表，没有在意。当天晚上下了场大雨，地上比较泥泞，该犬伤口处发炎，几天后可见从其腿根处流出红黄色渗出液。从外观上看，就诊时患处毛囊已发炎，并延伸至深部毛根、皮脂腺及周围结缔组织，且已形成了痂皮，在其顶端有小脓疱，中心被毛竖立，周围出现严重炎性肿胀，并形成小脓肿，脓肿破溃后流出黄白色脓汁，且该犬精神已开始沉郁，常发生高热、全身不适等症状；局部感到灼痛，碰触伤口处反应强烈。皮肤采样检查看是否感染体外寄生虫，结果为少量真菌（+）、细菌（+++）和螨虫（-）。请问该患犬得了什么病。

诊治方案：根据患部外伤史，时间较长，患部出现红黄色渗出液，毛囊处发炎，并有结痂、小脓疱，脓肿破溃形成黄色脓汁，体热以及临床检查可初步诊断，该犬患有脓皮病。治疗方案是抗菌消炎、局部外科处置以及对症治疗。

任务一 脱毛症

（一）特征

脱毛症，又称秃毛症、无毛症或稀毛症，是局部或全身被毛脱落的总称。以脱毛为主要特征。

（二）诊断

1. 问诊及主诉

（1）询问或了解该病是否为先天性。

（2）询问或了解患犬是否患过其他疾病，如发热性疾病（肺炎或传染病）、中毒性疾病、内分泌疾病（睾丸或卵巢功能障碍）、营养障碍等疾病。

（3）询问或了解是否受过外界刺激，如蚊虫叮咬、有毒植物刺激等。

2. 视诊

（1）先天性脱毛　偶尔见患犬额部、顶部、腹下部、股部等无毛，多见于长卷毛犬，黑白色杂种犬于4周龄时黑毛部位逐渐脱毛，均为遗传性脱毛。

（2）后天性脱毛　患犬局部有脱毛，脱毛部位多为股内侧、颈部，随后和邻近部位融合，同时患处伴有色素沉着和鳞屑，并有落屑，有时呈红色丘疹（图8-1~图8-6）。

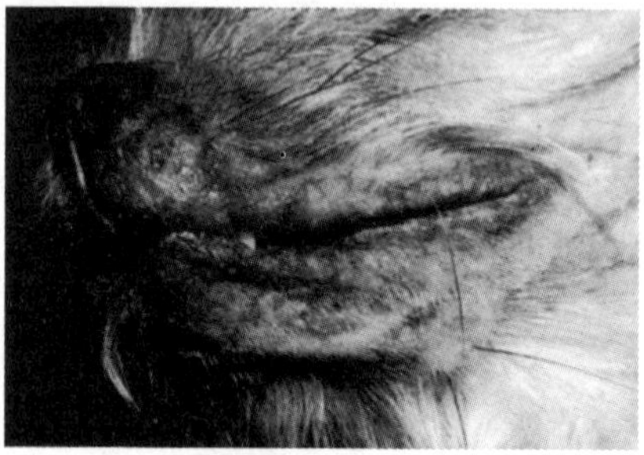

图8-1　黏膜皮肤性脓皮病，犬急性口周皮炎，脱毛红斑和糜烂

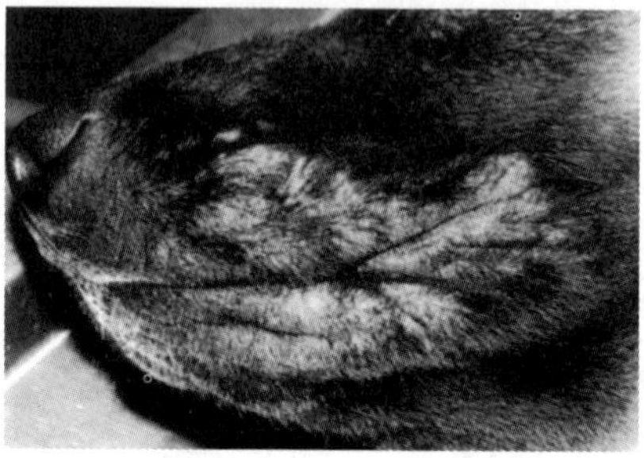

图8-2　黏膜皮肤性脓皮病，德牧犬口周皮炎，主要表现为脱毛

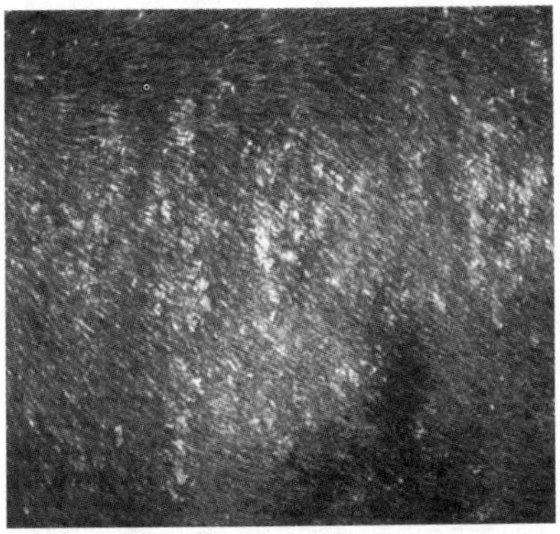

图 8-3　鳞屑

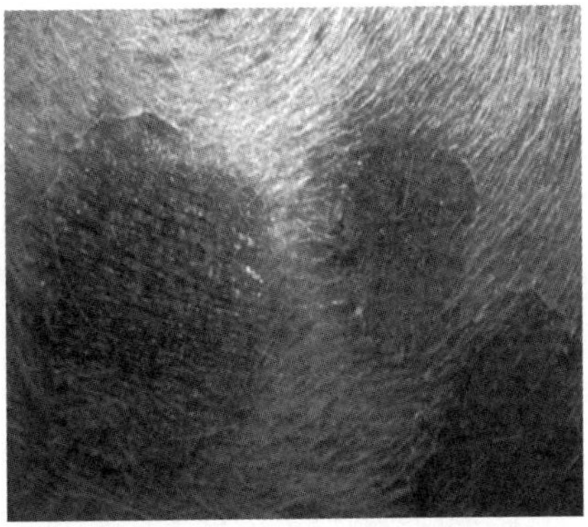

图 8-4　红疹、溃疡

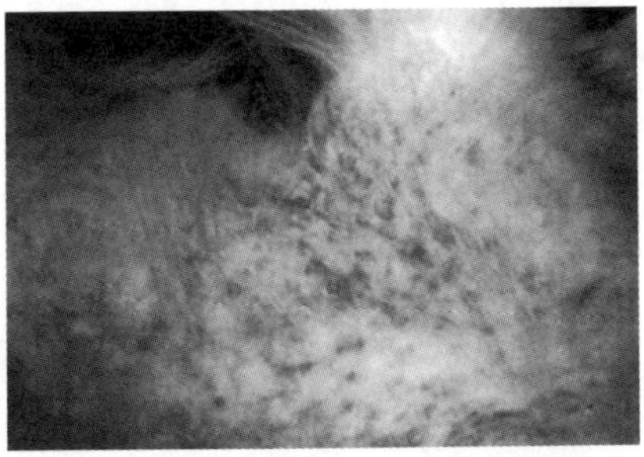

图 8-5　浅表性脓皮病，腹部严重丘疹并有皮屑

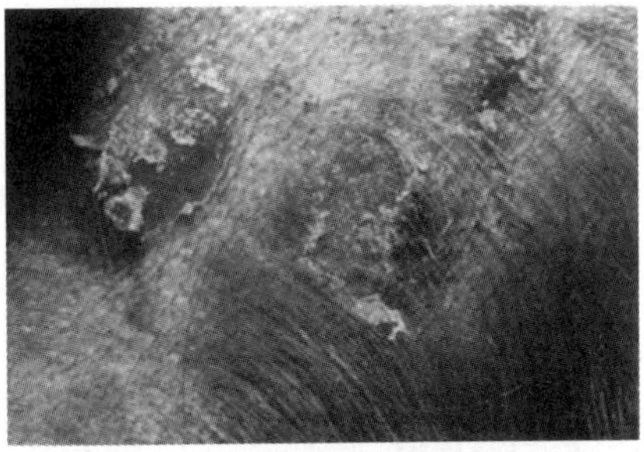

图 8-6　浅表性脓皮病，表面有皮屑

（3）中毒性脱毛　患犬皮肤多处有红斑性皮炎，引起脱毛、痂皮、溃疡，同时出现消化道和肾脏中毒症状。

（4）营养障碍性脱毛　患犬出现机体消瘦、被毛无光泽、皮肤无弹性。

（三）治疗

1. 治疗原则

除去鳞屑，刺激毛根和扩张皮肤毛细血管，使毛囊营养供给充足，促进被毛再生。

2. 治疗方法

【治疗 1】

1%毛果芸香碱软膏、40%卵磷脂软膏、1%氯化乙酰甲胆碱软膏。

用法：患处涂擦，并轻轻按摩。

【治疗 2】

水杨酸 18g，鞣酸 18g，乙醇 600mL 混合。

用法：患处涂擦。

【治疗 3】 甲强龙

用法：2mg/kg，皮下注射。

说明：适用于内分泌性脱毛。

【治疗 4】 甲状腺制剂

用法：2 片/d，逐渐增至 6 片。

说明：用于甲状腺功能减退。

任务二　皮质醇增多症

（一）特征

皮质醇增多症，又称库兴综合征，是由于肾上腺皮质激素（以皮质醇为主）分泌过多所致的症候群。

（二）诊断

皮质醇增多症为慢性病，需数年才表现出临床症状。

1. 问诊及主诉

（1）询问或了解患犬是否患过肾上腺皮质疾病，如肾上腺皮质肿瘤及皮质癌。

（2）询问或了解患犬在此之前是否长期被给予过促肾上腺皮质激素。

2. 视诊

（1）患犬表现出多尿症状，继而表现出渴欲增加。

（2）患犬表现出贪食，腹围呈现膨隆状，腹肌松弛，呼吸急促。

（3）患犬皮肤萎缩变薄，形成皱襞；腹部可见粉刺状（图 8-7），鳞屑增加；大多数患犬出现两侧对称性脱毛（图 8-8～图 8-10），但未见有摩擦脱毛处动作。

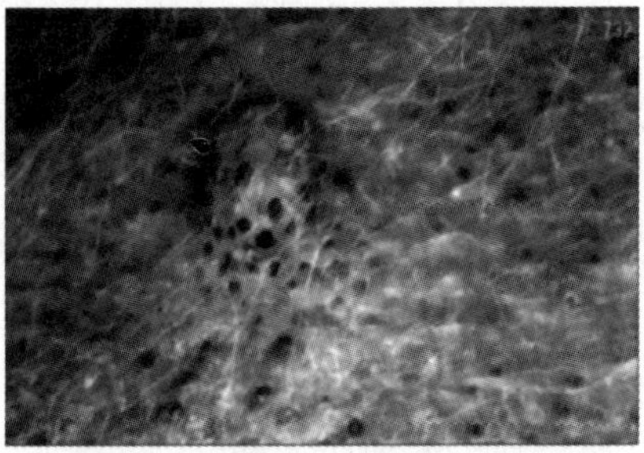

图 8-7　患犬乳头周围黑头粉刺

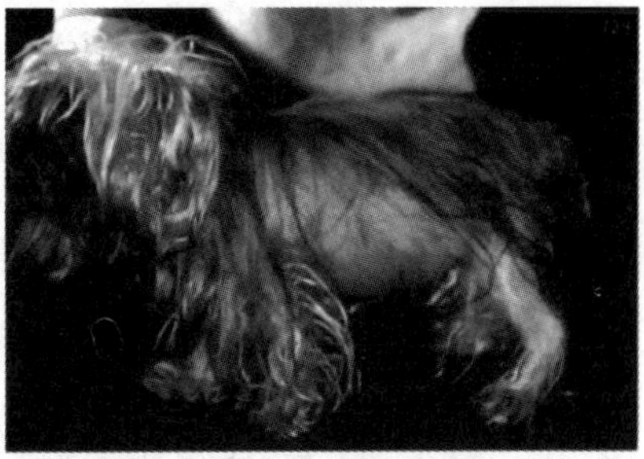

图 8-8　约克夏犬对称性脱毛

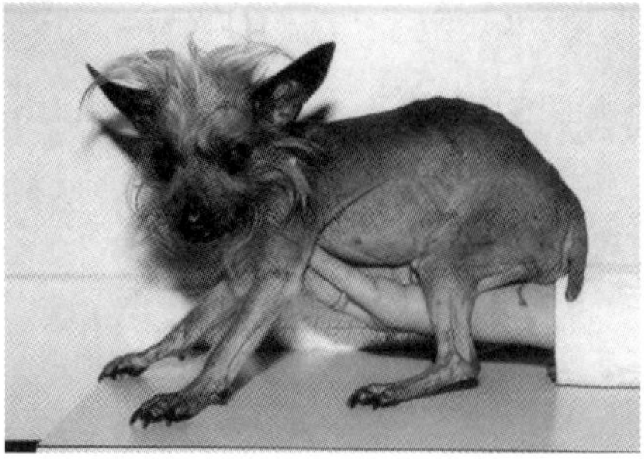

图 8-9 犬肾上腺皮质功能亢进的约克夏犬脱毛

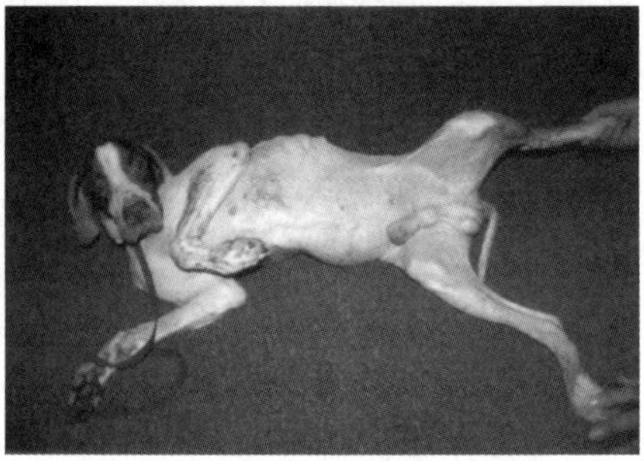

图 8-10 犬肾上腺皮质功能亢进的患犬腹部脱毛，腹围增大

（4）患犬脊柱部、腹部等处形成皮肤结石，并且伴有出血的表层溃疡，同时有大量黑色素沉着。

（5）患犬可出现肌肉震颤、萎缩，脊柱弯曲。

（6）患犬出现不发情的表现。

3. 触诊

触诊腹部，肝大，腹部下垂，腹围增加。

4. 实验室诊断

（1）X 射线检查　可见骨质疏松和骨折。

（2）血液学检查　可见红细胞压积、白细胞数增加，中性粒细胞比率增高，嗜酸性粒细胞比率及淋巴细胞比率减少，血清中肾上腺皮质激素升高。

（3）尿液检查　可见尿相对密度降低，含有甾类化合物。

（三）治疗

1. 治疗原则

药物治疗与手术治疗相结合。

2. 治疗方法

【治疗 1】邻对滴滴涕

用法：50mg/kg，1 次/d，直至饮水量和淋巴细胞恢复正常，临床症状减轻后，每两周服用 1 次。

说明：若患犬出现运动失调、沉郁等毒性症状，应停药，1 周后再用药。

【治疗 2】手术疗法

双侧肾上腺切除术。

说明：适用于肿瘤引起的皮质醇增多，术后需补充皮质类固醇。

任务三　雌激素过多症

（一）特征

雌激素过多症在雌性或雄性均可发病，雌性发病占多数，称为卵巢功能不全Ⅰ型。

（二）诊断

1. 视诊

（1）常表现出与发情无关的异常子宫出血或阴道流出分泌物。

（2）常出现类似发情样症候，如外阴部肿胀、子宫内膜增生、乳头变大。

（3）若患犬出现子宫内膜增生，则患犬常出现多饮、多尿；若子宫继发感染，则患犬出现子宫蓄脓，可从外阴处流出腥臭的污秽色脓液。

（4）患犬出现皮肤左右对称性脱毛（图 8-11、图 8-12）；并会在会阴部、乳房、阴道周围出现明显脱毛，并有色素沉着。

图 8-11　卵巢囊肿的未绝育成年吉娃娃犬泛发性脱毛

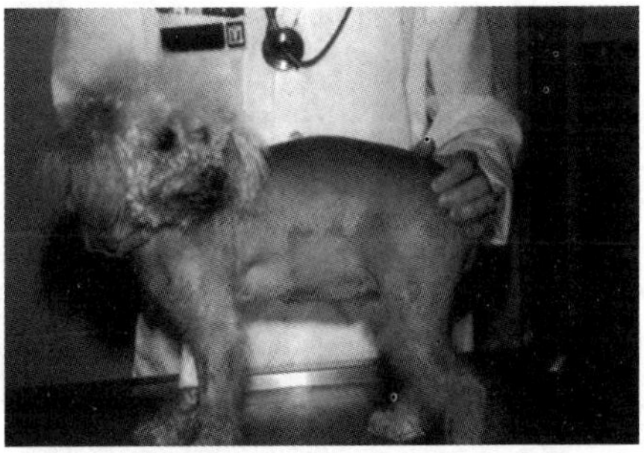

图 8-12　具有雌性外生殖器两性贵宾犬全身泛发性脱毛

2. 实验室诊断

阴道涂片，无正常发情的各种细胞类型。雌激素检查，雌激素含量明显高于正常犬。

（三）治疗

【治疗 1】摘除卵巢和子宫

说明：治疗该病的最好方法。

【治疗 2】甲状腺激素

说明：促进被毛生长。

【治疗 3】孕酮

用法：口服，10~50mg，1 次/d。

说明：治疗子宫内膜增生。

任务四　雄激素过多症

（一）特征

雄激素过多症是指病理性雄激素分泌亢进的疾病。雌、雄均可发生。

（二）诊断

1. 问诊及主诉

（1）询问或了解患犬年龄和性别。老龄雄性动物常发生睾丸间质细胞增生，易发此病。

（2）询问或了解雌性患犬是否切除卵巢以及是否过量投用过雄性激素。

2. 视诊

（1）患犬性欲旺盛，常不断爬跨雄、雌性动物。

（2）患犬被毛油腻发光，大面积脱毛，患处色素沉着（图 8-13、图 8-14）。

（3）常见患犬摩擦患处。

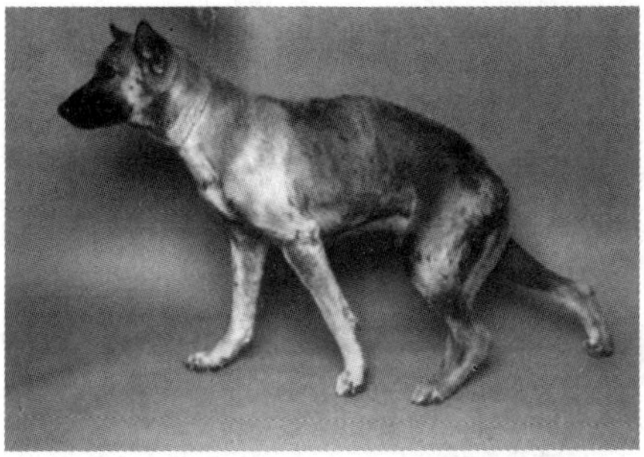

图 8-13　患有雄性激素分泌过剩的德牧犬全身泛发性脱毛症伴有色素过度沉着

图 8-14　患有雄性激素分泌过剩的博美犬全身泛发性脱毛

3. 实验室检查

血液学检测，可见患犬血中睾丸酮增多。尿液实验室检测，发现 17-酮类固醇增加。

（三）治疗

【治疗 1】去势术

说明：主要适用于肿瘤所致雄激素过多的患犬。

【治疗 2】停止投药

说明：主要适用于药物过量引起的病例。

【治疗 3】抗生素、生脉饮

说明：抗生素注入后海和百会穴，生脉饮在术后口服。

任务五　过敏性皮炎

（一）特征

过敏性皮炎，又称接触性皮炎，是由 IgE 参与引起的皮肤过敏反应。以瘙痒、季节性反复发作为主要特征。

（二）诊断

1. 问诊及主诉

（1）询问或了解患犬是否被蚊虫叮咬过。

（2）询问或了解患犬所处环境，是否灰尘过多。

（3）询问或了解患犬食物组成，及患犬是否有过敏的食物、是否有过敏史。

2. 视诊

（1）皮肤表面有红斑和肿胀，有的出现丘疹、鳞屑及脱毛，最初出现在眼周围、趾（指）间、胸腹部，腋下及腹股沟区域的皮肤呈苔藓样红斑，严重时连接成片（图 8-15）。

（2）患犬背部毛根处出现红色结节，患部大量脱毛及银白色皮屑（图 8-16）。

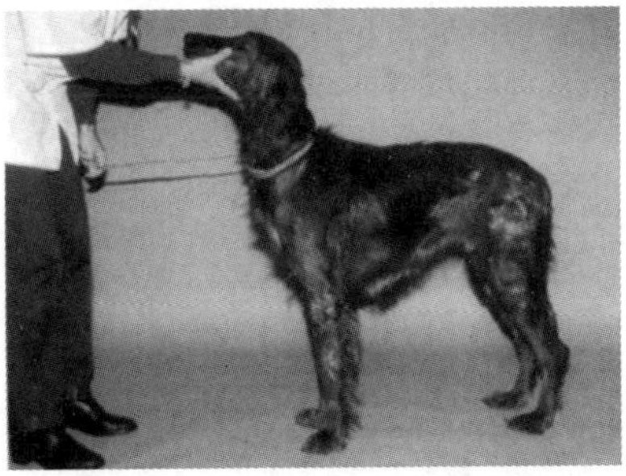

图 8-15　爱尔兰赛特犬食物过敏导致面部、四肢末端和腹部红斑与表皮脱落

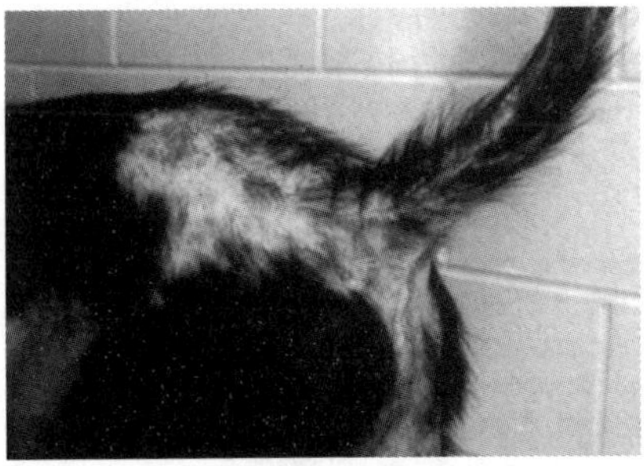

图 8-16　该犬患有跳蚤过敏引起的皮炎，导致腰躯和尾根部脱毛、丘疹和结痂

（3）患犬眼内角有脓性分泌物，外耳道红肿、结痂；安静状态下，时常抓耳舔足，并用前足爪搔抓脸部。

3. 实验室检查

血液检查可见多数病犬嗜酸性粒细胞增多。

（三）治疗

1. 治疗原则

消除病因和再刺激因子，脱敏、解毒、止痒、消炎。

2. 治疗方法

【治疗 1】葡萄糖酸钙

用法：静脉注射。

【治疗 2】硫化物、酒精、水杨酸

用法：在硫化物中加入酒精、水杨酸等，多次涂擦患处。

任务六　湿疹

（一）特征

湿疹是一种皮肤炎症，主要表现为患部发生丘疹、水疱、脓疱、结痂等，并有瘙痒症状。

（二）诊断

1. 问诊及主诉

（1）询问或了解患宠是否经受过外界的刺激，如皮肤不洁、污垢刺激，是否应用过外用药物，是否遭受过蚊虫的叮咬；是否长期用碱性肥皂洗澡。

（2）询问或了解患宠是否因饲喂导致营养失调，是否出现代谢紊乱。

（3）询问或了解患宠是否出现过其他疾病并导致出现过敏反应。

2. 视诊

（1）初期，患宠皮肤出现发红（图 8-17）、疱疹，病变周围出现丘疹和小水疱，外有暗红色反应圈，随后，由于疹面有浆液性至脓性渗出液，形成一层黄绿色痂膜。

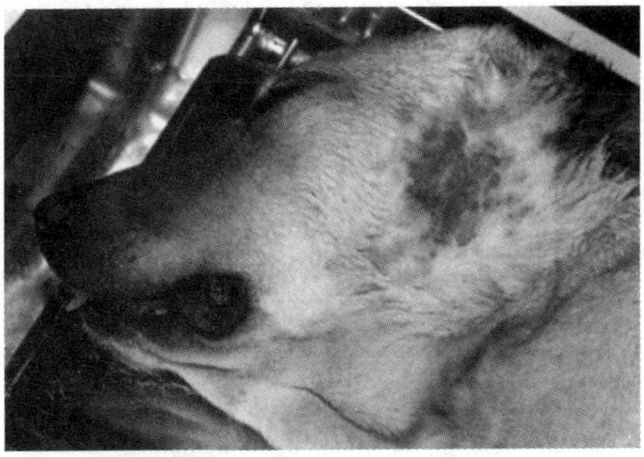

图 8-17　患有湿疹的犬颞部病灶潮湿、糜烂

（2）患宠有搔抓、摩擦、啃咬等行为。

（3）患宠皮肤肿厚，继发感染形成脓疮（图 8-18），疹面被毛脱落，周围毛稀疏。

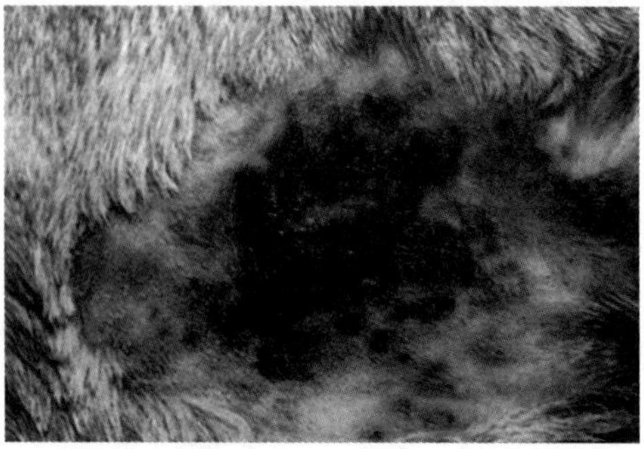

图 8-18　患有湿疹的犬病灶潮湿，破溃明显

（三）治疗

1. 治疗原则

脱敏、消炎、止痒、保持皮肤干净、防止继发感染。

2. 治疗方法

【治疗 1】 1%～2%鞣酸或 3%硼酸溶液

用法：涂擦患处。

说明：此方剂在红斑或丘疹期使用。

【治疗 2】 3%～5%龙胆紫，或 2%硝酸银，或氧化锌滑石粉（1∶1）

用法：龙胆紫或硝酸银涂擦患处；氧化锌滑石粉患处撒布。

说明：此方剂在水疱期、脓疮期使用。

【治疗 3】 可的松软膏或碘仿鞣酸软膏（碘仿 10、鞣酸 5、凡士林 100）

用法：患处涂布。

说明：此方剂用于慢性湿疹。

任务七　荨麻疹

（一）诊断

1. 问诊及主诉

（1）询问或了解患宠是否被昆虫叮咬过。

（2）询问或了解患宠是否使用过外用化学药品，是否内服过生物学制剂。

（3）询问或了解患宠食物的品质，是否采食了霉败饲料；询问患宠是否出现消化紊乱。

（4）询问或了解患宠所处环境，是否有风、寒、湿的刺激等。

2. 视诊

（1）体表迅速出现蚕豆至核桃大扁平、圆形或椭圆形，界限明显、质地较软的疹块，迅速增多、变大，常相互融合而形成大面积扁平疹块，患犬摩擦患处（图 8-19、图 8-20）。

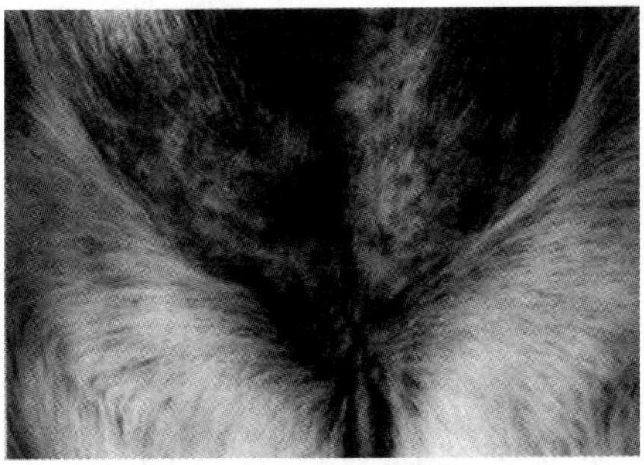

图 8-19　急性荨麻疹引起的密集红斑

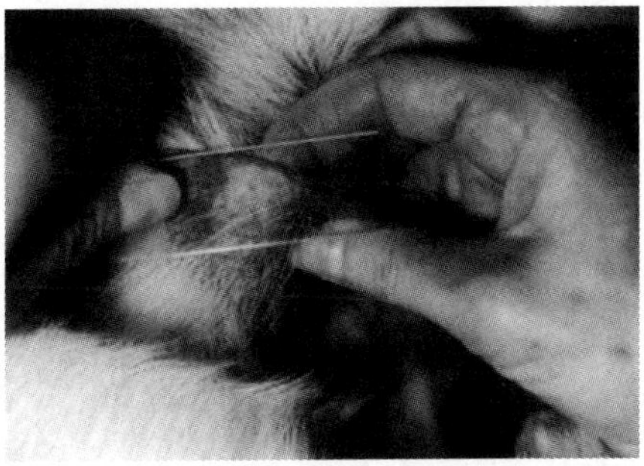

图 8-20　采用玻片压诊法对犬的荨麻疹进行检查

（变白表明血管扩张）

（2）个别患犬出现食欲减退、消化功能紊乱、体温升高。

（二）治疗

1. 治疗原则

查明致病原因并消除。

2. 治疗方法

【治疗 1】10%葡萄糖酸钙溶液、10%氯化钠溶液、2%普鲁卡因溶液

用法：静脉注射。

【治疗 2】组胺制剂

用法：肌内注射。

【治疗 3】10%醋酸或 2%酒精

用法：多次涂擦患处。

任务八　维生素 A 缺乏症

（一）特征

维生素 A（又称视黄醇）缺乏症是由于维生素 A 长期摄入不足或吸收障碍，使体内维生素 A 缺乏而引起的慢性营养性代谢病。临床上以夜盲症为主要特征，此病多见于猫。

（二）诊断

1. 问诊及主诉

（1）询问患犬日常饲喂的食物，了解是否饲喂不含维生素 A 的单一食物。

（2）询问或了解患犬有无慢性胃肠炎或慢性消化不良。

（3）询问或了解是否妊娠期或泌乳期，若为这两个时期，食物中有无添加维生素 A。

2. 视诊

（1）视诊可见患犬发育迟缓，消瘦；饲喂发现食欲减退。

（2）视诊发现患犬眼角膜干燥、变厚，结膜发炎（图 8-21）、溃疡，视网膜退化，出现特征性病变即夜盲症。

图 8-21　猫维生素 A 缺乏症表现为结膜炎

（3）视诊可见患犬被毛粗糙、稀少；皮肤干燥呈鳞片状，还会出现脂溢性皮炎（图 8-22）。

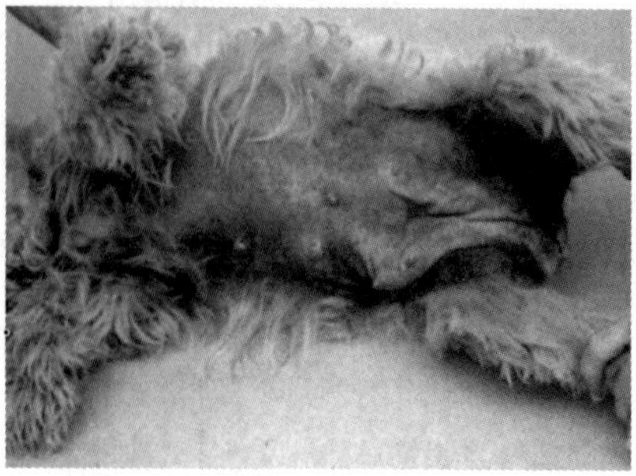

图 8-22 犬维生素 A 缺乏症表现为腹下脱毛和脂溢性皮炎

（4）患病雌犬发情期未见发情表现或发情紊乱。

（5）患病雌犬易见流产、畸形胎（眼缺陷等）。

（6）幼龄患犬可见惊厥、痉挛、角弓反张。

3. 触诊

（1）患病雌犬卵巢萎缩。

（2）患病雄犬睾丸萎缩。

4. 其他诊断

（1）实验室诊断　患病雄犬精子数量减少，活力降低。

（2）鉴别诊断　注意与犬瘟热、眼部炎症进行鉴别。

（三）治疗

1. 治疗原则

消除病因，调整日粮，补充维生素 A。

2. 治疗方法

【治疗 1】 维生素 A

用法：口服，1000IU/kg 体重，1 次/d，连用 7d，以后剂量减半，连用 3 周。

【治疗 2】 胡萝卜

用法：油炒后添加到食物中。

说明：最佳添加时间为上午 6：00~10：00。

【治疗 3】 3%硼酸水

用法：洗眼。

（四）预防

（1）避免长期饲喂不含维生素 A 的单一食物。

（2）食物中添加鱼肝油、鸡蛋、牛奶等，尤其是妊娠期和泌乳期的雌犬要添加富含维生素 A 的食物或口服鱼肝油。

（3）适当运动，多晒太阳。

任务九　脓皮病

（一）特征

脓皮病是由化脓菌感染引起的皮肤化脓性疾病。根据病因分为原发性和继发性两种，按照皮肤被损害的部位分为表层脓皮病、浅层脓皮病和深层脓皮病。

（二）诊断

1. 问诊及主诉

（1）询问或了解患宠年龄，如为幼宠，则询问饲养条件，幼宠常在青年出现脓皮病。

（2）询问或了解患宠是否有过内分泌异常，如是否患过甲状腺功能减退、肾上腺功能亢进等。

（3）询问或了解患宠是否被蚊虫叮咬过，如跳蚤。

（4）询问或了解患宠是否有过过敏，是否感染过外寄生虫，如螨虫。

（5）询问或了解患宠是否感染过免疫系统疾病。

2. 视诊

（1）浅表脓皮病　可见患宠皮肤上出现圆形脱毛、圆形红斑、黄色结痂、丘疹、脓疱、斑丘疹或结痂斑（图 8-23）。

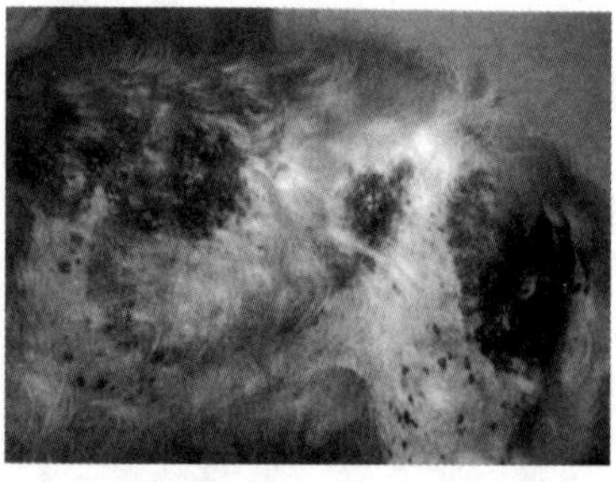

图 8-23　并发于慢性过敏性皮炎的犬脓皮病，表现脱毛和红斑

（2）深部脓皮病　患宠出现精神萎靡，食欲不振，淋巴结出现病变，患宠下颌出现粉刺和增生。

（3）幼犬脓皮病　多为2~9个月的幼犬，常在腹部、腋窝及趾部毛发少的区域出现非毛囊性脓疱（图8-24），若脓疱破溃则出现淡黄色结痂或环状皮屑，常见患犬磨蹭患处。

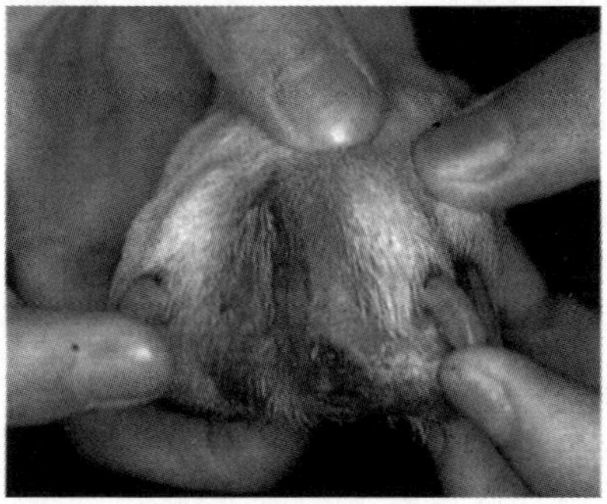

图8-24　犬指趾间脓皮病常发生于京巴、牛头㹴、西施犬和腊肠犬

3. 实验室诊断

皮肤采样直接涂片、细菌培养和活组织检查，可见中间型葡萄球菌。

（三）治疗

1. 治疗原则

增强机体抵抗力，全身和局部应用抗生素。

2. 治疗方法

【治疗1】头孢噻呋

用法：口服，22mg/kg。

【治疗2】奥美普林或磺胺二甲氧嘧啶

用法：口服，首次使用55mg/kg，24h后27.5mg/kg。

说明：抗生素治疗至少3~4周，病灶消失后仍使用抗生素1周。

【治疗3】爱体洁沐浴液

用法：外用，洗澡。

说明：洗澡不宜过勤；水温不宜过高；沐浴液不宜使用过多，一般用在趾间、颈下部；低泡沫沐浴液不宜打出沫。

任务十　锌缺乏症

（一）特征

锌缺乏症是食物中锌含量绝对缺乏或相对不足所引起的一种营养缺乏症。基本临床特征是生长缓慢、皮肤角化不全、繁殖功能障碍及骨骼发育异常。

（二）诊断

1. 问诊及主诉

（1）询问患犬日常所饲喂的食物，了解是否为含锌较少的单一食物。

（2）询问或了解患犬食物的组成，如是否含钙量过高，以及发病前是否补过钙，过多的钙会影响锌的吸收。

（3）询问或了解患犬的体质，如是否为易感体质。

2. 视诊

（1）视诊可见患犬体重减轻；试探性饲喂发现食欲减退。

（2）视诊发现患犬出现角化性皮炎，结痂，有细斑（图 8-25）。

图 8-25　患有锌缺乏症的成年哈士奇犬面部脱毛和角化过度斑

（3）视诊可见患犬脚垫增厚皲裂。

（4）成年患犬被毛粗乱，眼、口、耳、肢端等周围有痂皮和鳞片（图 8-26）。

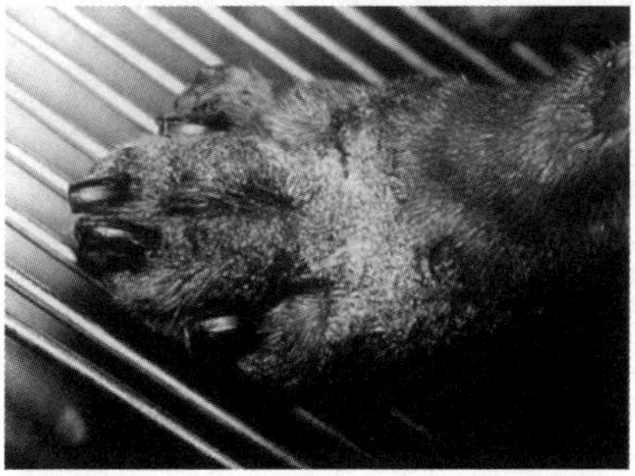

图 8-26　患有锌缺乏症的犬爪部脱毛，有鳞屑并结痂

（5）身体局部色素沉着。

（6）患病雄犬睾丸萎缩。

3. 其他诊断

（1）实验室诊断　皮肤活组织角化过度。

（2）鉴别诊断　注意与必需脂肪酸缺乏症、皮肤自体免疫缺陷等进行鉴别。

（三）治疗

1. 治疗原则

消除病因，及时补锌。

2. 治疗方法

【治疗 1】 硫酸锌

用法：口服，10mg/kg 体重，1 次/d，连用 2 周。

【治疗 2】 氯化锌

用法：肌内注射，25mg/kg 体重。

【治疗 3】 10%氧化锌软膏

用法：涂擦患部皮肤。

（四）预防

（1）控制食物中钙的含量，控制在 0.5%以内。

（2）食物中添加硫酸锌，初按 0.5%，2 周后降为 0.4%或 0.3%，再 1 周后降为 0.3%。

任务十一　维生素 C 缺乏症

（一）特征

维生素 C（又称抗坏血酸）缺乏症是由于长期饲喂含维生素 C 不足的食物、因烹煮不当导致维生素 C 被破坏的食物，或胃肠和肝病影响维生素 C 的合成和吸收，从而导致体内维生素 C 缺乏的一种营养代谢性疾病。临床上以出血和骨骼变形为特征。

（二）诊断

1. 问诊及主诉

（1）询问患犬日常所饲喂的食物，维生素 C 广泛存在于青绿色食物、胡萝卜中，因此若长期饲喂缺乏此类成分的食物，则可能发病。

（2）询问食物的烹煮方法，如烹煮时间过长或温度过高均会破坏维生素 C。

（3）询问或了解患犬是否有胃肠性疾病，是否患有肝脏疾病，肝脏疾病会影响维生素 C 的合成。

（4）询问或了解是否为妊娠期或泌乳期，这两个时期对维生素 C 的需要增加，如未能及时补给会导致维生素 C 缺乏。

2. 视诊

（1）视诊发现患犬生长缓慢，消瘦；试探性饲喂发现食欲减退。

（2）视诊发现患犬口腔黏膜潮红、水肿，齿龈出血及溃疡。

（3）视诊可见患犬腹部肌肉出现斑状出血。

（4）患犬从耳向颈肩处出现被毛脱落，有皮屑脱落，脱落处产生蜡样痂皮（图 8-27）。

3. 触诊

四肢疼痛，不让检查，长骨骨骺端肿胀。

4. 其他诊断

X 射线检查。

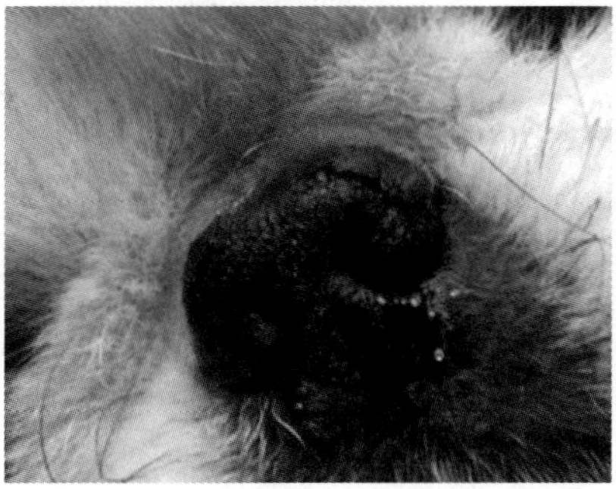

图 8-27　松狮犬维生素 C 缺乏，鼻端出现裂痕及蜡样痂皮

（三）治疗

1. 治疗原则

消除病因，调整日粮，给予含维生素 C 丰富的食物，补充维生素 C，对症治疗，减轻临床症状。

2. 治疗方法

【治疗 1】 酵母片

用法：口服，3 次/d。

【治疗 2】 维生素 C 片

用法：口服，3 次/d。

【治疗 3】 维生素 C 注射液

用法：静脉注射、肌内注射或皮下注射，1 次/d，连用 5~7d。

说明：重症可加入 10%~20%葡萄糖溶液。

（四）预防

注意食物的加工和烹饪方式。

任务十二　亚硝酸盐中毒

（一）特征

亚硝酸盐中毒是指由于过量食入或饮入含亚硝酸盐的食物和水，引起皮肤、黏膜发绀及其他缺氧症状的急性中毒病。

（二）诊断

1. 问诊及主诉

（1）询问或了解患宠是否摄入过量的肉制品，尤其是腌制或熏制的肉制品。

（2）询问或了解患宠的食物制作过程，如是否在制作过程中将亚硝酸盐误当作食盐加入食物中。

（3）询问或了解患宠是否饮用了含有亚硝酸盐的水，如加有花肥的花盆中的水。

2. 视诊

（1）最急性病例仅稍显不安，站立不稳，随即倒地而死。

（2）急性病例可呈现严重的呼吸困难，全身发绀（图 8-28）。

（3）患犬肌肉战栗或衰竭倒地，末期出现强直性痉挛。

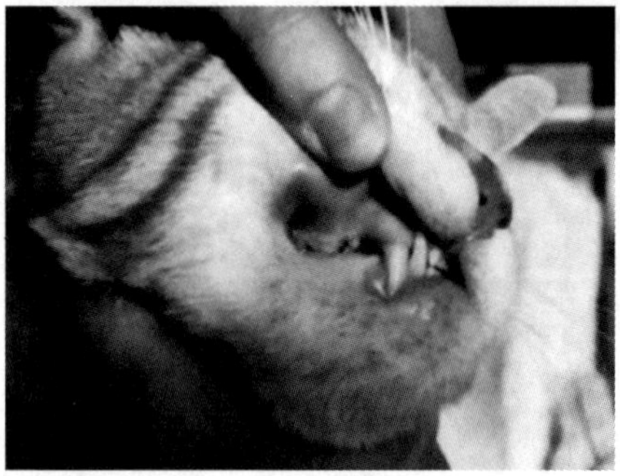

图 8-28　亚硝酸盐中毒引起的高铁血红蛋白血症的猫齿龈蓝紫色

3. 触诊

（1）检查患犬发现脉搏疾速细弱。

（2）躯体各部触诊，发现患犬躯体末梢厥冷。

4. 其他检查

（1）血液检查　变性血红蛋白增多。

（2）胃内容物检查　患犬胃内容物亚硝酸盐呈阳性。

（3）其他检查　患犬耳尖刺破后，仅渗出少量黑褐色血液。

（三）治疗

1. 治疗原则

特效解毒，对症治疗。

2. 治疗方法

【治疗 1】1%美蓝溶液

用法：静脉注射或肌内分点注射，0.1~0.2mL/kg 体重。

说明：若出现气喘，可注射山梗茶碱或尼可刹米，出现心脏衰弱时注射地西泮。

【治疗 2】甲苯胺蓝

用法：静脉注射，剂量为 5mg/kg。

说明：若出现气喘，可注射山梗茶碱或尼可刹米，出现心脏衰弱时注射地西泮。

任务十三　乳头状瘤

（一）特征

乳头状瘤是皮肤上的鳞状上皮细胞转化成的良性肿瘤，又称鳞状细胞瘤。可分为传染性和非传染性两类，多发生于犬的头部、颈部、胸腹部、乳房等处。

（二）诊断

1. 问诊及主诉

询问或了解患犬是否接触过一些刺激物。

2. 视诊

（1）若患犬口腔、面部和眼处出现复叶状或菜花状结节，则该犬患有口腔乳头状瘤（图 8-29、图 8-30）。

图 8-29　口腔乳头状瘤

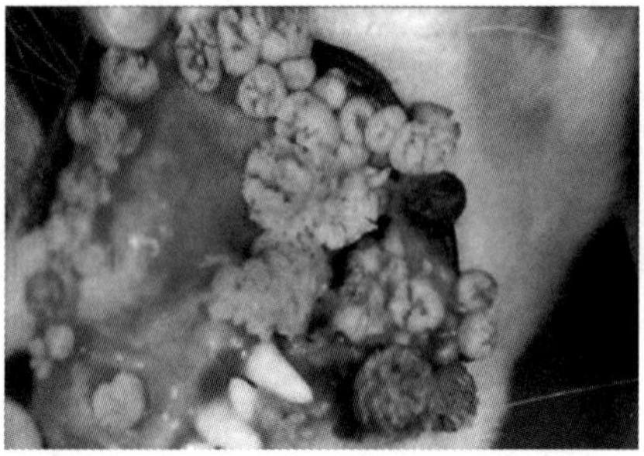

图 8-30　赛特犬多发性口腔乳头状瘤

（2）若患犬头部、眼睑和足部出现有蒂的菜花状脱毛，则该犬患有皮肤乳头状瘤。

（3）皮肤嵌入性乳头状瘤多出现于成年犬的腹部和腹股沟。

（4）高色素化丘疹样乳头状瘤多出现在患犬的腹部。

3. 其他诊断

组织学诊断。

（三）治疗

1. 治疗原则

手术切除，配合药物治疗。

2. 治疗方法

【治疗 1】 外科手术切除

【治疗 2】 硝酸银

用法：涂擦患处。

情境小结

皮肤、黏膜障碍	→	脱毛症、皮质醇增多症、雌激素过多症、雄激素过多症、过敏性皮炎、湿疹、荨麻疹、维生素A缺乏症、脓皮病、锌缺乏症、维生素C缺乏症、亚硝酸盐中毒、乳头状瘤

情境测试

情境八测试题

技能训练

皮肤病治疗技术

（一）技能目标

本技能训练是宠物医疗、动物医学专业学生必会的基本技能。要求学生熟练掌握宠物皮肤病诊断与治疗技术，以便更好地为宠物临床实践服务。

（二）教学资源准备

1. 材料与工具

犬 1 只，洗澡池、爱体洁沐浴液、磺胺二甲氧嘧啶。

2. 教学场所

宠物诊疗室。

3. 师资配置

实训时每班配备 1 名指导教师，技能考核时配备 2 名教师。

（三）原理与知识

皮肤病是皮肤及其附属器官疾病的总称。主要是由于宠物被昆虫叮咬、外用化学药品、内服生物学制剂、采食霉败饲料、出现消化紊乱、患犬处于风、寒、湿刺激的环境等导致发病。皮肤病的症状多以红肿、痒、皮屑、红斑、脱毛、结痂、丘疹为主。

（四）操作方法与步骤

以消除致病原，清洁患处皮肤、患处擦药，全身注射为主要原则，具体治疗方法如下。

（1）根据不同发病原因，选择适合清洁皮肤的方法，如患犬患有脓皮病，可选择爱体洁沐浴液，水温不宜过高，一般在趾间、颈下部涂上沐浴液，然后用清水冲洗干净。

（2）在犬的患处，用磺胺二甲氧嘧啶涂擦。

（五）技能考核标准

考核标准如表 8-1 所示。

表 8-1　　皮肤病治疗技术考核标准

考核内容及分数分配	操作环节与要求	评分标准		考核方法	熟练程度	时限
		分值	扣分依据			
皮肤病治疗技术（100 分）	诊断正确	20	有明显错误、前后矛盾，扣 20 分	单人操作考核	熟练掌握	5min
	能提出用正确药物清除患部被毛、杂物	20	差一项扣 10 分			
	能用消炎液清洗、消炎	20	每错一项扣 10 分			
	涂布软膏	30	用药剂量有误差、涂布手法不均匀，酌情扣 5~20 分			
	护理措施	10	用药方法不正确，扣 10 分			

情境九 其他宠物疾病

◆ 学习目标

1. 思政目标

具有适应宠物疾病临床诊疗的工作环境，接受与鱼、龟、鸟、兔、鼠类、蜥蜴等宠物打交道工作性质的职业能力；另类宠物疾病诊治诊疗操作过程中，培养对另类宠物注意安全、温和接诊的职业态度；培养在不常见种类宠物疾病诊治中遇到诊疗问题，积极查找资料、有效进行团队沟通、讨论、研究，解决问题和承担责任的职业素养；另类宠物疾病接诊中，以人为本，做好医护人员及宠主的个人防护，谨防人兽共患病、注意医疗安全。

2. 知识及能力目标

根据患病鱼、龟、鸟、兔、鼠、蜥蜴等宠物的主要临床异常症状，进行接诊工作；运用宠物临床诊疗知识，完成疾病诊治的类症鉴别，进而推断患病类别；根据患病宠物临床症状及初步诊断，进行病历档案书写；根据患病宠物不同临床症状，选择合适的检查及化验检查，分析确诊疾病；根据患病宠物所确诊的疾病，选择适当的治疗方案并选择药物、组方，写出处方，应用合适的治疗技术进行治疗。

◆ 必备知识

鸟类、龟类、鱼类解剖及生理特点、饲养常识，三种宠物的常用药物。

◆ 课前思考题

1. 鱼类常发生哪些内科病?
2. 龟类常发生哪些内科病?
3. 鸟类常发生哪些内科病?

任务一　鱼类内科病

任务描述

学习鱼类疾病的相关知识，参加相关临床病例的诊疗，分析临床案例。

案例分析

热带鱼，5d 前，男主人上午饲喂过新买鱼食，女主人在不知情的情况下于下午又喂一次鱼食，半天后，鱼停在鱼缸角不动，再喂食时鱼都不采食，同时发现鱼的腹部开始膨大，遂来就诊。请诊断该鱼患有何种疾病。

诊治方案：根据病史，主人多次大量喂食，可能因过食，腹部膨大及发生肠道的炎症。治疗方案为呋喃西林等抗生素投服及对症治疗。

一、肠炎

（一）特征

肠炎是指由点状产气单孢杆菌引起肠道感染的炎症，又称烂肠瘟、乌头瘟。

（二）诊断

1. 问诊及主诉

（1）询问或了解患鱼的饲料是否干净，若鱼吃了不洁净的食物会导致发病。

（2）询问或了解患鱼是否吃得过饱。

2. 视诊

（1）患鱼呆滞，停在鱼缸角不动，无食欲。

（2）患鱼腹部膨大，体色变黑，头部更黑。

（3）患鱼肠壁充血，呈红褐色；机体作短时间的抽搐，肛门红肿充血，严重时溃疡直至死亡。

（三）治疗

【治疗 1】

0.2g 呋喃西林粉，或 2 片呋喃。

用法：在 80cm×50cm×40cm 的水族箱中，用 0.2g 呋喃西林粉或 2 片呋喃溶解在水中进行浸洗，用药 2~3 次，效果较好。

【治疗 2】

庆大霉素，2 支。

用法：在 80cm×50cm×40cm 的水族箱中放 2 支庆大霉素。

【治疗 3】

红霉素，2 片（或土霉素，3~5 片）。

用法：在 80cm×50cm×40cm 的水族箱中放红霉素 2 片（或土霉素 3~5 片）。

二、皮肤充血病

（一）诊断

1. 问诊及主诉

（1）询问或了解患鱼生活的环境，是否光照不足。

（2）询问或了解患鱼的水质情况如何，以及是否鱼缸内新水过多。

2. 视诊

患鱼食欲明显减退，体表皮肤出现大小不等的暗红色斑块，布满两侧，重者死亡。

（二）治疗

【治疗 1】

呋喃西林粉 0.2g，食盐 250g。

用法：将呋喃西林粉 0.2g 加食盐 250g 溶于 10kg 水中，浸洗患鱼 10~20min。

【治疗 2】

延长水族箱的光照时间。

【治疗 3】

用低浓度的高锰酸钾溶液浸洗患鱼 10h。

【治疗 4】

食盐。

用法：用食盐水泼洒，一般 100cm×50cm×35cm 的水族箱中放盐 50~100g。

三、烂鳃病

（一）特征

烂鳃病是由鱼感染黏球菌引起的鱼病。

（二）诊断

1. 视诊

（1）患鱼鳃部明显红肿，鳃盖张开，鳃失血。严重时停止进食。

（2）患鱼鳃部溃烂，附有较多的白色黏液。严重时鳃丝被腐蚀成一个个圆形小洞，软骨外露，最后窒息而死。

（3）腮丝很快由红变白，逐渐腐烂，最后整个腮部全部腐烂，鱼也因此失去呼吸功能而死亡。

2. 实验室诊断

显微镜下，病变区域的细胞组织呈现不同程度的腐烂、溃烂和“侵蚀性”出血。

（三）治疗

【治疗 1】

11.5%氯胺丁。

用法：在 10kg 的水中溶解 11.5%的氯胺丁 0.02g，浸洗 15~20min。

【治疗 2】

痢特灵或土霉素。

用法：在 100kg 的水族箱中放入痢特灵或土霉素 2~3 片，较长时间浸洗鱼体。

【治疗 3】

用低浓度的高锰酸钾溶液浸洗或泼洒在水族箱中。

四、烂鳍病、烂尾病

（一）诊断

1. 问诊及主诉

（1）询问或了解患鱼的饲水情况，如水质是否长期浑浊，是否新水过多。

（2）询问或了解鱼是否互相撕咬而导致细菌感染。

2. 视诊

鱼鳍变白，伤口分泌黏液，尾鳍、背鳍与腹鳍均有可能腐烂，并有血斑点产生。当病情恶化时，腐烂的鳍和尾会脱离鱼体，严重时导致死亡。

（二）治疗

【治疗 1】

呋喃西林粉。

用法：在 100kg 的水中放呋喃西林粉 0.2g 进行浸洗消毒，多次用药后可缓解病情。

【治疗 2】

痢特灵。

用法：在 100kg 水中放痢特灵 3~5 片，浸洗患鱼 30min。

【治疗 3】

土霉素。

用法：在 100kg 水中放土霉素 5~8 片浸洗消毒，可预防感染此病。

【治疗 4】

庆大霉素。

用法：在 100cm×50cm×35cm 的水族箱中放 2 支庆大霉素浸洗。

【治疗 5】

1%食盐水。

用法：1%食盐水浸泡患鱼，直至痊愈。

五、水霉病

（一）特征

水霉病，又称白毛病，是由水霉菌和霉菌寄生在鱼体的伤口和鱼卵上引起的，是较常见的鱼病。

（二）诊断

1. 问诊及主诉

（1）询问或了解患鱼是否受伤，是否有鳞片脱落。

（2）询问或了解患鱼是否经过运输及捕捞，在此过程中是否受到外伤、是否有寄生虫。

2. 视诊

（1）刚发病时，患鱼无症状。

（2）菌丝侵入鱼体伤口后，患鱼体上会长出“白毛”，呈灰白色，菌丝与伤口的细胞组织缠绕，随之患处肌肉腐烂，食欲废绝，最终死亡。

（三）治疗

【治疗 1】

食盐、小苏打。

用法：食盐 250g 加小苏打 250g 混合液，泼洒于 100cm×55cm×45cm 的鱼缸。

【治疗 2】

孔雀石绿或次甲基蓝。

用法：100kg 水中溶解孔雀石绿 0. 3g 或次甲基蓝，浸洗鱼体 10~20min。

【治疗 3】

2%~3%盐水。

用法：浸洗，1 次/d，每次 5~10min。

【治疗 4】

1%~3%食盐水。

用法：食盐水溶液浸洗产卵的鱼巢 20min，可预防此病。

【治疗 5】

2×10^{-6}（2mg/kg）的高锰酸钾加 1%的盐水混合后将患鱼浸泡 20~30min。

任务二　龟类内科病

任务描述

学习龟类疾病的相关知识，参加相关临床病例的诊疗，分析临床案例。

案例分析

巴西龟，主人因事外出前，将饲料放置在饲养缸中，半个月后回来，发现龟食还有一定的剩余，同时龟长时间不动，并且排红色粪便。请诊断该龟患了何种疾病。

诊治方案：根据病史，饲料长期放置饲养缸中，排红色粪便，怀疑该龟感染了肠道炎症。治疗方案为投服抗生素以及对症治疗。

一、白眼病

（一）特征

白眼病是指由于眼部受伤或水质差导致眼部受到刺激而引起眼部感染细菌所导致的一类疾病。

（二）诊断

1. 问诊及主诉

（1）询问或了解患龟所处环境的水质，如水中是否有杂质、是否长时间未更换养龟所用水。

（2）询问或了解患龟是否眼部受过外伤。

（3）询问或了解患龟年龄，此病以幼龟发病率高。

(4) 询问或了解发病时所处季节，春季、秋季和越冬后的春季为流行时期。

2. 视诊

(1) 患龟的眼部发炎充血、眼睛肿大。

(2) 眼角膜和鼻黏膜因眼的炎症而糜烂，眼球外部被白色的分泌物掩盖，眼睛内部存在炎症。

(3) 患龟常用前肢擦眼部，行动迟缓，不再摄食。严重时，病龟眼睛失明，最后龟体衰竭而死。

(三) 治疗

1. 治疗原则

加强饲养管理，增强抗病能力。

2. 治疗方法

【治疗1】

养龟器皿消毒。

用法：养龟的玻璃缸、水族箱等用10%食盐水浸泡30min，再用清水冲洗后养龟。

【治疗2】

呋喃西林（或呋喃唑酮）溶液。

用法：浸泡，成龟用20mg/L浓度，幼龟至成龟均用30mg/L浓度，浸洗时间长短依水温高低而定。必要时每天浸洗1次（40min），连续浸洗3~5d。

【治疗3】

链霉素（或卡那霉素）。

用法：腹腔注射，每千克体重腹腔注射20万IU。注射后暂时隔离，观察5~6d，如病情没有明显好转，用同样剂量进行第2次注射。

说明：如果患龟是在越冬期间，已经停止进食。每只患病幼龟加用0.5mL注射葡萄糖溶液（医用，含糖50%）与链霉素一起注射，效果显著。

【治疗4】

1%利凡诺水溶液。

用法：涂抹，每次涂抹患眼40~60s，1次/d，连续3~8d。

二、肺炎

(一) 特征

肺炎多由于冬眠期龟舍内湿度较大，温度低，且温度变化大；夏季，龟舍温度高，闷热，气温突然下降而引起。

（二）诊断

视诊可见患龟的鼻部有鼻液流出，后期变脓稠，呼吸声大，龟的口边或水面有白色黏液，陆栖龟喜饮水，且量大。

（三）防治

对已患病的龟，先隔离饲养，肌内注射庆大霉素、链霉素、青霉素等。未发病的龟，冬季应保障龟舍内温度恒定，温差变化不大，夏季注意通风。

三、烂甲病

（一）诊断

1. 问诊及主诉
询问或了解患龟是否出现甲壳受损。
2. 视诊
甲壳的表面溃烂，严重者形成洞穴或见肌肉，绝食或少食。

（二）治疗方法

将患龟的病灶剔除，用双氧水擦洗患处，再用高锰酸钾结晶粉直接涂抹。

四、创伤

（一）诊断

1. 问诊及主诉
询问或了解在捕捞、饲养过程中，龟的甲壳、皮肤、四肢、口等部位是否发生擦伤、损伤、压伤。
2. 视诊
患龟病变部位局部红肿，组织坏死，有脓汁。

（二）治疗方法

【治疗1】
新鲜创伤。
对新鲜创伤应先止血，用纱布压迫，严重者敷云南白药粉，然后清洗创面，再用消毒药物（93%双氧水、0.5%高锰酸钾）擦洗，以防感染，大的创口应缝合、包扎。

【治疗 2】
陈旧化脓创伤。
先将创口扩大，将创内的脓汁、坏死物质清除，使创伤形成新鲜创面，再依新鲜创面的处理方法治疗。

五、龟溺水

（一）特征

龟溺水是指半水栖龟类长时间在水位过深的池内，因不能上岸，只能漂浮于水面，伸长颈脖呼吸，长时间后，龟体力不支而呛水；有时换水，突然增加水位，水面波动大也能导致龟溺水。

（二）诊断

1. 视诊
龟的颈部肥肿，四肢无力。
2. 尸体剖检
解剖后可见肺充水，腹腔内水较多。

（三）治疗方法

【治疗 1】
轻度溺水的龟，放在通风处，使其慢慢恢复。
【治疗 2】
将龟头朝下，鼻孔内有水流出，并用指压迫龟的四肢窝，有规律地挤压。

六、肠胃炎

（一）诊断

1. 问诊及主诉
（1）询问或了解龟喂食后，环境温度是否突然下降。
（2）询问或了解投喂饵料是否新鲜、水质如何，若饲料、水质发生变质，均可引起龟患病。
2. 视诊
（1）轻度患龟的粪便中有少量黏液或粪便稀软，呈黄色、绿色或深绿色，龟少量进食。
（2）严重的龟，粪便呈水样或黏液状，呈酱色、血红色，用棉签蘸少量，涂于白纸上，可见血，龟绝食。解剖可见肠、胃壁上有出血点。

（二）治疗

1. 治疗原则

对肠、胃的消炎，胃肠黏膜的保护，止泻，补液。

2. 治疗方法

【治疗 1】

轻度患龟可服用痢特灵、黄连素、氯霉素等。

【治疗 2】

对严重者，采取肌内注射治疗，同时补充维生素。

七、疥疮病

（一）诊断

1. 问诊及主诉

（1）询问或了解患龟所处环境是否发生污染。

（2）询问或了解患龟是否发生过外伤。

2. 视诊

（1）初期尚能进食，逐渐少食，严重者停食，反应迟钝。

（2）颈、四肢有一个或数个黄豆大小的白色疥疮，用手挤压四周，有黄色、白色的豆渣状内容物。

（二）治疗

1. 治疗原则

患龟隔离饲养，病灶抗生素治疗。

2. 治疗方法

对停食的龟应填喂食物，并在食物中掺入抗生素类药物。

【治疗 1】

碘酊、土霉素粉、土霉素或金霉素眼药膏。

用法：将病灶的内容物彻底挤出，用碘酊搽抹，敷上土霉素粉，再将棉球（棉球上有土霉素或金霉素眼药膏）塞入洞中。对停食的龟应填喂食物，并在食物中埋入抗生素类药物。

【治疗 2】

若龟是水栖龟类，可将其放入浅水中。

八、腐皮病

（一）诊断

1. 问诊及主诉

（1）询问或了解患龟的饲养密度，若饲养密度较大，龟互相撕咬，病菌侵袭后，引起受伤部位皮肤组织坏死。

（2）询问或了解饲养患龟的水质，若水质污染也易引起龟患病。

2. 视诊

肉眼可见患龟的患部溃烂，表皮发白。

（二）治疗方法

【治疗 1】

金霉素眼膏。

用法：首先清除患处的病灶，再用金霉素眼膏涂抹，1 次/d。

【治疗 2】

若龟自己进食，可在食物中添加土霉素粉。

【治疗 3】

若龟已停食，可用金霉素涂抹，然后将患龟隔离喂养。切忌放水饲养，以免加重病情。龟恢复后再入池饲养。

任务三　鸟类内科病

任务描述

学习鸟类疾病的相关知识，参加相关临床病例的诊疗，分析临床案例。

案例分析

虎皮鹦鹉，主人长时间大量喂食，近期发现，该鸟不爱叫，不愿卧下，也不愿飞翔，稍一飞就呼吸急迫，腹部的羽毛皮下一层黄色的脂肪。请诊断该鸟患了何种疾病。

诊治方案：根据患鸟过度饲喂、不愿飞翔、腹下有脂肪等病史及症状，诊断该鸟患有肥胖症。治疗方案是控制饮食，增加运动，给予低脂易消的食物以及对症治疗。

一、曲霉菌病

（一）特征

曲霉菌病，又称霉菌性肺炎，是由多种霉菌混合感染（主要是烟曲霉菌）引起的，以呼吸系统病变为主的疾病。

（二）诊断

1. 问诊及主诉

询问或了解鸟类饲养的环境，一般在温暖、潮湿的环境下易患此病；询问或了解饲料的存放。

2. 视诊

（1）可见患病鸟出现严重呼吸困难，张口呼吸、喘气等，并很快窒息。

（2）患鸟很少采食，饮水较多，后期有腹泻，常常因衰竭而死。
（3）若霉菌侵入眼部，则出现眼炎。

（三）治疗

1. 治疗原则
消除病因，防止饲料发霉。
2. 治疗方法
【治疗1】
制霉菌素3片（每片50万IU），硫酸铜0.5g。
用法：每千克饲料中加制霉菌素片，每千克饮水中加入硫酸铜，两药并用5~7d。
【治疗2】
碘化钾，5~10g。
用法：加入1kg饮水中。

二、肠胃炎

（一）特征

肠胃炎多由饮食不洁或饲喂过多的青饲料引发。

（二）诊断

1. 问诊及主诉
询问或了解患鸟的笼具、饲料的清洁情况，饮用水是否出现变质。
2. 视诊
患鸟表现为精神萎靡，消化不良，粪便黏稠有恶臭，肛门周围常沾有粪便，有时出现便血。一旦出现便血则病情较重，很快便消瘦。

（三）治疗

1. 治疗原则
注意笼具、饲料、饮用水的清洁卫生，加强护理，隔离饲养。
2. 治疗方法
【治疗1】
痢特灵，0.2~1mg（人用量的1/3）。
用法：鸟自己能饮水时，可将药溶于饮水中。
说明：有药的饮水必须每天更换，夏天每天更换2次。喂时必须搅匀，以免药物沉淀。

【治疗 2】

茶水、豆汤或盐糖水。

说明：夏天可用。

三、大肠杆菌病

（一）特征

大肠杆菌病是指由大肠杆菌引起的，包括脐炎、急性败血症、气囊炎、全眼球炎、肉芽肿、输卵管炎和蛋黄腹膜炎在内的疾病。

（二）诊断

1. 问诊及主诉

（1）询问或了解患鸟所生活的环境、生活的季节等。

（2）询问或了解患鸟营养情况，如维生素等。

（3）询问或了解患鸟是否曾患过其他疾病。

2. 视诊

（1）幼鸟脐炎　出壳雏鸟脐孔红肿并常有破溃，后腹部胀大、皮薄、发红或呈青紫色，常被粪便及脐孔渗出物污染。粪便黏稠，黄白色，有腥味。

患鸟全身衰弱，闭眼，垂翅，懒动，很少采食或废食，有时尚能饮水，较易死亡。

（2）气囊炎　患鸟的气囊增厚，附着多量豆渣样渗出物。

（3）全眼球炎　大多数是单眼发炎，也有双眼发炎的。表现为眼睑肿胀，有的能睁眼，眼内蓄积脓性渗出物，角膜浑浊，严重时失明。患鸟精神沉郁，蹲伏少动，觅食困难，最后死亡。

（三）治疗

1. 幼鸟脐炎

（1）治疗原则　加强对病雏的护理，保持温度和卫生。

（2）治疗方法

【治疗 1】

庆大霉素 8 万 IU、氯霉素（针剂）、土霉素、痢特灵。

用法：每千克饮水中加庆大霉素 8 万 IU，连用 5d，停药 2d，再改为每千克饮水加氯霉素（针剂）50 万 IU，连续 5d，其后可交替使用土霉素、痢特灵等拌料。

【治疗 2】

庆大霉素 20 万 IU，或氯霉素 250 万 IU。

用法：溶于少量清水或10%~15%的糖水中，分2次经口腔滴服。

说明：此方剂用于不食的重病鸟。

2. 气囊炎

（1）治疗原则　最好做药敏试验，以此为根据来选择药物。

（2）治疗方法　庆大霉素或氯霉素。

用法：庆大霉素每千克饮水加1万IU，连用5~7d；氯霉素每千克饲料加1g，连用5~7d。

3. 全眼球炎

治疗方法：卡那霉素、庆大霉素、氯霉素。

用法：用微温水加少许洗眼，每天2次以上。

四、肥胖症

（一）特征

肥胖症即脂肪过多，其外部表现是体形肥胖。

（二）诊断

视诊可见以下表现。

（1）患鸟行动迟缓、笨拙，鸟不爱叫，不愿卧下，也不愿飞翔，一起飞就呼吸急迫。

（2）可见患鸟腹部的羽毛皮下一层黄色的脂肪。由于体内脂肪堆积过多，影响心脏跳动，供血困难，造成鸟喘息，严重时可发生猝死，受惊吓或轰赶均会造成死亡。

（三）治疗

1. 治疗原则

控制饮食，加大运动量。

2. 治疗方法

【治疗1】消耗脂肪

可将患鸟放入大笼中，增大运动空间，有条件的可放于室内，让其多飞、多动，消耗脂肪。

【治疗2】

少喂蛋黄，增加青绿饲料。喂青饲料时要注意防止农药中毒，应洗净、阴干，不要带水，以免鸟吃食后腹泻。

五、爪伤和骨折

（一）特征

爪伤往往由栖杠上的毛刺和笼子铁丝的倒钩引起，表现为发炎或脓肿。有时鸟可因遭意外而导致翅膀或腿部骨折。翅膀骨折一般无法恢复。

（二）治疗

【治疗 1】

爪伤可用温水将粪便清洗干净，然后涂上消炎膏，或用消毒过的针将脓疱挑破，排脓后涂上红药水。脓肿未破时可涂碘伏。

【治疗 2】

腿部骨折可用火柴盒的木皮做夹板，夹在患部的两侧，并用线绑好，把鸟放在小木盒中，减少活动量，保持干燥、安静的环境，并增加蛋黄等饲料，促进骨骼愈合。7~9d 后即可去掉夹板，逐渐恢复腿的功能。

情境小结

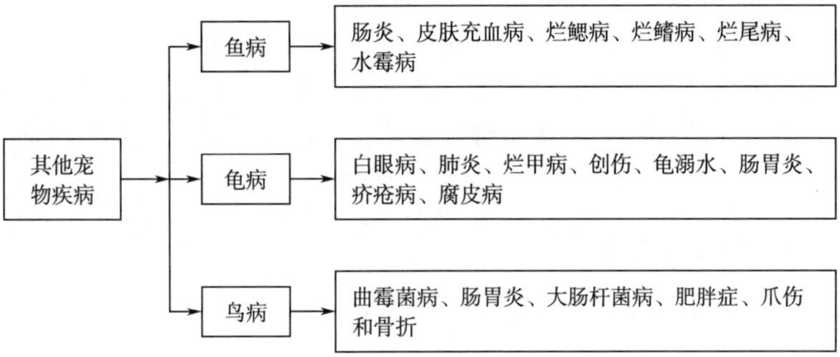

情境测试

情境九测试题

技能训练

技能训练一　鱼病诊断及给药技术

（一）技能目标

本技能训练是宠物医疗、动物医学专业学生必会的基本技能。要求学生熟练掌握宠物鸟的疾病诊断及给药技术，以便更好地为宠物临床实践服务。

（二）教学资源准备

1. 材料与工具

锦鲤或模型1条，饲养缸，0.2g呋喃西林粉或2片呋喃西林片，庆大霉素。

2. 教学场所

宠物诊疗室。

3. 师资配置

实训时每班配备1名指导教师，技能考核时配备2名教师。

（三）原理与知识

鱼病通常分为两大类：一类为生物性疾病，包括由细菌、病毒、真菌等引起的传染病和由寄生虫引起的寄生虫病，另一类是非生物性疾病，其致病原因是水质理化性质的改变引起饲水变质，诱发鱼体生理功能失调，使鱼体出现不适，代谢紊乱而发病。

（四）操作方法与步骤

实验前，先给实验鱼大量多次饲喂，待鱼有发病表现时，让学生独立诊断，采取正确的操作。

1. 患鱼诊断

通过向实验老师问诊，具体诊断（主要以视诊为主）出该患鱼所患疾病为肠炎。

2. 操作

（1）鱼缸消毒　在鱼缸中，用0.2g呋喃西林粉或2片呋喃西林溶解在水中进行浸洗。

（2）治疗性操作　在鱼缸中放2支庆大霉素。

（五）技能考核标准

考核标准如表9-1所示。

表 9-1 鱼病诊断及救治考核标准

考核内容及分数分配	操作环节与要求	评分标准		考核方法	熟练程度	时限
		分值	扣分依据			
鱼病诊断及救治（100分）	诊断正确	20	有明显错误、前后矛盾扣20分	单人操作考核	熟练掌握	5min
	能提出合适的药物	10	药物不正确，每差一项扣5分			
	救治方法	40	每错一项扣10分			
	叙述手术治疗	20	用药剂量有误差，酌情扣5~20分			
	护理措施	10	用药方法不正确扣10分			

技能训练二　龟病诊断及给药技术

（一）技能目标

本技能训练是宠物医疗、动物医学专业学生必会的基本技能。要求学生熟练掌握宠物龟的疾病诊断及给药技术，以便更好地为宠物临床实践服务。

（二）教学资源准备

1. 材料与工具

龟若干只，饲养缸、常用消毒药物（包括缸体、龟体消毒常用药）。

2. 教学场所

宠物诊疗室。

3. 师资配置

实训时每班配备1名指导教师，技能考核时配备2名教师。

（三）原理与知识

龟是活动性较强的爬行动物，常在水中和地面等自然环境中大幅度活动，极易使其甲壳、四肢及皮肤致伤、发炎。也有因气候、水质、饲料和人为原因而导致发病，因为自然界中到处都充满细菌、真菌、病毒等有害微生物和其他有害生物侵袭龟体，一旦条件适宜，该类有害生物就会使龟出现致病表现。

（四）操作方法与步骤

养龟要防患于未然，进行必要的先期预防，器皿及龟体消毒工作十分重要。当龟有发病表现时，需及时诊断、正确给药。实训前，先给实验龟饲喂腐败变质的饲料，待龟有发病表现时，让学生独立诊断，采取正确的操作。

1. 患龟诊断

通过向实验老师问诊，具体诊断（主要以视诊为主）出该患龟所患疾病为肠炎。

2. 操作

（1）器皿消毒　养龟的玻璃缸、水族箱等都用10%食盐水浸泡30min，再用清水冲洗。

（2）养龟水体消毒　一般可用漂白粉，每立方米水体用量为10g，待5~7d药性消失后即可放龟。

（3）龟体消毒　每立方水中使用食盐40kg，搅拌均匀后将龟放入药浴20min，龟体消毒时的水位不可过深，以使龟头能伸出水面为度。

（4）治疗性操作　患龟后肢肌内注射氯霉素，每500g龟每天用氯霉素2万IU，也可用氟哌酸0.2g拌入饲料投喂。

（五）技能考核标准

考核标准如表9-2所示。

表9-2　龟病诊断及给药技术考核标准

考核内容及分数分配	操作环节与要求	评分标准		考核方法	熟练程度	时限
		分值	扣分依据			
龟病诊断及给药技术（100分）	诊断正确	20	有明显错误、前后矛盾扣20分	单人操作考核	熟练掌握	5min
	能提出相应药物	10	药物不准确，每差一项扣5分			
	救治方法	40	每错一项扣10分			
	叙述手术治疗	20	用药剂量有误差，酌情扣5~20分			
	护理措施	10	用药方法不正确扣10分			

技能训练三　鸟病诊断及给药技术

（一）技能目标

本技能训练是宠物医疗、动物医学专业学生必会的基本技能。要求学生熟练掌握宠物鸟的疾病诊断及给药技术，以便更好地为宠物临床实践服务。

（二）教学资源准备

1. 材料与工具

画眉1只，饲养笼，痢特灵或盐糖水。

2. 教学场所

宠物诊疗室。

3. 师资配置

实训时每班配备 1 名指导教师，技能考核时配备 2 名教师。

（三）原理与知识

人工饲养的鸟长期生活在人为的环境中，吃人工饲料，常常会造成运动不足，营养不良，消化及内分泌失调，体质一般都比野生的同类差。再加上人们关心不够，往往就会引起鸟体疾病。而鸟类的代谢功能又特别旺盛，生长期短，发病时病情发展迅速，稍不注意，往往会在一两天内衰弱或致死。

对鸟类的疾病应采取预防为主、防治结合的原则。特别要抓好饲养卫生的管理，强化消毒制度，预防疾病的蔓延。一旦发现患鸟，要及时治疗，并积极采取有效的防治措施。同时，要注意改善饲喂条件，适当地补充营养，增强鸟的身体素质，抵抗疾病的侵害。

（四）操作方法与步骤

实验前，先给实验鸟饲喂过多的青饲料，待鸟有发病表现时，让学生独立诊断，采取正确的操作。

1. 患鸟诊断

通过向实验老师问诊，具体诊断（主要以视诊为主）出该患鸟所患疾病为肠胃炎。

2. 操作

（1）鸟笼消毒。

（2）治疗性操作　将痢特灵 0.2~1mg（人用量的 1/3）溶于水中让鸟自己饮水，若鸟不能饮水，则用滴管从鸟嘴角一滴一滴地喂，不要过猛，不要硬挤，不要直灌，也不要不够量，不要惊吓动物。

（五）技能考核标准

考核标准如表 9-3 所示。

表 9-3　鸟病诊断及给药技术考核标准

考核内容及分数分配	操作环节与要求	评分标准		考核方法	熟练程度	时限
		分值	扣分依据			
鸟病诊断及给药技术（100 分）	诊断正确	20	有明显错误、前后矛盾扣 20 分	单人操作考核	熟练掌握	5min
	能提出相应药物	10	药物不准确，每差一项扣 5 分			
	救治方法	40	每错一项扣 10 分			
	叙述手术治疗	20	用药剂量有误差，酌情扣 5~20 分			
	护理措施	10	用药方法不正确扣 10 分			

参考文献

[1] 包玉清，于洪波．动物临床治疗技术［M］．北京：中国农业科学技术出版社，2008.
[2] 陈国镇．宠物输液疗法解密［M］．沈阳：万卷出版公司，2019.
[3] 董军，金艺鹏．宠物疾病诊疗与处方手册［M］．北京：化学工业出版社，2007.
[4] 杜护华，杨宗泽．动物内科疾病［M］．北京：中国农业科学技术出版社，2008.
[5] 范开，刘明江，张兆霞．宠物临床显微检验及图谱［M］．2 版．北京：化学工业出版社，2021.
[6] 范作良．动物内科病［M］．北京：中国农业出版社，2006.
[7] 郭定宗．兽医内科学［M］．北京：高等教育出版社，2005.
[8] 哈克特．图解兽医急诊和重症监护手册［M］．袁占奎，译．北京：中国农业大学出版社，2009.
[9] 何英，叶俊华．宠物医生手册［M］．沈阳：辽宁科学技术出版社，2009.
[10] 李德印，杨自军．犬猫快速诊治指南［M］．北京：中国农业出版社，2006.
[11] 李志民，丁岚峰．宠物内科疾病学［M］．哈尔滨：东北林业大学出版社，2007.
[12] 理查德．小动物内科学［M］．夏兆飞，张海彬，译．3 版．北京：中国农业大学出版社，2012.
[13] 林立中．图解小动物外科技术图谱［M］．沈阳：辽宁科学技术出版社，2010.
[14] 林立中．小动物外科手术病例图谱［M］．沈阳：辽宁科学技术出版社，2010.
[15] 麦德勒，内里卡．小动物皮肤病彩色图谱与治疗指南［M］．齐长明，译．北京：中国农业大学出版社，2009.
[16] 明格斯．犬猫肥胖症［M］．许佳，译．沈阳：辽宁科学技术出版社，2021.
[17] 欧阳龙．宠物治疗技术［M］．北京：中国农业科学技术出版社，2008.
[18] 宋大鲁．宠物诊疗金鉴［M］．北京：中国农业出版社，2009.
[19] 利特尔．猫内科学（第 7 版）［M］．张海霞，夏兆飞，译．武汉：湖北科学技术出版社，2020.
[20] 王春璈，马卫明．狗病临床手册［M］．北京：金盾出版社，2006.
[21] 王春璈．简明宠物疾病诊断与防治原色图谱［M］．北京：化学工业出版社，2009.
[22] 吴德华．犬猫疾病防治技术［M］．南京：江苏科学技术出版社，2000.
[23] 夏基，雷丁．兽医临床病例分析［M］．夏兆飞，陈艳云，译．北京：中国农业出版社，2017.
[24] 小野宪一郎．猫病图解［M］．颜培实，译．南京：江苏科学技术出版社，2004.
[25] 小野宪一郎．犬病图解［M］．黄志国，译．南京：江苏科学技术出版社，2004.
[26] 岩崎利郎．小动物皮肤病诊疗问与答：经典病例 142［M］．施振生，安铁洙，译．北京：中国农业科学技术出版社，2015.
[27] 中国动物疫病预防控制中心．宠物医师［M］．北京：中国农业出版社，2008.
[28] 周庆国，夏兆飞．犬病诊疗原色图谱［M］．北京：中国农业出版社，2008.
[29] 周庆国．犬猫疾病诊治彩色图谱［M］．北京：中国农业出版社，2005.
[30] 祝俊杰．犬猫疾病诊疗大全［M］．北京：中国农业出版社，2005.